道路通行能力

张亚平　程国柱　主　编
徐慧智　别一鸣　副主编

中国建筑工业出版社

图书在版编目(CIP)数据

道路通行能力/张亚平，程国柱主编．—北京：中国建筑工业出版社，2016.6

ISBN 978-7-112-19380-6

Ⅰ.①道… Ⅱ.①张… ②程… Ⅲ.①公路运输-交通通过能力-研究 Ⅳ.①TU491.1

中国版本图书馆CIP数据核字(2016)第086999号

本书系统地介绍了道路通行能力的基本概念、原理和方法，同时融合了国内外最新研究成果，并纳入了新的技术标准与规范。主要内容包括：公路路段、匝道及匝道与主线连接点、交织区、收费站、城市道路路段、公共交通线路、行人交通设施与自行车道、无信号交叉口、信号交叉口、环形交叉口、立体交叉口的通行能力计算与服务水平评价方法及交通仿真技术在道路通行能力分析中的应用。

本书可作为高等学校交通工程、交通设备与控制工程、交通运输等专业的本科生教材，也可供交通运输工程专业研究生及从事交通规划、设计、建设和管理等工程领域的有关科技人员参考。

责任编辑：石枫华　王　磊

责任设计：王国羽

责任校对：陈晶晶　张　颖

道路通行能力

张亚平　程国柱　主　编

徐慧智　别一鸣　副主编

*

中国建筑工业出版社出版、发行（北京西郊百万庄）

各地新华书店、建筑书店经销

北京红光制版公司制版

北京市密东印刷有限公司印刷

*

开本：787×1092毫米　1/16　印张：15¼　字数：379千字

2016年7月第一版　2016年7月第一次印刷

定价：**48.00**元

ISBN 978-7-112-19380-6

(28608)

前　言

道路通行能力广泛应用于交通运输工程的诸多领域，如交通规划、交通管理、交通控制、交通工程设施设计等，是道路交通基础设施建设的重要依据，也是交通工程专业的主干课程。随着我国经济的高速发展，交通基础设施建设可谓日新月异。截至2014年底，全国公路总里程达到446.39万公里，拥有高速公路11.19万公里，位居世界第一，以高速公路为主的全国干线公路网络初具规模；我国城市道路长度达35.2万公里，道路面积68.3亿平方米，其中人行道面积15.0亿平方米，人均城市道路面积15.34m^2。作为道路基础设施建设主要依据之一的道路通行能力，如果对其分析不科学，则会导致决策失误而由此引发道路资源分配不平衡。

随着现代数学分支的迅猛发展，以及计算机技术的日新月异，道路通行能力研究的不断深入。我国对相关设计标准、规范也做了多次修订，新的标准和规范中对于道路通行能力与服务水平给出了新的规定，以适应新时期对交通运输发展的需要。对道路通行能力教材融入全新的知识结构和最新研究成果的重要性已经变得愈加突出，新编《道路通行能力》本科生教材变得十分必要。本书采用或参考的最新设计标准和规范有：《公路工程技术标准》（JTG B01—2014）、公路路线设计规范（征求意见稿2014）、城市道路工程设计规范（CJJ 37—2012）等。

本书全面系统地介绍了道路通行能力与服务水平的基本概念、计算原理和方法。同时，介绍国内外在道路通行能力领域的研究进展、最新动态及其发展趋势。主要内容包括：公路路段、匝道及匝道与主线连接点、交织区、收费站、城市道路路段、公共交通线路、行人交通设施、自行车道、无信号交叉口、信号交叉口、环形交叉口和立体交叉口等设施的通行能力计算与服务水平评价，以及交通仿真在道路通行能力分析中的应用等。为便于学生自主学习、思考及应用，本书各章均附有思考题和习题，可作为交通工程、交通运输等专业的本科生和研究生教材，也可作为交通工程、交通运输、交通管理和城市规划等专业工程领域技术人员的参考书。

全书共13章，由张亚平（哈尔滨工业大学）、程国柱（哈尔滨工业大学）任主编，徐慧智（东北林业大学）别一鸣（哈尔滨工业大学）、任副主编，全书由张亚平、程国柱统稿。各章编者为：张亚平编写第1章、第3章、第8章、第9章、第10章、第11章、第12章，程国柱编写第1章、第2章、第3章、第4章、第6章、第8章、第9章、第10章，徐慧智编写第5章、第7章，别一鸣编写第13章。本书得到了中国建筑工业出版社石枫华编辑的大力支持和帮助，在此一并表示感谢。

本书参阅了国内外大量有关文献，引用和理解上不免存在偏颇之处，敬请原著者见谅！

鉴于道路通行能力研究尚在不断发展和完善之中，且编写人员水平和手中资料有限，谬误和不当之处恳请读者批评斧正。

目　　录

第1章　绪　　论

道路通行能力（Highway Capacity）是指道路设施所能疏导交通流的能力。即在一定的时段（通常取1h）和正常的道路、交通、管制及运行质量要求下，道路设施能通过交通流质点的能力。

1.1　通行能力的研究意义

交通运输行业作为国民经济的基石，伴随着社会的发展而发展，可以说它具备着永久的社会需求。我国目前正处于改革开放、快速发展的关键时期，交通基础设施建设成就举世瞩目。截至2014年底，全国公路总里程达到446.39万公里，拥有高速公路11.19万公里，位居世界第一，以高速公路为主的全国干线公路网络初具规模。规划到2020年，将全面建成国家高速公路“7918”网，即，7条北京放射线、9条纵向路线和18条横向路线，总规模约8.5万公里，其中主线6.8万公里，地区环线、联络线等其他路线约1.7万公里。

公路交通快速发展的同时，城市交通发展也十分迅速。1990年，我国城市道路总长度仅为9.5万公里，道路面积8.9亿平方米；截止至2014年末，我国城市道路长度达35.2万公里，道路面积68.3亿平方米，其中人行道面积15.0亿平方米，人均城市道路面积15.34m^2。1995年，我国城市轨道交通线路长度仅为49km；截止到2014年末，我国已投入运营的轨道交通线路中，地铁即达到2418km，占85.86%。2015年，全国已经有39个城市建设或规划建设轨道交通，每天投资超过7.8亿元。预计到2020年全国拥有轨道交通的城市将达到50个，达到近6000km的规模，在轨道交通方面的投资将达4万亿元。

在交通运输业蓬勃发展的同时，也暴露出中国交通行业仍存在诸如基础理论不足、过分依赖国外经验等问题。在通行能力研究方面，目前还没有真正形成适合我国道路交通特色的完整的道路通行能力分析指标体系，尤其在城市道路通行能力研究方面仍很薄弱。而作为道路基础设施建设主要依据之一的道路通行能力，如果对其分析不科学，则会导致决策失误而由此引发道路资源分配不平衡——有的地方建设标准过高，造成资源浪费；有的地方建设标准过低，造成交通拥堵。这将严重束缚我国交通运输行业自身的发展，影响国民经济的总体提高。因此，合理确定道路交通基础设施建设的规模和标准，将是道路交通基础设施建设中成本控制的关键，而确定道路交通基础设施建设规模和总体设计方案的重要依据之一便是道路通行能力。

作为道路交通建设的一项基础性工作，道路通行能力与交通量适应性分析，不仅可以确定道路建设的合理规模及合理建设模式，还可为道路网规划、公路工程可行性研究、道路设计、建设后评估等提供科学的理论依据，如图1-1所示。

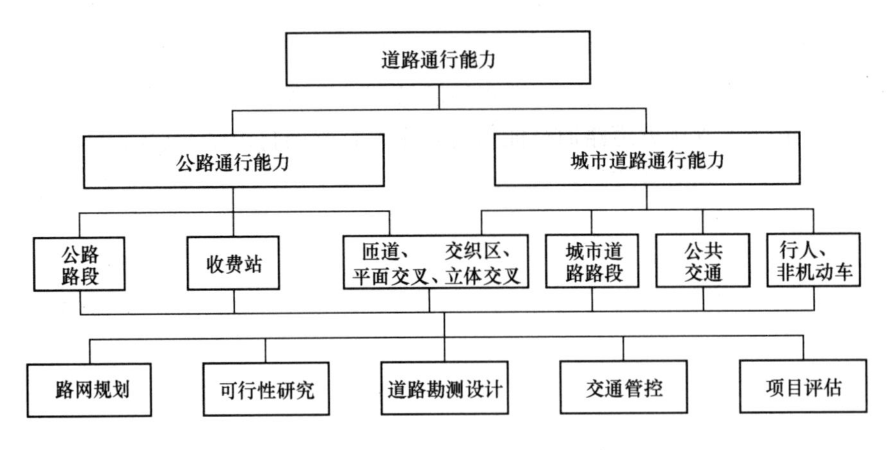

图 1-1　道路通行能力分析结构及意义

1.2　基本概念

1.2.1　通行能力

确定道路通行能力的种类主要考虑两点：一是通行能力分析必须与运行质量相联系；二是需要有一种能与之参照对比的基本通行能力。据此，通行能力一般分为三种：

（1）基本通行能力（basic capacity）　是指道路组成部分在理想的道路、交通、管制及环境条件下，该组成部分一条车道或均匀路段，不考虑规定运行条件，1h 所能通过标准车的最大车辆数。

（2）可能通行能力（possible capacity）　是指已知道路组成部分在实际或预计的道路、交通、管制及环境条件下，该组成部分一条车道或均匀路段，不考虑规定运行条件，1h 所能通过标准车的最大车辆数。

（3）设计通行能力（design capacity）　是指设计道路组成部分在预计的道路、交通、管制及环境条件下，该组成部分一条车道或均匀路段，在规定运行条件下，1h 所能通过标准车的最大车辆数。

道路条件　道路条件是指道路的几何特征与路面条件，包括：道路等级、设计速度、车道数、车道和路肩宽度、侧向净空、平面和纵断面线形及路面平整度等。

交通条件　交通条件涉及使用该道路的交通流特性。它是由交通流中车辆种类的分布、交通流的方向性分布共同确定的。

管制条件　管制条件是指针对已知设施提出的管制设备和具体设计的种类，以及交通规则。交通信号的位置、种类和配时是影响通行能力的关键性管制条件。其他重要管制包括停车和让路标志、车道使用限制、转弯限制及类似的措施。

环境条件　环境条件是指街道化程度、商业化程度、横向干扰、非交通占道、公交车站和停车位置等因素及天气条件。

规定运行条件　规定运行条件主要是指计算通行能力的限制条件，这些限制条件通常根据速度和行程时间、驾驶自由度、交通间断、舒适和方便性及安全等因素来规定。其运行标准是针对不同的交通设施用服务水平来定义的。

道路通行能力与交通量不尽相同，交通量是指道路在某一定时段内实际通过的车辆数。一般道路的交通量均小于道路的通行能力，当道路上的交通量比其通行能力小得多时，则司机驾驶操作的自由度就越大，既可以随意变更车速、变换车道，还可以方便地实现超车。当交通量等于或接近道路通行能力时，车辆行驶的自由度就逐渐降低，一般只能以同一速度循序行进，如稍有意外，就会发生降速、拥挤，甚至阻滞。当交通量超过通行能力时，就会出现拥挤，甚至堵塞。因此，道路通行能力是在一定条件下道路所能通过的车辆的极限数值。条件不同，要求不同，其通行能力也就不同。故道路通行能力是一个变数。

1.2.2 服务水平

服务水平（Level Of Service，简称 LOS） 服务水平是交通流中车辆运行及驾驶人和乘客所感受的质量量度，亦即道路在某种交通条件下所提供运行服务的质量水平。服务水平的定义一般用诸如速度、行驶时间、驾驶自由度、交通间断、舒适、方便和安全等因素来描述。

服务交通量（service traffic volum） 服务交通量是指在通常的道路条件、交通条件和管制条件下，保持规定的服务水平时，道路一条车道或均匀路段在单位时间内所能通过的最大小时交通量，服务交通量通常取 1h 为一时段。在不同的服务水平下服务交通量是不同的，服务水平高的道路行车速度快，驾驶自由度大，舒适与安全性好，但是其相应的服务交通量就小；反之，服务交通量大，则服务水平低。值得注意的是，服务交通量不是一系列连续的值，而是不同的服务水平条件允许通过的最大值。服务交通量规定了不同服务水平之间的流量界限。

服务流率（service flow） 在通常的道路条件、交通条件和管制条件下，在给定的时间周期内保持规定的服务水平，道路一条车道或均匀路段在单位时间内所能通过的最大小时交通量，服务流率通常取 15min 为一时段。

服务水平亦称服务等级，是用来衡量道路为驾驶人、乘客所提供的服务质量等级，其服务等级可以从自由运行、高速、舒适、方便、安全满意的最高水平直到拥挤、受阻、停停开开、难以忍受的最低水平。各国等级划分不一，一般均根据本国的道路交通的具体条件划分 3～6 个服务等级，如日本分为 3 个等级，美国为 6 个等级。

美国各级服务水平的交通流状况描述如下：

服务水平 A 交通量很小，交通为自由流，使用者不受或基本不受交通流中其他车辆的影响，有非常高的自由度来选择所期望的速度，为驾驶人和乘客提供的舒适便利程度高。

服务水平 B 交通量较服务水平 A 增加，交通处于稳定流范围内的较好部分。在交通流中，开始易受其他车辆的影响，选择速度的自由度相对来说还不受影响，但驾驶自由度比服务水平 A 稍有下降。由于其他车辆开始对少数驾驶人的驾驶行为产生影响，因此所提供的舒适和便利程度较服务水平 A 低一些。

服务水平 C 交通量大于服务水平 B，交通处在稳定流动范围的中间部分，但车辆之间的相互影响变得大起来，选择速度的自由度受到其他车辆的影响，驾驶时需当心其他车辆的干扰，舒适和便利程度有明显下降。

服务水平 D 交通量继续增大，交通处在稳定交通流动范围的较差部分。速度和驾驶自由度受到严格约束，舒适和便利程度低下。当接近这一服务水平下限时，交通量有少数增加就会在运行方面出现问题。

服务水平 E　交通常处于不稳定流动范围，接近或达到该水平相应的最大交通量时，交通量有小的增加，或交通流内部有小的扰动就将产生大的运行问题，甚至发生交通中断。所有车速降到一个低的但相对均匀的值，驾驶自由度极低，舒适和便利程度也非常低。此服务水平下限时的最大交通量即为基本通行能力（理想条件下）或可能通行能力（实际条件下）。

服务水平 F　交通处于强制性流动状态，车辆经常形成排队现象，走走停停，极不稳定。在此服务水平，交通量与速度同时由大变小，直到零为止，而交通密度则随交通量的减少而增大。

目前，我国对道路服务水平的研究尚不够深入。公路方面，根据实际观测分析并综合考虑美国、日本的分级标准，从便于公路规划设计及使用方便、可操作性强的原则出发，以区分自由流、稳定流和拥堵流为基本条件，《公路工程技术标准》（JTG B01—2014）将服务水平划分为一、二、三、四、五、六级共 6 个等级。中国各级公路服务水平的交通流状况描述如下：

一级服务水平：交通流处于完全自由流状态。交通量小、速度高、行车密度小，驾驶人能自由按照自己的意愿选择所需速度，行驶车辆不受或基本不受交通流中其他车辆的影响。在交通流内驾驶的自由度很大，为驾驶人、乘客或行人提供的舒适度和方便性非常优越。较小的交通事故或行车障碍的影响容易消除，在事故路段不会产生停滞排队现象，很快就能恢复到一级服务水平。

二级服务水平：交通流处于相对自由流的状态，驾驶人基本上可按照自己的意愿选择行驶速度，但是开始要注意到交通流内有其他使用者，驾驶人身心舒适水平很高，较小交通事故或行车障碍的影响容易消除，在事故路段的运行服务情况比一级差些。

三级服务水平：交通流状态处于稳定流的上半段，车辆间的相互影响变大，选择速度受到其他车辆的影响，变换车道时驾驶人要格外小心，较小交通事故仍能消除，但事故发生路段的服务质量大大降低，严重的阻塞后面形成排队车流，驾驶人心情紧张。

四级服务水平：交通流处于稳定流范围下限，但是车辆运行明显地受到交通流内其他车辆的影响，速度和驾驶的自由度受到明显限制。交通量稍有增加就会导致服务水平的显著降低，驾驶人身心舒适水平降低，即使较小的交通事故也难以消除，会形成很长的排队车流。

五级服务水平：为拥堵流的上半段，对于交通流的任何干扰，例如车流从匝道驶入或车辆变换车道，都会在交通流中产生一个干扰波，交通流不能消除它，任何交通事故都会形成很长的排队车流，车流行驶灵活性极端受限，驾驶人身心舒适水平很差。此服务水平下限时的最大交通量即为基本通行能力（理想条件下）或可能通行能力（具体公路）。

六级服务水平：拥堵流的下半段，是通常意义上的强制流或阻塞流。这一服务水平下，交通设施的交通需求超过其允许的通过量，车辆排队行驶，队列中的车辆出现停停走走现象，运行状态极不稳定，可能在不同交通流状态间发生突变。

高速公路、一级公路设计服务水平不应低于三级，一级公路作为集散公路时，设计服务水平可降低一级。二级公路、三级公路设计服务水平不应低于四级；四级公路未作规定。长隧道和特长隧道路段、非机动车及行人密集路段、互通式立体交叉的分合流区段，设计服务水平可降低一级。

城市道路方面，《城市道路工程设计规范》（CJJ 37—2012）将快速路服务水平分为一、二、三、四共4个等级，并规定新建快速路应按三级服务水平设计。关于其他等级城市道路通行能力和服务水平的分析、评价，由于目前国内尚未有成熟的研究成果，规范只给出了基本通行能力与设计通行能力取值，而未给出具体的服务水平评价标准。

效率度量（measure of effectiveness）为评价每种设施服务水平而选择的参数，表示能最好地描述该类设施运行质量的度量。表1-1列出了用于每种设施服务水平的效率度量。

确定服务水平的效率度量 **表1-1**

设施类型		效率度量
高速公路 一级公路 快速路	高速、一级公路基本路段	饱和度 V/C、小客车实际行驶速度与自由流速度之差
	快速路基本路段	密度[pcu/(h・ln)]、平均行程车速(km/h)、饱和度 V/C
	匝道及匝道与主线连接点	饱和度 V/C、流率(pcu/h)
	交织区	密度(pcu/h/ln)
二、三、四级公路		延误率(%)、平均行程车速(km/h)、饱和度 V/C
收费站		平均延误(s/veh)
城市主干路、次干路、支路		平均行程车速(km/h)
人行道		人均占用面积(m^2)、人均纵向间距(m)、人均横向间距(m)、步行速度(m/s)
自行车道		路段：骑行速度(km/h)、占用道路面积(m^2/veh)、负荷度 交叉口：停车延误时间(s)、通过交叉口的骑行速度(km/h)、负荷度、路口停车率(%)、占用道路面积(m^2/veh)
无信号交叉口		流率(pcu/h)
信号交叉口		平均控制延误(s/veh)、负荷度、排队长度(m)

1.3 道路通行能力研究进展与发展趋势

1.3.1 国外研究概况

道路通行能力研究始于美国20世纪40年代。随着二战的结束，美国掀起了新一轮的经济发展热潮，伴之而来的服务于军事及民用的全国高速公路网建设迫切需要通过通行能力分析确定道路建设规模、模式及建后评估。1950年，美国交通运输研究委员会（Transportation Research Board，TRB）出版了《道路通行能力手册》（Highway Capacity Manual，简称HCM）第一版，这是世界上第一本系统地分析道路通行能力的出版物，为从事交通行业的工程技术人员提供了有据可查、有章可循的标准，从而也奠定了日后它在交通理论发展中的重要地位。1965年HCM第二版得以完成，首次正式提出服务水平的概念。1985年第三版HCM问世，其中HCM第三版与前两版相比做了较大的改动，增加了高速公路、自行车道、人行道和无信号交叉口等交通设施的分析内容。之后，经过

1994 年和 1997 年两次修订改版，HCM 第四版——HCM2000 出炉。2010 年推出第五版——HCM2010。从历年修订改版的时间我们可以看出，通行能力的理论在不断充实和完善，并且这种完善随着时代的更迭正以前所未有的速度加快。

欧洲及日本等发达国家也不甘落后，在充分借鉴美国经验的基础上进行了本土化的实际研究，先后出版发行了适合各自国情的通行能力手册或规程。如瑞典 1977 年的《瑞典通行能力手册》；加拿大 1984 年的《加拿大信号交叉口通行能力规程》；日本 1986 年的《道路通行能力》；德国 1994 年的《道路通行能力手册》（HBS）等。

另外，发展中国家如印度、巴西、马来西亚等国也在各自政府的支持下开始研究适合各自国情的通行能力分析理论和方法。

随着通行能力研究的深入开展，国际学术交流也在不断加强。1990 年美国运输研究委员会所属的道路通行能力和服务水平分委员会（Committee on Highway Capacity and Quality of Service）在德国卡尔斯鲁厄召开了第 1 届公路通行能力与服务水平国际研讨会；其后，于 1994 年在澳大利亚悉尼，1998 年在丹麦哥本哈根，2002 年在美国夏威夷，2006 年在日本横滨先后举办了第 2、3、4、5 届公路通行能力与服务水平国际研讨会。此外，TRB 年会是美国交通运输界的年度盛事，每年约有一万名来自世界各地的交通运输业人士聚集华盛顿，讨论交流交通运输领域的有关研究成果，其中道路通行能力和服务水平分委员会针对通行能力和服务水平的有关问题进行专题讨论。

1.3.2 国内研究现状

我国交通基础设施建设和交通工程理论研究起步较晚，经过半个多世纪的发展，已经获得长足的发展，各部委相继出台了《公路工程技术标准》、《公路路线设计规范》、《城市道路工程设计规范》、《交通工程手册》等，为道路通行能力理论在实践中应用提供了行业指导标准和规范。在道路通行能力有关课题研究中，国内交通学者经过长期不懈的努力，取得了不少标志性的研究成果，其中部分成果如表 1-2 所示。

国内道路通行能力研究部分成果 **表 1-2**

时　间	科研单位	研究成果
1983～1987 年	交通部公路科学研究所等 8 家单位	混合交通双车道公路路段设计通行能力
1992～1994 年	交通部公路科学研究所	等级公路适应交通量和折算系数标准的研究
1996 年	交通部公路科学研究所、中交公路规划设计院、东南大学、北京工业大学联合 6 个省市科研设计单位	公路通行能力专题研究
1997 年	辽宁省公路勘测设计院、哈尔滨工业大学	寒冷地区公路路段交通运行特性和通行能力研究
1998～2000 年	吉林省交通科学研究所、哈尔滨工业大学	高等级公路通行能力与运营管理研究
2001～2005 年	交通部公路科研所联合北京工业大学	“十五”攻关项目智能运输系统子项目“城市快速路通行能力研究”
2003～2005 年	哈尔滨工业大学	国家自然科学基金项目“城市快速路系统交通流理论及其应用研究”

续表

时 间	科研单位	研究成果
2004～2006年	哈尔滨工业大学	高等学校博士学科点专项科研基金“城市快速路系统通行能力计算与服务水平评价研究”
2007～2010年	北京工业大学联合哈尔滨工业大学等高校	“十一五”国家科技支撑计划“城市综合交通系统功能提升与设施建设关键技术研究”之课题三“城市道路通行能力与交通实验系统研究”

1.3.3 道路通行能力研究的发展趋势

关于道路通行能力目前研究的热点主要集中在下列三个方面：

（1）传统的流量、速度、密度关系需要重新研究。由于智能交通系统ITS（Intelligent Transportation System）的应用，使得交通流的稳定速度区间扩大，车流变化规律受更多的外部条件影响，传统的流量—速度、速度—密度和流量—密度关系将有所变化。

（2）如何在ITS条件下定义通行能力。ITS的目的之一是提高通行能力。ITS技术的应用将引起交通流的分布和运动状态发生很大变化。一旦各种ITS控制技术应用到交通系统，交通流中运动车辆间间距会进一步缩小，而交通流仍能以一定的稳定速度运动。这将导致传统的通行能力饱和概念发生改变。

（3）交通间断流条件下通行能力模型的研究。由于交通的暂时中断（周期性或随机性的）引起交通流的突然压缩和停止、不同的路口控制方法和车流随机到达模式变化引起冲突点时间上的运动变化，给通行能力计算带来很大困难。

ITS是将先进的信息技术、数据通信传输技术、控制技术以及人工智能技术等有效地综合运用于整个交通管理体系而建立起来的一种在大范围内、全方位发挥作用，实用、准确、高效的运输综合管理系统。ITS与公路通行能力有关的主要方面包括：交通管理自动化，驾驶人信息系统，车辆控制系统，车辆自动导航和控制，交通信息实时跟踪与提供等。此外，研究表明，收费站停车对高等级公路、大桥的通行能力影响很大，国外在20世纪90年代后期就大力发展电子不停车收费（ETC）系统，对提高收费道路通行能力具有显著效应。

随着计算机技术的迅猛发展，以计算机为辅助工具，利用其可重复性、可延续性模拟交通运行状况进行道路通行能力分析研究，对于再现复杂交通环境条件下的车流运行特征，弥补观测数据不足，解决交通流车速—流量关系曲线的外延问题等都有着其他方法和手段无可比拟的优势。因此，通过计算机集成和优化，采用模拟预测和实时仿真系统进行分析研究将是公路通行能力研究的未来发展方向。

目前国际上较为流行的有关道路通行能力分析的四套模拟软件分别是：美国HCS系统，它与HCM相配套，用于各种交通设施下的交通运行分析；澳大利亚ARRB开发的SIDRA系统，主要适用于各类交叉口的运行分析；瑞典公路局的CAPCAL系统和荷兰公路局的PTDFSGN软件，分别为交叉口和环岛的交通模拟模型。其中，以美国的HCS系统应用最为普及，也最具权威性。美国交通运输研究局（TRB）研制开发的道路通行能力系统软件HCS（Highway Capacity Software）可与HCM配套使用。该软件由交叉口、干道、公路网等模块组成。数据输入包括交通设施几何参数（车道数和车道宽度等）及交通和道路条件（交通流量、自山流速度、地形条件、道路等级、横向干扰、重车混入率等）；输出结果为各种交通设施通行能力及其相应服务水平和相关图表。HCS软件为美国公路运输与交通工程设计、规划与控制提供了良好的服务，发挥着巨大的效用。

1.4 有关道路通行能力的基本知识

1.4.1 交通流基本参数

1. 交通量

交通量是指单位时间内通过道路某一地点或某一截面的实际车辆数，又称交通流量或流量。交通量本身不是一个静止不变的量，具有随时间和空间变化而变化的特征。度量城市交通特性的一种方法是在道路系统内一系列的位置上观察交通量在时间和空间上的变化规律，并绘制出交通流量分布图。当交通量超过某一水平时，就认为发生拥挤。然而，这种判断存在的问题是同一流量水平可以对应两种截然不同的交通流状态，因此这种参数应该与其他方法相结合，而不是单独使用。

2. 速度

（1）地点速度（也称为即时速度、瞬时速度）

地点速度 s 为车辆通过道路某一点时的速度，公式为：

$$s = \frac{dx}{dt} = \lim_{t_2 \to t_1 \to 0} \frac{x_2 - x_1}{t_2 - t_1} \tag{1-1}$$

式中 x_1 和 x_2 为时刻 t_1 和 t_2 的车辆位置。雷达和微波调查的速度非常接近此定义。车辆地点速度的近似值也可以通过小时路段调查获得（通过间隔一定距离的感应线圈来调查）。

（2）平均速度

1）时间平均速度 $\bar{s}_t$，即观测时间内通过道路某断面所有车辆地点速度的算术平均值：

$$\bar{s}_t = \frac{1}{N}\sum_{i=1}^{N} s_i \tag{1-2}$$

式中 s_i——第 i 辆车的地点速度；

N——观测的车辆数。

2）区间平均速度 $\bar{s}_s$，有两种定义：一种定义为车辆行驶一定距离 L 与该距离对应的平均行驶时间的商：

$$\bar{s}_s = \frac{L}{\frac{1}{N}\sum_{i=1}^{N} t_i} \tag{1-3}$$

式中 t_i——车辆 i 行驶距离 D 所用的行驶时间。

$$t_i = \frac{L}{s_i} \tag{1-4}$$

式中 s_i——车辆 i 行驶距离 D 的行驶速度。

式（1-3）适用于交通量较小的条件，所观察的车辆应具有随机性。对于式（1-3）进行如下变形可得到：

$$\bar{s}_s = \frac{L}{\frac{1}{N}\sum_{i=1}^{N} t_i} = \frac{L}{\frac{1}{N}\sum_{i} \frac{L}{s_i}} = \frac{1}{\frac{1}{N}\sum_{i} \frac{1}{s_i}} \tag{1-5}$$

此式表明区间平均速度是观测路段内所有车辆行驶速度的调和平均值。区间平均速度也可以用行程时间和行程速度进行定义和计算。行驶时间与行程时间的区别在于行驶时间不包括车辆的停车延误时间，而行程时间包括停车时间，为车辆通过距离 L 的总时间。行驶速度和行程速度则分别为对应于行驶时间和行程时间的车速。

区间平均速度的另一种定义为某一时刻路段上所有车辆地点速度的平均值。可通过沿路段长度调查法得到：以很短时间间隔 Δt 对路段进行两次（或多次）航空摄像，据此得到所有车辆的地点速度（近似值）和区间平均速度，公式如下：

$$s_i = \frac{l_i}{\Delta t} \tag{1-6}$$

$$\bar{s}_s = \frac{1}{N}\sum_{i=1}^{N} \frac{l_i}{\Delta t} = \frac{1}{N\Delta t}\sum_{i=1}^{N} l_i \tag{1-7}$$

式中 s_i——第 i 辆车的平均速度；

Δt——两张照片的时间间隔；

l_i——在 Δt 间隔内，第 i 辆车行驶的距离。

研究表明，这种方法获得的速度观测值的统计分布与实际速度的分布是相同的。

3）时间平均速度和区间平均速度的关系

对于非连续交通流，例如含有信号控制交叉口的路段或严重拥挤的高速公路上，区分这两种平均速度尤为重要，而对于自由流，区分这两种平均速度意义不大。当道路上车辆的速度变化很大时这两种平均速度的差别非常大。时间平均速度和区间平均速度的关系如下：

$$\begin{cases} \overline{s_t} - \overline{s_s} = \dfrac{\sigma_s^2}{\overline{s_s}} \\ \sigma_s^2 = \sum D_i\ (s_i - \overline{s_s})^2 / D \end{cases} \tag{1-8}$$

式中 D_i——第 i 股交通流的密度；

D——交通流的整体密度。

有关研究人员曾用实际数据对式（1-7）进行回归分析，得到两种平均速度的如下线性关系：

$$\overline{s_s} = 1.026\,\overline{s_t} - 1.890 \tag{1-9}$$

3. 流率

流率是指在给定不足 1h 的时间间隔（通常为 15min）内，车辆通过一条车道或道路的指定点或指定断面的当量小时流率。

交通量与流率之间的区别很重要，交通量是在一段时间间隔内，通过一点的观测或预测实际车辆数。流率则表示在不足 1h 的间隔内通过一点的车辆数，但以当量小时流率表示。取不足 1h 时段观测的车辆数，除以观测时间（单位为小时），即得到流率。因此，在 15min 内观测到的交通量为 100 辆，表示流率为 100veh/0.25h 或 400veh/h。

表 1-3 中的例子进一步说明两种度量之间的区别（交通计数是在 1h 调查周期内得到的）。

交通量调查表 **表 1-3**

时间段	交通量（辆）	流率（辆/h）
5：00～5：15	1000	4000
5：15～5：30	1200	4800
5：30～5：45	1100	4400
5：45～6：00	1000	4000
5：00～6：00	4300	

表 1-2 中的交通量是在 4 个连续 15min 时段内观察到的。1h 的总交通量是这些数量之和，即 4300veh/h（因为测量时间为 1h），然而流率在每个 15min 时段内都不相同。

考虑高峰时间流率，在通行能力分析中是非常重要的。如果上例公路路段的通行能力是 4500veh/h，当车辆以 4800veh/h 的流率到达，在峰值 15min 的流量时段内，交通就会出现阻塞。尽管整个小时内，交通量少于通行能力。这个情况是严重的，因为消散阻塞的动态过程会使拥挤延续到阻塞时间之后几个小时。

高峰流率通过使用高峰小时系数与小时交通量密切联系。高峰小时系数 PHF 定义为整个小时交通量与该小时内最大 15min 流率之比。

因此，如果采用 15min 为观测时段，PHF 可以如下计算：

$$PHF = V/(4 \times V_{15}) \tag{1-10}$$

式中 PHF——高峰 15min 时段的流率，veh/h；

V——1h 交通量，veh/h；

V_{15}——在高峰小时内高峰 15min 期间的交通量，veh/15min。

多数情况下是分析高峰 15min 时段或其他有关的 15min 时段的流率。如果已知高峰小时系数，就可以用它将高峰小时交通最换算成高峰流率。

$$v = \frac{V}{PHF} \tag{1-11}$$

式中 v——高峰 15min 时段的流率，veh/h；

V——高峰小时交通量，veh/h；

PHF——高峰小时系数。

4. 密度

密度是指在已知长度的车道成道路上的车辆数，按时间取平均值。通常表示为 veh/km。在现场直接测定密度是困难的，需要一处有利的位置，在那里能对较长一段公路进行摄影、录像或观测。然而，密度可以由更容易测定的平均行程速度和流率计算。

$$V = S \times D \tag{1-12}$$

式中 V——流率，veh/h；

S——平均行程速度，km/h；

D——密度，veh/km。

因此某一公路段，其交通流率为 1000veh/h，平均行程速度 50km/h，则其密度为：

$$D = 1000/50 = 20 \text{（veh/km）}$$

密度是一个描述交通运行的重要参数。它表示车辆之间相互接近的程度，反映在交通流中驾驶的自由度。

任何已知交通设施的最大流率就是它的通行能力。这时出现的交通密度称为临界密度，相应的速度称为临界速度。当接近通行能力时，流量趋于不稳定，因为交通流中有效间隙更少。达到通行能力时，交通流中不再有可利用的间隙，并且车辆进出设施，或在车道内部改变形式所带来的任何干扰，都会产生难以抑制或消除的障碍。如图 1-2 所示，除通行能力外，任何流率能在两种不同的条件下出现：一种是高速度和低密度，另一种是高密度和低速度。曲线的整个高密度、低速度区间是不稳定的。它代表强制流或阻塞流。曲线的低密度、高速度区间是稳定流范围，通行能力分析正是针对这个流量范围进行的。

5. 车头时距和车头间距

在同向行驶的车流中，将前后相邻两辆车之间的空间距离称为车头间距。由于在交通流运行过程中测量车头间距是非常困难的，因此，一般不使用这个指标。

在同向行驶的车流中，将前后相邻的两辆车驶过道路某一断面的时间间隔称为车头时距。在特定时段内，观测路段上所有车辆的车头时距之平均值称为平均车头时距。

车头时距是一个非常重要的微观交通特性参数，其取值与驾驶人的行为特征、车辆的性能、道路的具体情况密切相关，同时又受到交通量、交通控制方式、交叉口几何特征等因素的影响。与交通流量参数相似，相同的车头时距也对应着两种截然不同的交通状态，因此，不能单独用于交通状态的判别。

1.4.2 车型分类及车辆折算系数

1. 车型分类

混合交通是我国交通流的一个重要特性。在一般公路上，机动车行驶受拖拉机等慢速车、自行车等非机动车以及行人的干扰。即使在高速公路上，交通构成也远比西方发达国家复杂。考虑到综合运输规划时客、货运力分析的需要和路面设计时车辆轴载换算要求，因此在国道网交通量统计中，规定了 3 类 11 种车型，分别是汽车（即小客车、大客车、小货车、中型货车、大货车和拖挂车），拖拉机（大、小型），以及非机动车（畜力车、人力车和自行车）。但是从通行能力和适应交通量确定的角度考虑，这种以车辆的外形尺寸和客货特征为分类标准的划分方法，车辆种类较多，而且部分车型间动力性能差异不大，极易出现运行特性类似的车型，并增加了交通数据统计分析的工作量。对于通行能力分析而言，车辆分类的目的就是把混有多种车型交通流中运行特征相似的车辆归为一类，以便确定各种运行车辆对标准车交通量的不同影响。因此，应以车辆运行特征（平均运行速度和标准差）作为车辆分类的首要标准。

《公路工程技术标准》（JTG B01—2014）中给出的车型分类如下：小型车：19 座以下客车、载重量 2t 以下的货车；中型车：19 座以上客车、载重量 2～7t 的货车；大型车：载重 7～20t 的货车；汽车列车：载重量大于 20t 的货车；拖拉机。其优点在于：同种车型运行速度稳定、不同车型运行特性差异明显，交通组成稳定。

2. 车辆折算系数

影响通行能力的因素主要有道路、交通和交通管理水平等几个方面。在一般公路上，交通条件对通行能力的影响较其他发达国家要突出一些，主要表现在交通构成复杂且各种车型之间动力性能相差较大，造成行驶速度相差悬殊，车辆间的相互干扰较大，降低了车辆运行质量和道路通行能力。因此，为了比较和量化各种车型对通行能力的影响，就需要对各种车型的影响程度进行深入细致的分析。

车辆折算系数（Passenger Car Equivalent）是用于将混合交通流中的各车型转化为标准车的当量值。作为通行能力研究的基础数据，其概念在1965年出版的美国《道路通行能力手册》中首次提出，但没有明确给出是哪一方面的当量，并且至今也仍没有统一的定义。各国对折算系数的分析方法也不尽一致，但普遍接受的原则是车辆折算系数的分析应该考虑服务水平以及数据采集的难易程度。因此，在确定模型之前，首先要建立描述路段服务水平的有效衡量指标。服务水平的有效度量应是对交通流特性变化灵敏度较高的参数，以该参数作为车型折算的当量标准，能最大程度上保证交通流状况的一致性。

车辆折算系数 *PCE* 的具体含义是：在交通流中，某种车平均每增加或减少一辆对标准车小时平均运行速度（车流延误或密度）的影响值，与平均每增加或减少一辆标准车对标准车小时平均运行速度（车流延误或密度）的影响值的比值，即为折算系数。

车辆折算系数一般具有如下特性：

（1）车辆折算系数不是一个定值，它受道路几何条件、横向干扰、交通组成及交通量的大小和管理水平等诸多因素的影响，是随各种条件变动而变化的变量。

（2）总的来说，我国双车道公路上各种车型的折算系数差别不大，主要是由于各种车型都占有一定比例，它们之间相互影响，导致每种车型的性能都不能得到完全的发挥。

（3）中型车与大型车的折算系数值较离散，表明这两种车不仅外型尺寸不同，而且动力性能差别也较大。因此，大、中型车的折算系数只能采用适中值。

（4）交通流中随着某车型交通量的增加，则该车型对标准车的影响就会减少，因而折算系数的计算值也随之降低。

PCE 的计算方法有很多种，从不同的观点和不同的角度出发得出的方法各不相同，而且，*PCE* 的值也有较大的差异。

PCE 的确定方法主要有三类：理论法、经验法和计算机模拟法，不同的 *PCE* 计算方法如图1-2所示。

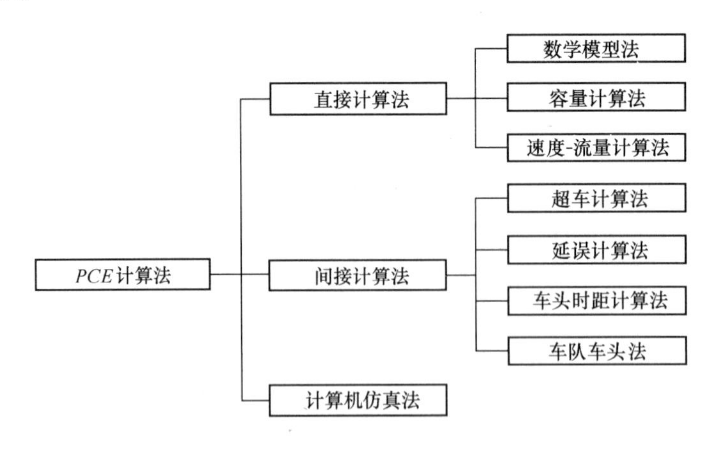

图1-2　*PCE* 计算方法

数学模拟法：考虑路段上车流的车速分布，并注意到它们的超车行为，将这个过程看成一个车辆的排队服务过程。服务台是允许超车的空隙。由此建立数学模型进行推导而得出 *PCE* 值的方法。

容量计算法：此方法通过在某服务水平下的容量中所含一定比例的载重车来计算 *PCE* 值。此方法比较困难，主要是因为某服务水平的容量难以观测到。

速度-流量计算法：通过分析车流中速度和车流之间的关系，这里包括载重车比例，在不同载重车比例情况下通过比较等价车流，类比求出载重车在不同道路条件下的 *PCE* 值。

超车率法：根据在某一区间的超车率和观测该区间速度的分布值，在给定的服务水平下，保持所观测车的速度分布，其超车率即可定义为计算的 *PCE* 值。

延误计算法：延误计算法是超车率法的进一步发展。将延误时间和等待超车机会结合起来，是延误等价计算法的基本原理。

车头时距法：在大流量的车流中，取得不同车型的车头时距，以及不同车型所占的时间间距为等价标准进行计算。

车队头车法：观测车流中的车队头车，考查载重车和小汽车作为头车的比例多少，以此作为等价标准计算 *PCE*。

计算机仿真法：通过数学分析或物理建模，在计算机上进行模拟计算。此方法可求算不同车型在各种情况下的 *PCE* 值。然而，这种方法不能脱离实际的试验与观测，它可以分析归纳理论与实际的差别，并可方便地对理论进行修正。

总之，由于折算系数分析的复杂性，导致了各种分析方法得出的结果的差异性。所以最终的折算系数建议值不仅要参考各种分析结果还应加入专家系统的判断。

《公路工程技术标准》(JTG B01—2014) 中给出的公路各汽车代表车型和车辆折算系数如表 1-4 所示。另外，畜力车、人力车、自行车等非机动车，按照路侧干扰因素计；拖拉机折算系数取为 4.0。

各汽车代表车型与车辆折算系数 **表 1-4**

汽车代表车型	车辆折算系数
小客车	1.0
中型车	1.5
大型车	2.5
汽车列车	4.0

1.4.3 通行能力调查

按交通流运行状况的特征，道路通行能力可分为下列几种情况：

(1) 路段的通行能力 (连续车流)；

(2) 信号交叉口的通行能力 (间断车流)；

(3) 匝道的通行能力 (分流、合流)；

(4) 交织路段的通行能力。

在城市道路的主要交叉口处，在地方道路及高速公路的爬坡段、隧道、桥梁等狭窄地段，匝道与其他干线的合流处，由于发生阻塞的原因不尽相同，其通行能力自然也就不同，因而调查的对象、地点和所采用的方法亦应随实际情况的不同而改变。

例如在进行路段通行能力调查时，应把调查地点选在其上的瓶颈路段 (道路爬坡、狭窄地段等) 处。因为随着交通量的增加，车辆相互之间的影响增加，自由行驶受到限制，道路上的车辆密度加大，平均行驶车速下降；当交通量进一步增加，所有车辆均将尾随在前面的慢车之后以同一车速行驶。通常就选定这一时刻观测最大交通量。当然，这种状态并不稳定，一旦车流中的某辆车突然减速，则此影响必将传递至后方，迫使尾随车减速，最终导致交通量降低，同时还会进一步影响后面的交通量。一般认为上述尾随同速行驶的车流最适宜作为通行能力调查的对象，而这种车流仅在瓶颈路段才易形成。

又例如，由于合流区间的通行能力一般较难定义，在合流后的干线上会产生与连续路段相类似的阻塞现象，有时干道上畅流无阻，但因合流要限制匝道上进人的车辆，在匝道上会形成排队而造成阻塞。因此，要确定合流区间的通行能力，首先必须要把探明阻塞发生的原因作为交通调查的对象。

探明阻塞发生的原因和最大交通量的调查应看作是对交通流进行客观记述的综合的交通调查。

关于通行能力的调查，国内目前尚未有比较统一而成熟的方法，即使是对同一对象、同一地点、同一时刻进行观测也会因为计算方法的不同而使观测方法有所差异。以下就连续通行路段、平面交叉路口以及合流区间通行能力的调查方法分别予以介绍。

1. 连续通行路段的调查

连续通行路段的通行能力必须考虑到车道分工及车道位置，如是专用车道还是混合车道，是中间车道还是靠路边的车道。如果靠路边车道上还设置有公共汽车停靠站，还须调查公共汽车停靠站处的通行能力。除道路条件以外还要对交通条件及交通流进行综合观测，通常还要调查交通量、车速、车流密度、车头时距、车头间距、车道利用率、超车次数等参数。

观测方法主要分为摄影观测和非摄影观测两种。其中，摄影观测最为方便，而且上述七项调查可同时进行。但是，由于摄像机的位置往往受到各种条件的限制，且测量成本高，观测后数据资料整理工作量大，所以目前国内较少采用。采用非摄影观测时，车头时距可以通过测量车速及驾驶人跟车行驶的反应时间推算而得。各个项目可以分别进行，但必须在同一时间范围内同步观测，这样做需用较多的人力，而且观测技术上亦有一定困难。

有关交通量、车速、车流密度的调查方法不少教材已有论述，此处不再赘述。下面主要介绍车头时距等参数的调查方法。

（1）车头时距的观测

调查地点应选在平直路段而且不受交叉口停车、加减速、车辆换道及行人过街等的影响。调查的车流应是连续行驶的车队。当车队中混有各种车型时，应分别调查各种车型的车头时距。由于车头时距与行驶车速关系极大，因此在观测车头时距的同时要测量被测车辆的地点车速。

（2）车头间距的观测

在高处进行摄影观测时，要预先在路面上按一定距离间隔设置标记（例如粘贴白色纸带），供分析时量测距离用。有时亦可通过测量现场实物来决定距离（车道线虚线、护栏柱或电杆的间距等）。观测时摄像机的位置越高越好，最好高于三层楼房，其画面速度应视现场车辆行驶速度和摄像范围大小决定。对于市区道路一般取每秒 4 画面；对于高速公路要取每秒 8 画面。通常使用 16mm 录像带，如欲提高观测精度则需用 35mm 录像带。

（3）车道利用率的观测

车道利用率是指一个车道的交通量与全部车道交通量的比率。观测者只需分别测出每一车道的交通量即可算出。

（4）超车次数的观测

分别在调查区间的前后断面记录每辆车的通过时间与车牌号，对照两断面的记录，再根据车辆的通过顺序即可求得超车次数。另外，还可以从高处直接观测一定路段内的超车次数。

（5）公共汽车停靠站的通行能力调查

公共汽车停靠站的通行能力对于公交车辆专用车道及单向一车道的道路影响很大。有些道路尽管在正常路段的通行能力较大，但由于受停靠站的限制，仍然可能出现交通阻塞现象，因此有必要确定它对道路通行能力的影响。

为了计算公交停靠站点的通行能力以及对它的影响确定合理的修正系数，通常应调查以下内容：

（1）停靠站的长度和同一时间停靠的车辆数；

（2）相应于各种候车人数时不同大小公共汽车的停靠时间；

（3）道路上不同车道的交通量。

2. 信号交叉口的调查

在信号交叉口处，由于入口引道的待行车队在每次绿灯信号放行时通过停车线进入交叉口的车辆数往往有限，因此易形成交通阻塞。通过停车线进入交叉口的车辆数与待行车队的长短无关，而与交叉口处的道路、交通条件以及入口的信号显示情况有关。通行能力一般由各入口引道决定，在交叉口的几何构造、交通条件一定的前提下，有时也可以认为是一个绿灯小时可能通过的车辆数。但应区别于通常说的每绿灯小时通行能力。因为当使用每绿灯小时通行能力时，信号的周期和绿信比将按交通控制的需要而改变，在确定适宜的绿信比时常常要用到通行能力这一概念，亦即每绿灯小时通行能力是确定绿信比的基本资料。所以根据实际要求，最好不要把绿信比包含在入口引道的固有通行能力上，也就是说，信号交叉口某一入口的通行能力应等于每绿灯小时通行能力乘以绿信比。

（1）停车线法

停车线法的基本思路是以车辆通过停车线作为通过路口，将饱和通行能力经修正后得到设计通行能力。所以调查主要集中在对通过某一信号交叉口进口道的饱和车流进行观测和分析上。所谓饱和流量是指在一次绿灯时间内，入口道上车队能连续通过停车线的最大流量。

观测地点：选择有两条或两条以上人口车道、交通流量大、右转、直行、左转有明确分工的交叉口进口引道。

调查内容与方法：

1）调查交叉口的几何组成，各入口引道车道数、停车线位置及各车道功能划分情况；

2）观测信号灯周期时长及各相位时长；

3）观测交叉口高峰小时交通流量流向分布；

4）饱和流量的测定。

（2）冲突点法

冲突点法的基本思想是以车辆通过“冲突点”作为通过路口的依据。所谓冲突点是指本向直行车（右转车）和对向左转车在同一绿灯时间内交错通过，此两向车流轨线的交会点。该算法所得的饱和通行能力是以车辆通过冲突点的各平均饱和车头时距为基础的，因而此时的调查内容除与前述有不少相似之处外，还要着重观测在冲突点车辆穿插流动的规律。研究表明，若直行车流车辆到达分布属泊松分布时，直行车流中出现的可供左转车穿越的空档分布符合负指数分布。

3. 环形交叉口的调查

环形交叉口是自行调节交通的交叉口，进入交叉口的所有车辆都以同一方向绕中心岛行进，变车流的交叉为合流、交织、分流。它的功能介于平面交叉与立体交叉之间。国内城市中有一定数量的这类交叉口，研究它的通行能力有现实意义。但是迄今尚未有成熟的理论计算公式可循，往往凭经验估计或参考国外类似情况处理。环形交叉口的通行能力受多种因素影响，既与它的各要素的几何尺寸、相交道路的交角有关，又与交通组成流量流向的分布有关。国外的公式多半也是经验性的，同一环交路口的通行能力，采用不同国家的公式计算所得的结果有较大的差异，并不能准确反映我国交通的实际情况。

因此，仅仅从理论方面计算，探讨环形交叉口的通行能力显然是不够的，必须进行实地观测以取得环形交叉口饱和通行能力的可靠数据。通常有两种实测方式：

第一种是专门组织一定数量的汽车按一定速度、一定流向进出交叉口使其达到饱和，同时进行观测。这一方式的主要缺点在于需要调动大量汽车、大量人力，难于组织实施。此外，行驶路线和运行状况也不同于原交叉口的实际情况，存在着一定程度的失真，所以用得不多。

第二种方式是阻车观测。它利用原有线路上的车辆，使其在一段较短时间内暂停通行，当各进口引道上积累了一定数量的车辆之后再开始放行，于是便可使环形交叉在一个短时间内处于饱和状态。第二种方式的实施尽管也有不少困难，尤其是如果准备不充分又缺乏经验时，可能会造成短时间的交通阻塞，影响正常交通运行。国内几个城市的阻车试验表明，事先做好充分的准备，选择适当的阻车时间，适当缩短阻车持续时间，仔细分析可能发生的阻塞情况并准备好相应的疏导方案，那么采用阻车观测较为方便，而且观测结果的真实性也较高。

4. 合流区的调查

合流区间的通行能力，特别是高速道路上合流区间的通行能力是一个十分重要的问题。但是迄今为止，人们对这种路段处的交通现象还不能透彻地阐明，这是因为合流区间发生阻塞的原因比较复杂。所以合流区间通行能力的调查一般是通过对阻塞时的交通情况进行多方面的观测、分析来探讨阻塞发生的原因和推算通行能力，而对于复杂的合流现象也常有用模拟演示来研究的，此时的交通调查的主要工作是获取建立模拟模型的基本资料，为分析和计算提供数据。

用摄影方法观测合流区间的交通现象比较方便，可以同时测定多个交通因素。整个合流区间（自合流区喇叭口向前或自交通岛端部向前约 50m）应能处于同一幅画面上，为此可以利用附近高大建筑物、电杆或自搭拍摄架从高处进行摄影。

为了分析的需要，有时要把合流区间全部车辆的运行情况拍摄下来，往往要使用 2～3 台摄像机且各自的摄像区要互相搭接。有时也采取同时拍摄整个合流区间的办法，要求对行驶车辆逐个追踪并能绘制时间-距离曲线图。

1.5　课程主要内容及安排

1.5.1　本课程的主要内容

本课程主要内容包括路段、匝道、交织区、收费站、公共交通、自行车道及人行设施的通行能力以及各种类型的交叉口通行能力。通行能力研究的对象是道路设施的各个组成部分的通行能力及其影响因素，只有在科学地分析了道路通行能力的基础上才能合理地进行道路规划、设计、施工以及评估等工作。

1.5.2　本课程的安排

通行能力分析的主要目的是求得在不同运行质量情况下 1h 道路设施所能通行的最大交通量，亦即求得在指定的交通运行质量条件下所能承担交通的能力，使道路规划、设计及交通管理等与运行质量联系起来，从而合理地使用道路交通建设资金和提高交通运输的综合经济效益。开设本课程的目的在于通过课程的学习，使学生掌握通行能力分析的基本方法、理论。课程教学计划 30 学时。

思考题

1. 基本通行能力、可能通行能力与设计通行能力的异同点？
2. 公路的服务水平评价指标分别为何？
3. 城市道路的服务水平评价指标分别为何？
4. 交通量与流量的区别？
5. 何为车辆折算系数？确定车辆折算系数的依据为何？

第2章　公路路段通行能力

路段通行能力是指道路交叉口之间的路段上连续车流的最大允许通过量。由于受道路、交通、管制等条件的影响和限制，不同等级公路的路段通行能力也就各不相同。本章讨论除匝道和交织区以外的公路路段通行能力。

2.1　基本路段的界定

基本路段是相对于高速公路、一级公路和城市快速路而言的。

道路是由路段和交叉口组成的。对于高速公路、一级公路和城市快速路，路段一般是由基本路段、匝道和交织区3部分组成，如图2-1所示。

图2-1　道路路段划分示意图

(1) 基本路段　不受匝道附加合流、分流及交织流影响的路段。

(2) 交织区　沿一定长度的道路，两条或多条车流穿过彼此的行车路线的路段。交织路段一般由相距较近的合流区和分流区组成。

(3) 匝道及匝道与主线连接处　进口匝道和出口匝道与道路主线的连接处。由于连接处汇集了合流或分流的车辆，因而形成一个紊流区。

基本路段处于任何匝道或交织区的影响区域之外。一般地说，匝道连接处或交织区的影响区域可按如下范围划分：

(1) 进口匝道　从匝道连接处起，上游150m，下游760m的范围为进口匝道影响范围。

(2) 出口匝道　从匝道连接处起，上游760m，下游150m的范围为出口匝道影响范围。

(3) 交织区　合流点上游150m为交织区的起点，分流点下游150m为交织区的终点。

上述准则是针对稳定车流而言的。在交通拥挤及堵塞情况下，合流、分流或交织区可能会形成车辆排队现象，排队长度的变化范围很大，可长达几公里。因此，合流、分流或交织区的影响范围将随交通流状况发生改变。

2.2　高速公路基本路段通行能力与服务水平

高速公路是指专供汽车分向、分车道行驶，全部控制出入的多车道公路，其年平均日设计交通量宜在15000～100000辆小客车以上。高速公路是唯一一种能提供完全不间断交通流的公路设施类型。对交通流没有类似信号灯或停车管制的交叉口那样的外部干扰，车辆只有通过匝道才能进出主线，匝道一般设计成可以高速进行分、合流，并最大限度地减少对主线交通的干扰。

高速公路基本路段通行能力定义为：在单位时间段和通常的道路、交通管制条件下，基本路段上某一断面所容许通过的单向单车道最大持续交通流。因此，高速公路基本路段通行能力是针对单向单车道而言的。

2.2.1　高速公路基本路段通行能力

1. 基本通行能力

基本通行能力又称理论通行能力，《公路路线设计规范》（JTG D20—2006）中给出的高速公路基本路段基准自由流速度与基本通行能力取值如表 2-1 所示。

高速公路基本路段基本通行能力　　表 2-1

设计速度（km/h）	基准自由流速度（km/h）	基本通行能力［pcu/（h·ln)］
120	110	2200
100	100	2100
80	90	2000

理想条件下每车道最大服务流率为：

$$MSF_i = C_{bj} \times (V/C)_i \tag{2-1}$$

式中　MSF_i——理想条件下，i 级服务水平相应的每车道最大服务流率，pcu/(h·ln)；

C_{bj}——理想条件下，设计速度为 j 的高速公路基本路段基本通行能力，pcu/(h·ln)；

$(V/C)_i$——与 i 级服务水平相应的饱和度阈值。

2. 车道与路侧对基准自由流速度的影响

高速公路基本路段的通行能力受车道数、车道和路侧宽度的影响，应根据实际行驶速度进行修正，得到高速公路基本路段基本通行能力修正值。高速公路基本路段的实际行驶速度可根据当地观测资料或按下式计算：

$$v_R = v_0 + \Delta v_W + \Delta v_N \tag{2-2}$$

式中　v_R——自由流状态下，高速公路基本路段的实际行驶速度，km/h；

v_0——高速公路基本路段的基准自由流速度，km/h；

Δv_W——车道宽度与路侧宽度对基准自由流速度的修正值，见表 2-2，km/h；

Δv_N——车道数对基准自由流速度的修正值，见表 2-3，km/h。

车道宽度与路侧宽度对基准自由流速度的修正值　　表 2-2

宽度（m）		基准自由流速度修正值 Δv_W（km/h）	
		高速公路	一级公路
车道	3.25	−5.0	−8.0
	3.50	−3.0	−3.0
	3.75	0.0	0.0
左侧路缘带	0.25	−3.0	−5.0
	0.50	−1.0	−3.0
	0.75	0.0	0.0

续表

宽度（m）		基准自由流速度修正值 Δv_W（km/h）	
		高速公路	一级公路
右侧路肩	≤0.75	−5.0	−8.0
	1.00	−3.0	−5.0
	1.50	−1.0	−3.0
	≥2.00	0.0	0.0

车道数对基准自由流速度的修正值 **表 2-3**

车道数（单向）	基准自由流速度修正值 Δv_N（km/h）
≥4	0
3	−4.0
2	−8.0

3. 实际通行能力

实际通行能力又称可能通行能力，高速公路基本路段实际通行能力的计算公式如下：

$$C_P = C_R \times f_N \times f_{HV} \times f_P \tag{2-3}$$

式中 C_p——高速公路基本路段实际通行能力，pcu/(h·ln)；

C_R——高速公路基本路段基本通行能力修正值，可根据计算的实际行驶速度对表2-1 中的基本通行能力值进行线性内插获得，pcu/(h·ln)；

f_N——车道数修正系数，双向 6 车道及其以上取 0.98～0.99；

f_{HV}——交通组成修正系数；

f_P——驾驶人总体特征修正系数，通常取 0.95～1.00。

中型车、大型车和拖挂车在外形尺寸和车辆行驶性能上与小客车存在显著差别，动力特性比小客车差，导致交通流中出现很大空隙，故应对其进行修正，其修正系数计算公式如下：

$$f_{HV} = \frac{1}{1 + \sum_i P_i(PCE_i - 1)} \tag{2-4}$$

式中 P_i——第 i 种车型交通量占总交通量的百分比；

PCE_i——第 i 种车型折算系数，应根据交通量与实际行驶速度在表 2-4 中选取。

高速公路基本路段车辆折算系数 **表 2-4**

车型	交通量 [veh/(h·ln)]	实际行驶速度(km/h)		
		120	≥100	≥80
中型车	≤800	1.5	1.5	1.5
	800～1200	1.5	1.5	2.0
	1200～1600	1.5	1.5	2.0
	1600～2000	1.5	1.5	2.0
	≥2000	1.5	1.5	1.5

续表

车型	交通量 [veh/(h·ln)]	实际行驶速度(km/h)		
		120	≥100	≥80
大型车	≤800	1.5	1.5	2.0
	800～1200	1.5	2.0	2.5
	1200～1600	2.5	3.0	3.5
	1600～2000	2.0	2.5	3.0
	≥2000	2.0	2.5	2.5
拖挂车（含集装箱车）	≤800	2.0	2.5	3.0
	800～1200	2.5	3.0	4.0
	1200～1600	3.0	4.0	5.0
	1600～2000	2.5	3.5	4.0
	≥2000	2.5	3.0	3.5

根据实际通行能力，可计算得到实际条件下高速公路基本路段的单向服务流率：

$$SF_i = C_R \times (V/C)_i \times N \times f_w \times f_{HV} \times f_P \quad (2\text{-}5)$$

式中　SF_i——在实际道路交通条件下，i 级服务水平相应的单向服务流率，pcu/h；

N——单向车道数。

4. 规划和设计阶段通行能力分析

规划和设计阶段通行能力分析是根据预测的交通量和交通特性，以及期望的服务水平，确定高速公路基本路段所需车道数。相对于设计分析而言，由于规划分析交通资料仅有规划年的年平均日交通量，其他必要的分析参数由分析人员假定或采用推荐的默认值，所以与设计分析相比，规划分析是比较粗略的。

(1) 数据要求

设计分析需要的资料主要涉及预测的设计年限年平均日交通量、设计小时交通量系数、方向不均匀系数、高峰小时系数、交通流组成及驾驶人特征。同时，还需要事先确定设计速度、车道宽度、左侧路缘带宽度和右侧路肩宽度等设计数据。

新建公路的设计小时交通量系数，可参照公路功能、交通量、地区气候、地形等条件相似的公路观测数据确定。缺乏观测数据地区，设计小时交通量系数可参照表 2-5 取值。

各地区高速公路设计小时交通量系数（%）　　表 2-5

地区	华北	东北	华东	中南	西南	西北
	京、津、冀、晋、蒙	辽、吉、黑	沪、苏、浙、皖、闽、赣、鲁	豫、湘、鄂、粤、桂、琼	川、滇、黔、藏	陕、甘、青、宁、新
近郊	8.0	9.5	8.5	8.5	9.0	9.5
城间	12.0	13.5	12.5	12.5	13.0	13.5

(2) 设计和规划分析步骤

1) 将设计年限的年平均日交通量换算成为单方向设计小时交通量，高速公路、一级公路的设计小时交通量应选取重交通量方向，按照下式计算。

$$DDHV = AADT \times K \times D \tag{2-6}$$

式中 $DDHV$——单向设计小时交通量，veh/h；

$AADT$——预测年平均日交通量，veh/h；

K——设计小时交通量系数，为选定时位的小时交通量与年平均日交通量的比值；

D——方向不均匀系数，通常取 0.5～0.6，亦可根据当地交通量观测资料确定。

2）将预测的单向设计小时交通量 $DDHV$ 折算成为高峰小时流率。

$$SF = DDHV/PHF/f_{HV} \tag{2-7}$$

式中 SF——高峰小时流率，pcu/h。

3）假设车道数，据式（2-3）计算实际通行能力 C_p。

4）确定设计服务水平，高速公路通常取三级服务水平作为设计服务水平；当高速公路作为主要干线公路时，可按二级服务水平进行设计。

5）计算单向所需车道数：$N = SF/[C_p \times (V/C)_i]$，最后计算出的车道数通常不是整数，应向上取整。

2.2.2 高速公路基本路段服务水平

随着我国近年来国民经济的快速发展，交通需求量日益增大，这必然导致公路建设的快速发展，随着高速公路的建设里程在公路建设总里程中所占比重越来越大，如何对已经建成的高速公路进行科学的管理越来越引起人们的重视，这就要求我们对已经运营的高速公路运行质量做出客观、科学的评价，为管理决策提供可靠的依据。

1. 服务水平影响因素

（1）行车速度和运行时间。高速公路的一个重要标志就是行车速度比一般公路高，行驶速度越高，运行时间越短，服务水平越高。因此，服务水平与行车速度是成正比例相关，与行驶时间成反比例相关。

（2）车辆行驶时的自由程度。服务水平与行驶的自由程度（通畅性）成正相关，行驶自由程度越大，服务水平越高。

（3）交通受阻或受干扰程度。行车延误和每公里停车次数成负相关。

（4）行车的安全性。服务水平与行车事故率和经济损失成负相关。

（5）行车的舒适性和乘客满意程度。服务水平与行车的舒适性和乘客满意程度成正相关。

（6）经济性。服务水平与行驶费用成正相关。

2. 服务水平评价

服务水平是道路使用者从安全、舒适、效率、经济等多方面所感受到的服务程度，也是驾驶人和乘客对道路交通状态和服务质量的一个客观评价。正确合理地确定服务水平准则是进行服务水平评价的基础和前提。高速公路基本路段服务水平评价采用饱和度 V/C 作为主要指标，采用小客车实际行驶速度与自由流速度之差作为次要评价指标。高速公路基本路服务水平分级见表 2-6。

高速公路基本路段服务水平分级　　表 2-6

服务水平等级	V/C 值	设计速度（km/h）		
		120	100	80
		最大服务交通量（pcu/h/ln）	最大服务交通量（pcu/h/ln）	最大服务交通量（pcu/h/ln）
一	$V/C \leqslant 0.35$	750	730	700
二	$0.35 < V/C \leqslant 0.55$	1200	1150	1100
三	$0.55 < V/C \leqslant 0.75$	1650	1600	1500
四	$0.75 < V/C \leqslant 0.90$	1980	1850	1800
五	$0.90 < V/C \leqslant 1.00$	2200	2100	2000
六	$V/C > 1.00$	0～2200	0～2100	0～2000

2.2.3　算例分析

1. 算例 2-1

已知某双向四车道高速公路，设计速度为 120km/h，车道宽度 3.75m，左侧路缘带宽度 0.5m，右侧路肩宽度 3.75m，驾驶人主要为经常往返于两地者。交通量为 1000veh/(h·ln)，交通组成：中型车 35%，大型车 5%，拖挂车 5%，其余为小型车。试计算其实际通行能力及实际情况下三级服务水平对应的单向服务流率。

解：由题意，$v_0=110\text{km/h}$，$f_N=1.0$，$f_p=1.0$。

查表 2-2 和表 2-3，得 $\Delta v_W=-1\text{km/h}$，$\Delta v_N=-8\text{km/h}$，得 $v_R=101\text{km/h}$，则 $C_R=2110\text{pcu/(h·ln)}$。

查表 2-4，得中型车、大型车和拖挂车的折算系数分别为 1.5、2.0 和 3.0，则

$$f_{HV}=1/\{1+[0.35\times(1.5-1)+0.05\times(2.0-1+0.05\times(3.0-1)]\}=0.755。$$

实际通行能力：$C_p=C_R\times f_N\times f_{HV}\times f_p=2110\times1.0\times0.755\times1.0=1593[\text{pcu/(h·ln)}]$。

实际情况下三级服务水平对应的单向服务流率：

$$SF=C_p\times(V/C)_i\times N=1593\times0.75\times2=2390(\text{pcu·h})。$$

2. 算例 2-2

已知某双向四车道高速公路，设计速度为 100km/h，车道宽度 3.75m，左侧路缘带宽度 0.5m，右侧路肩宽度 3.75m。交通组成：小型车 60%，中型车 35%，大型车 3%，拖挂车 2%。驾驶人多熟悉路况。高峰小时交通量为 736veh/（h·ln），高峰小时系数为 0.96。试分析其服务水平。

解：由题意，$v_0=100\text{km/h}$，$f_N=1.0$，$f_p=1.0$。

查表 2-2 和表 2-3，得 $\Delta V_W=-1\text{km/h}$，$\Delta V_N=-8\text{km/h}$，得 $v_R=91\text{km/h}$，则 $C_R=2010\text{pcu/（h·ln）}$。查表 2-4，得中型车、大型车和拖挂车的折算系数分别为 1.5、2.0 和 3.0，则

$$f_{HV}=1/\{1+[0.35\times(1.5-1)+0.03\times(2.0-1)+0.02\times(3.0-1)]\}=0.803。$$

实际通行能力：$C_p=C_R\times f_N\times f_{HV}\times f_p=2010\times1.0\times0.803\times1.0=1614\text{pcu/(h·ln)}$。

高峰15min流率：$v_{15}=736/0.803/0.96=955$pcu/h/ln。

饱和度：$v_{15}/C=955/1614=0.59$。

查表2-6，确定其服务水平为三级。

3. 算例2-3

今欲在某平原地区规划一条高速公路，设计速度为120km/h，车道宽度3.75m，左侧路缘带宽度0.75m，右侧路肩宽度3.75m。其远景设计年限平均日交通量为55000veh/d，大型车比率占20%，驾驶人均对路况较熟，方向系数为0.6，设计小时交通量系数为0.12，高峰小时系数取0.96，试问应合理规划成几条车道？

解： 由题意，得 $f_N=0.98$，$f_p=1.0$，$AADT=55000$veh/d，$K=0.12$，$D=0.6$，$v_0=110$km/h。

则 $DDHV=AADT\times K\times D=55000\times0.12\times0.6=3960$veh/h。

假设为双向8车道，查表2-2和表2-3，得 $\Delta V_W=0$km/h，$\Delta V_N=0$km/h，得 $v_R=110$km/h，则 $C_R=2200$pcu/h/ln。

查表2-4，得大型车的折算系数为2.0，则 $f_{HV}=1/[1+0.2\times(2.0-1)]=0.833$。

高峰小时流率：$SF=DDHV/PHF/f_{HV}=3960/0.96/0.833=4952$(pcu/h)。

实际通行能力：$C_p=C_R\times f_N\times f_{HV}\times f_p=2200\times0.98\times0.833\times1.0=1796$[pcu/(h·ln)]。

设计服务水平为三级，对应的饱和度为0.75，$N=4952/(1796\times0.75)=3.7$，取为4，即双向8车道。

2.3 一级公路基本路段通行能力与服务水平

一级公路指供汽车分方向、分车道行驶，可根据需要控制出入的多车道公路。一级公路的年平均日设计交通量宜在15000辆小客车以上，设计速度可以取为100km/h、80km/h和60km/h。

2.3.1 一级公路基本路段通行能力

1. 基本通行能力

《公路路线设计规范》中给出的一级公路基本路段基准自由流速度与基本通行能力取值如表2-7所示。与高速公路基本路段相比，在同一设计速度下，一级公路基本路段的基准自由流速度相同，但其基本通行能力却有所降低。

一级公路基本路段基本通行能力 **表2-7**

设计速度 (km/h)	基准自由流速度 (km/h)	基本通行能力 [pcu/(h·ln)]
100	100	2000
80	90	1800
60	80	1600

2. 车道与路侧对基准自由流速度的影响

一级公路车道宽度和路侧宽度对其基准自由流速度的影响可按表2-2选取，车道数对

基准自由流速度的影响可按表 2-3 选取。一级公路基本路段的实际行驶速度可根据当地观测资料确定或按公式（2-2）计算。受车道数、车道和路侧宽度的影响，不同行驶状态下一级公路基本路段的基本通行能力，应根据实际行驶速度对表 2-7 所列的数值进行修正后确定。

3. 影响一级公路基本路段通行能力的路侧干扰因素

（1）路侧干扰因素

一级公路基本路段的路侧干扰因素主要包括：路侧行驶的拖拉机数量（*TRA*）、支路进出主路的车辆数量（*EEV*）、路侧停靠的机动车数量（*PSV*）、路侧与横穿公路的行人数量（*PED*）、路侧非机动车数量（*SMV*）及路侧街道化程度（*LU*）。

如图 2-2 所示，当道路街道化程度从无到完全街道化时，内侧车道、中间车道和外侧车道上的小客车速度分别下降约 18％、14％、20％。

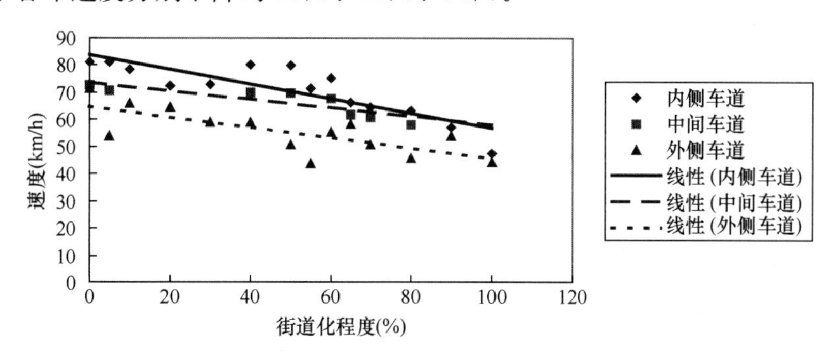

图 2-2　街道化程度对运行速度的影响

上述六个路侧干扰因素对多车道公路的交通流速度有着不同程度的影响。在一级公路上，拖拉机与支路进出主路的车辆对交通流速度影响程度最大，其次是路侧停靠的机动车，而路侧与横穿公路的行人和非机动车及路侧街道化的影响较小。为简化分析计算，各路侧干扰的权重值规定为：$W_{TRA}=0.25$、$W_{EEV}=0.2$、$W_{PSV}=0.18$、$W_{PED}=0.15$、$W_{SMV}=0.12$、$W_{LU}=0.1$。

（2）路侧干扰分级

《公路路线设计规范》将路侧干扰分为 1～5 五个等级：

1 级：轻微干扰，公路条件符合标准、交通状况基本正常、各类路侧干扰因素很少；

2 级：较轻干扰，公路设施两侧为农田、有少量自行车、行人出行或横穿公路；

3 级：中等干扰，公路穿过村镇或路侧偶有停车，被交支路有少量车辆出入。

4 级：严重干扰，公路交通流中有较多的非机动车或拖拉机混合行驶。

5 级：非常严重干扰，路侧设有集市、摊位、交通管理或交通秩序很差。

路侧干扰等级值 *FRIC*（取 1、2、3、4、5）可根据公式（2-8）计算：

$$FRIC=\mathrm{Int}(0.25\times G_{TRA}+0.2\times G_{EEV}+0.18\times G_{PSV}+0.15\times G_{PED}+0.12\times G_{SMV}+0.10\times G_{LU}+0.5) \tag{2-8}$$

式中　G_{TRA}——拖拉机数量对应的路侧干扰等级值；

G_{EEV}——支路进出主路车辆数量对应的路侧干扰等级值；

G_{PSV}——路侧停车数量对应的路侧干扰等级值；

G_{PED}——路侧行人数量对应的路侧干扰等级值；

G_{SMV}——路侧非机动车数量对应的路侧干扰等级值；

G_{LU}——路侧街道化程度对应的路侧干扰等级值。

公式（2-8）中的各项参数可根据表 2-8 查取。

路侧干扰分级 **表 2-8**

级别 G	拖拉机数量 TRA [veh/(200m·h)]	支路车辆数 EEV [veh/(200m·h)]	路侧停车数 PSV [veh/(200m·h)]	行人数量 PED [p/(200m·h)]	非机动车数 SMV [veh/(200m·h)]	街道化程度 LU (%)
1	$TRA \leqslant 2$	$EEV \leqslant 1$	$PSV \leqslant 2$	$PED \leqslant 6$	$SMV \leqslant 50$	$LU \leqslant 20$
2	$2 < TRA \leqslant 4$	$1 < EEV \leqslant 2$	$2 < PSV \leqslant 4$	$6 < PED \leqslant 12$	$50 < SMV \leqslant 100$	$20 < LU \leqslant 40$
3	$4 < TRA \leqslant 6$	$2 < EEV \leqslant 3$	$4 < PSV \leqslant 6$	$12 < PED \leqslant 18$	$100 < SMV \leqslant 150$	$40 < LU \leqslant 60$
4	$6 < TRA \leqslant 8$	$3 < EEV \leqslant 4$	$6 < PSV \leqslant 8$	$18 < PED \leqslant 24$	$150 < SMV \leqslant 200$	$60 < LU \leqslant 80$
5	$8 < TRA \leqslant 10$	$EEV > 4$	$PSV > 8$	$PED > 24$	$SMV > 200$	$80 < LU \leqslant 100$

4. 实际通行能力

实际条件下一级公路基本路段的通行能力可按下式计算：

$$C_p = C_R \times f_{HV} \times f_p \times f_f \times f_j \tag{2-9}$$

式中 C_p——一级公路基本路段实际通行能力，pcu/(h·ln)；

C_R——一级公路基本路段基本通行能力修正值，可根据计算的实际行驶速度对表 2-7 中的基本通行能力值进行线性内插获得，pcu/(h·ln)；

f_{HV}——交通组成修正系数，按照公式(2-4)计算，车辆折算系数选取同高速公路基本路段，见表 2-4；

f_P——驾驶人总体特征修正系数，通常取 0.95～1.0；

f_f——路侧干扰影响修正系数；

f_j——平面交叉修正系数。

路侧干扰对一级公路基本路段通行能力的影响与路侧干扰等级有关，其修正系数 f_f 可参照表 2-9 选取。

一级公路基本路段通行能力路侧干扰修正系数 **表 2-9**

路侧干扰等级	1	2	3	4	5
修正系数	0.98	0.95	0.90	0.85	0.80

平面交叉对一级公路基本路段通行能力的影响主要与平面交叉间距、设计速度及平均停车延误有关，其修正系数 f_j 可参照表 2-10 选取。

一级公路基本路段通行能力平面交叉修正系数 **表 2-10**

平面交叉间距 (m)	设计速度 (km/h)	平面交叉平均停车延误（s）			
		15	30	40	50
2000	100	0.60	0.53	0.51	0.48
	80	0.68	0.61	0.59	0.57
	60	0.77	0.70	0.68	0.66

续表

平面交叉间距 (m)	设计速度 (km/h)	平面交叉平均停车延误 (s)			
		15	30	40	50
1000	100	0.42	0.36	0.34	0.22
	80	0.56	0.48	0.46	0.44
	60	0.63	0.54	0.51	0.48
500	100	0.28	0.23	0.20	0.18
	80	0.35	0.28	0.25	0.22
	60	0.46	0.37	0.33	0.30
300	100	0.18	0.15	0.13	0.12
	80	0.24	0.20	0.18	0.15
	60	0.35	0.26	0.23	0.20

5. 规划和设计阶段通行能力分析

一级公路基本路段在规划和设计阶段的通行能力分析目的在于确定其车道数，其分析方法与高速公路公路基本路段相同，可按公式（2-10）计算一级公路基本路段所需车道数。

$$N = DDHV/PHF/[C_R \times (V/C)_i \times f_{HV} \times f_p \times f_j \times f_f] \tag{2-10}$$

一级公路通常取三级服务水平作为设计服务水平；当一级公路为集散公路时，可按四级服务水平进行设计。

2.3.2 一级公路基本路段服务水平

一级公路基本路段服务水平评价采用饱和度 V/C 作为主要指标，采用小客车实际行驶速度与自由流速度之差作为次要评价指标。一级公路基本路服务水平分级见表 2-11。

一级公路基本路段服务水平分级　　表 2-11

服务水平等级	V/C 值	设计速度（km/h）		
		100	80	60
		最大服务交通量 [pcu/(h·ln)]	最大服务交通量 [pcu/(h·ln)]	最大服务交通量 [pcu/(h·ln)]
一	$V/C \leqslant 0.3$	600	550	480
二	$0.3 < V/C \leqslant 0.5$	1000	900	800
三	$0.5 < V/C \leqslant 0.7$	1400	1250	1100
四	$0.7 < V/C \leqslant 0.90$	1800	1600	1450
五	$0.90 < V/C \leqslant 1.00$	2000	1800	1600
六	$V/C > 1.00$	0～2000	0～1800	0～1600

2.3.3 算例分析

1. 算例 2-4

某双向 4 车道一级公路基本路段，设计速度 100km/h，车道宽度 3.75m，左侧路缘带宽度 0.5m，右侧路肩宽度 3.5m。交通量为 750veh/(h · ln)，车型组成为：小型车

70%、中型车15%、大型车10%、拖挂车5%；驾驶人均为经常往返两地者，路况较熟；平面交叉间距2000m，平均停车延误20s，路侧干扰轻微。试计算其实际通行能力。

解：由题意，C_b=2000pcu/(h·ln)，v_R=100－3－8=89km/h，C_R=1780pcu/(h·ln)，f_P=1.0，f_j=0.58，f_f=0.98。

$$f_{HV}=1/[1+0.15\times(1.5-1)+0.1\times(2-1)+0.05\times(3-1)]=0.784$$

计算实际通行能力：

$$C_p=1780\times1.0\times0.784\times0.58\times0.98=793[\text{pcu/(h}\cdot\text{ln)}]。$$

2. 算例2-5

某双向6车道一级公路基本路段，设计速度80km/h，车道宽度3.75m，左侧路缘带宽度0.5m，右侧路肩宽度3.75m。车型组成为：小型车80%、中型车10%、大型车5%、拖挂车5%；驾驶人均为经常往返两地者，路况较熟；平面交叉间距1000m，平均停车延误30s，路侧干扰较轻。高峰小时交通量为400veh/(h·ln)，高峰小时系数0.95，试评价其服务水平。

解：由题意，C_b=1800pcu/(h·ln)，v_R=90－3－4=83km/h，C_R=1660pcu/(h·ln)，f_P=1.0，f_j=0.48，f_f=0.95。

$$f_{HV}=1/[1+\Sigma P_i(E_i-1)]=1/[1+0.1\times(1.5-1)$$
$$+0.05\times(2-1)+0.05\times(3-1)]=0.833$$

计算实际通行能力：

$$C_P=1660\times1.0\times0.833\times0.48\times0.95=631\text{pcu/(h}\cdot\text{ln)}$$

计算饱和度：

$$V/C=400/0.833/0.95/631=0.80$$

评价结论：四级服务水平。

3. 算例2-6

设计某一级公路基本路段，设计速度100km/h，车道宽度3.75m，左侧路缘带宽度0.75m，右侧路肩宽度3.75m。预期单向设计小时交通量为900veh/h，高峰小时系数采用0.9，交通组成：小客车55%，中型车比例30%，大型车比例15%；交叉口间距2000m，平均停车延误15s；驾驶人经常往返两地，横向干扰较轻。

解：假设双向6车道，由题意，C_b=2000pcu/(h·ln)，v_R=100－4=96km/h，C_R=1920pcu/h/ln，f_p=1.0，f_j=0.60，f_f=0.95。

$$f_{HV}=1/[1+0.3\times(1.5-1)+0.15\times(2-1)]=0.769。$$

100km/h设计速度的一级公路三级服务水平对应饱和度为0.7。

计算单向所需车道数：$N=900/0.769/0.9/[1920\times0.7\times0.769\times0.60\times0.95]=2.2$。

综上，确定该一级公路基本路段应修建成双向6车道。

2.4 双车道公路路段通行能力与服务水平

双车道公路是指具有两条车行道、双向行车的公路，双车道公路包括二、三、四级公路。二级公路：供汽车行驶的双车道公路，年平均日设计交通量宜为5000～15000辆小客车；三级公路：供汽车、非汽车交通混合行驶的双车道公路，年平均日设计交通量宜为

2000～6000 辆小客车；四级公路：供汽车、非汽车交通混合行驶的双车道或单车道公路，双车道四级公路应年平均日设计交通量宜在 2000 辆小客车以下，单车道四级公路年平均日设计交通量宜在 400 辆小客车以下。

目前，我国大多数干线及非干线公路均为双车道公路，同时双车道公路亦为我国公路网中最常见、最普遍的一种公路形式。截止 2014 年底，全国公路纵里程达到 446.4 万公里，其中高速公路 11.19 万公里、一级公路 8.54 万公里、二级公路 34.84 万公里、三级公路 41.42 万公里、四级公路 294.10 万公里、等外公路 56.31 万公里，如图 2-3 所示，二、三、四级公路里程比例高达 82.97%。《公路路线设计规范》规定，二、三级公路的设计服务水平采用四级，当作为干线公路时，可采用三级服务水平。四级公路则视需要而定。本课程只对二、三级公路的通行能力与服务水平给予介绍。

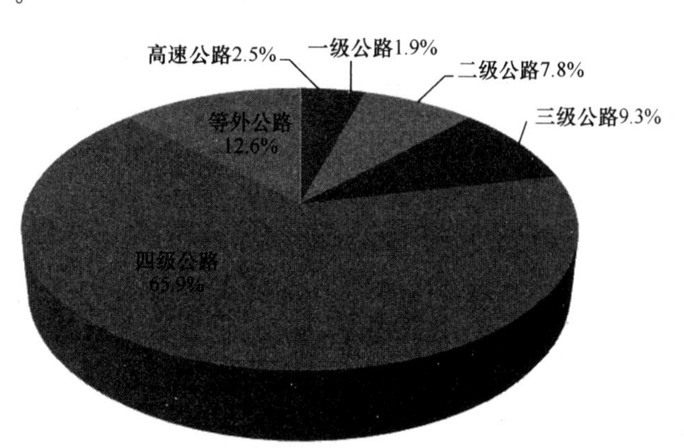

图 2-3　截止 2014 年底全国公路里程构成

2.4.1　双车道公路交通运行特性

由于双车道公路交通的独特性，车辆只能在对向车道有足够超车视距时才能实现超车的可能，因而此类交通流不同于其他非间断流，一个方向上的正常车流会受另一方向上的车流影响，故研究其交通流统计信息对通行能力的计算有重要的现实意义。

在双车道公路上，汽车超车时，必须进入对向车道行驶若干距离后，回到本向车道，才能完成超车过程。因此双车道路的两个方向中任何一个方向的交通流运行都要受到对向交通的制约。具体过程见图 2-4，故不能对单个方向，而必须对车行道双向通行能力和服务水平进行总的分析计算。

图 2-4　双车道公路中车辆超车过程示意图

1. 延误分析

在双车道公路上行驶的车辆因为被动排队行驶而增加了运行时间。此外，超车行为也会造成延误。如果超车视距不足，即使车辆已经行至对象车道，也可能会因为对向来车而中途放弃超车，被迫回到原来车道上被动跟驰行驶，从而造成延误。尽管延误率是一个非常有效的指标，但是野外数据的采集非常困难。以现有的观测手段，求算延误时间只能通过对车牌号的方法，但该观测法需要耗费大量的时间和人力，效率较低。因此，有必要寻找一个替代指标。

2. 延误-流量模型

根据车辆跟驰分析研究，并参照美国 HCM，将延误车头时距上限定为 5s，即车头时距在 5s 以内都有延误。取统计时间间隔为 5min，将 5min 内的混合车流用车辆折算系数换算为纯小客车流，然后计算延误百分率。图 2-5 为实测数据经过上述步骤处理后得到的延误百分率与流量关系散点效果图。

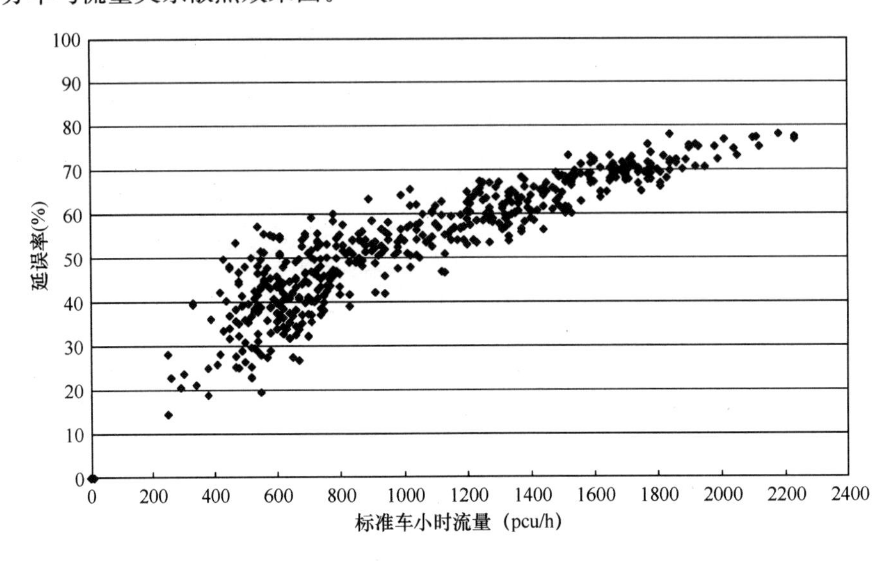

图 2-5 延误率-流量散点关系

从散点图上看，随着流率的增大，延误率也在增大，并呈二次抛物线形状，但与抛物线形状不同之处在于延误率并不是增长到一定程度下降，而是趋近于通行能力点对应的延误百分率值，其模型与函数 $Y = X/(X + C)$ 比较相似。当流量超过通行能力以后，小时流率不再增大，而延误率继续增大。因此，应对该模型进行修正，并建立如下模型：

$$DR = \frac{V^c}{V^c + b} \tag{2-11}$$

式中 DR ——为延误率,%；

V——为小时流率，pcu/h；

b——为回归系数；

c——为指数。

交通流数据的离散性较大，只有统计特性才能够较好地描述交通流特性，采用最小二乘法计算流率合延误数据拟合曲线的参数。用相关系数可以说明回归效果显著与否，相关系数 R 的表达式如下：

$$R = \frac{n\sum x_i y_i - \sum x_i \sum y_i}{\sqrt{\left[n\sum x_1^2 - (\sum x_i)^2\right]\cdot\left[n\sum y_i^2 - (\sum y_1)^2\right]}} \tag{2-12}$$

为了减少随机延误，对流量按 10 辆汇总统计，得到一组流率和延误数据，将流率和延误原始数据代如公式 1，应用统计分析软件 SPSS 回归分析后，得到各模型参数标定值：

指数 $c=1.0099$，回归系数 $b=1622.78$，相关系数 $R=0.9503$。计算结果表明回归拟合效果显著，所选择的模型是合理有效的。为了使用上较方便，将模型参数简化为：$c=1.1$，$b=1622$。最后模型如下：

$$DR=\frac{V^{1.1}}{V^{1.1}+1623} \tag{2-13}$$

图 2-6 为汇总数据的散点拟合回归曲线。图 2-12 及公式 2-30 综合反映了延误与流量之间的关系，即延误随流量的增加而增大。例如，当流量 V 为 500veh/(h・ln)时，由公式(2-13)可算得延误 DR 为 36%；当流量 V 为 1000veh/(h・ln)时，DR 为 55%；当流量 V 为 1500veh/h/ln 时，DR 为 66%。与流量相比，延误更能直观地反映道路提供的服务质量，更容易为驾驶人感受到并作出相应的判断和驾驶操作。

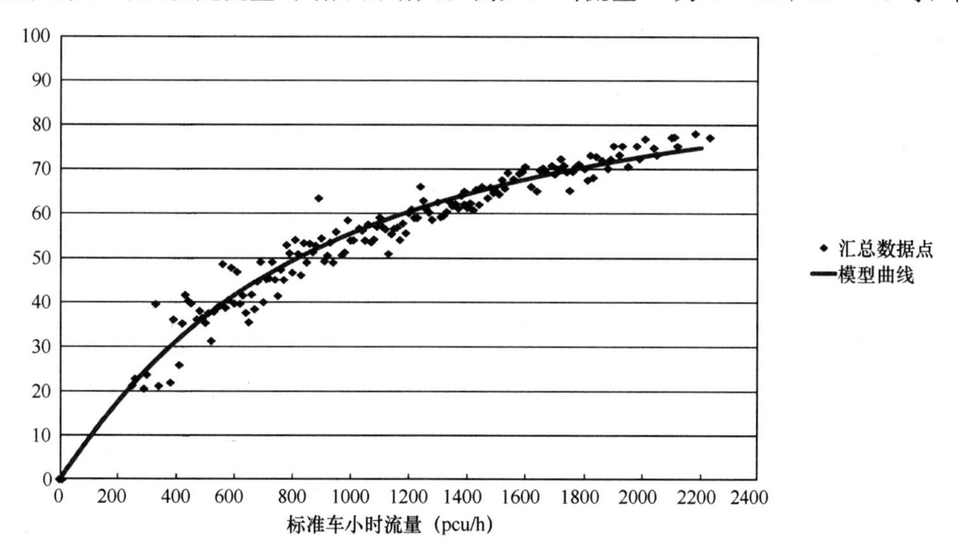

图 2-6　延误流量散点拟合曲线

由于双车道公路中超车行为必须在对向车道上完成，且公路中运行的机动车性能差别显著，因此，从实际观测数据可以发现：速度是反映交通流变化较敏感的一个参数，随着流量的增加，交通流速度明显减小，其速度-流量曲线呈现下凹趋势，这一点明显区别于其他类型公路的速度—流量曲线，见图 2-7。

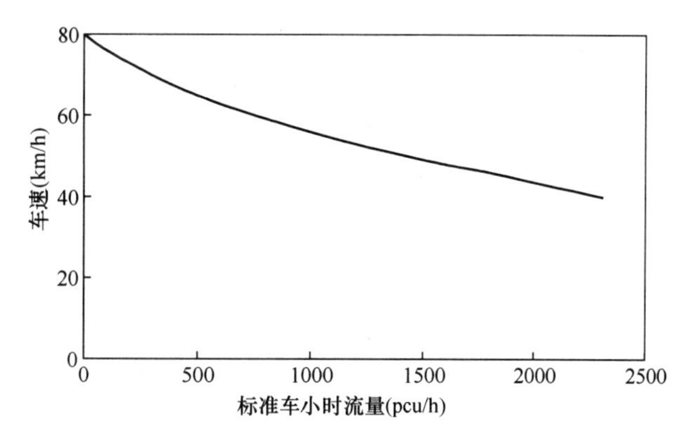

图 2-7　双车道公路速度-流量关系示意图

2.4.2　双车道公路路段通行能力

1. 基本通行能力

《公路路线设计规范》给出的二、三级公路路段基准自由流速度与基本通行能力取值见表 2-12。

双车道公路路段基本通行能力　　表 2-12

设计速度 (km/h)	基准自由流速度 (km/h)	基本通行能力 (pcu/h)
80	90	2800
60	70	2500
40	50	2400

2. 实际通行能力

双车道公路路段实际通行能力可按公式（2-14）计算。

$$C_p = C_B \times f_{HV} \times f_w \times f_d \times f_f \tag{2-14}$$

式中　C_p——双车道公路路段实际通行能力，pcu/h；

C_B——双车道公路路段基本通行能力，pcu/h；

f_{HV}——交通组成修正系数；

f_w——车道宽度、路肩宽度修正系数；

f_d——方向分布修正系数；

f_f——路侧干扰修正系数。

公式（2-14）中，交通组成修正系数 f_{HV} 按照公式（2-4）计算，车辆折算系数见表 2-13；《公路工程技术标准》（JTG B01—2014）中给出的双车道公路车道宽度、硬路肩宽度与土路肩宽度如表 2-14 所示，车道宽度、路肩宽度修正系数 f_w 参照表 2-15 选取；方向分布修正系数 f_d 参照表 2-16 选取；路侧干扰修正系数 f_f 参照表 2-17 选取。

双车道公路路段车辆折算系数　　表 2-13

车型	交通量 (veh/h)	小客车的基准自由流速度（km/h）		
		90	70	50
中型车	≤400	2.0	2.0	2.5
	400～900	2.0	2.5	3.0
	900～1400	2.0	2.5	3.0
	≥1400	2.0	2.0	2.5
大型车	≤400	2.5	2.5	3.0
	400～900	2.5	3.0	4.0
	900～1400	3.0	3.5	4.0
	≥1400	2.5	3.5	3.5
拖挂车	≤400	2.5	2.5	3.0
	400～900	3.0	3.5	5.0
	900～1400	4.0	5.0	6.0
	≥1400	3.5	4.5	5.5
拖拉机	≤400	3.0	3.0	5.0
	400～900	3.5	4.0	7.0
	900～1400	4.5	6.0	8.0
	≥1400	4.0	5.0	7.0

 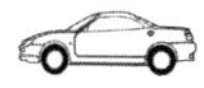

双车道公路路肩、车道宽度　　　　**表 2-14**

设计速度（km/h）		80	60	40	30	20
硬路肩宽度（m）	一般值	1.50	0.75	—	—	—
	最小值	0.75	0.25			
土路肩宽度（m）	一般值	0.75	0.75	0.75	0.5	0.25（双车道） 0.50（单车道）
	最小值	0.5	0.50			
车道宽度（m）		3.75	3.5	3.5	3.25	3.0（3.5）

车道宽度、路肩宽度修正系数 f_w　　　　**表 2-15**

路肩宽度（m）	0	0.5	1.0	1.5	2.5	3.5	≥4.5
车道宽度（m）	3.0	3.25	3.5	3.75			
修正系数 f_w	0.52	0.56	0.84	1.00	1.16	1.32	1.48

方向分布修正系数　　　　**表 2-16**

交通量分布	50/50	55/45	60/40	65/35	70/30
f_d	1.00	0.97	0.94	0.91	0.88

路侧干扰修正系数　　　　**表 2-17**

路侧干扰等级	1	2	3	4	5
修正系数 f_f	0.95	0.85	0.75	0.65	0.55

3. 设计通行能力

在计算得到实际通行能力的基础上，实际或预测及设计条件下双车道公路路段的设计通行能力可按公式（2-14）计算。

$$C_D = C_p \times (V/C)_i \tag{2-15}$$

式中　C_D——双车道公路路段设计通行能力，pcu/h；

$(V/C)_i$——双车道公路路段设计服务水平下对应的饱和度阈值。

4. 规划和设计阶段通行能力分析

（1）数据要求

设计分析需要的资料包括预测的双方向设计小时交通量及其交通流特性描述方面的数据。同时，还需要事先假设设计速度和车道、路肩宽度等规划和设计数据。如果需要对设计方案进行详细的运行状况分析，则还需要假设道路平、纵线形的有关资料。通常进行设计分析所需的数据如下：

1）预测设计年限的年平均日交通量 $AADT$；

2）假设或设计的道路参数，包括设计速度、路面宽度、路肩宽度等；

3）假设或预测的交通特性，包括交通组成、方向分布、横向干扰、高峰小时系数等。

（2）分析步骤

1）明确已知条件：设计年限的年平均日交通量 $AADT$ 及方向分布，规划或设计路段的路面宽度、路肩宽度，交通组成，路侧干扰等；

2）将年平均日交通量换算成双向设计小时交通量：$DHV=AADT\times K$。

3）将预测的设计小时交通量 DHV 折算为高峰小时流率：$SF=DHV/PHF$

4）确定各项修正系数；

5）确定设计通行能力：

6）比较高峰小时流率 SF 与 C_D：当 $C_D>SF$ 时，说明假设条件能够保证规划、设计公路在要求的服务水平下运行；当 $C_D\leqslant SF$ 时，应该修改规划或设计的道路条件，对双车道公路而言主要是路面宽度、路肩宽度，重新计算新条件下的设计通行能力 C_D，直到设计通行能力 C_D大于高峰小时流率 SF。

2.4.3 双车道公路路段服务水平

选择衡量服务水平的主要指标，应根据不同形式道路车辆运行规律的差异，采取不同的指标。通常双车道公路车辆不成队列行驶，快、慢车在同一车道混合行驶，必须占用对向车道才能完成超车行为，由此造成的被动延误较大。

对于双车道公路，采用延误率作为服务水平分级的主要指标，以速度和饱和度作为辅助分级指标，可以大大降低人为因素的影响，保证评价指标的客观性。其中，延误率的定义为车头时距小于或等于 5s 的车辆数占总交通量的百分比。

《公路工程技术标准》（JTG B01—2014）给出的双车道公路服务水平划分标准如表 2-18 所示，二、三级公路设计服务水平为四级。

双车道公路路段服务水平划分标准　　表 2-18

服务水平等级	延误率（%）	设计速度（km/h）										
		80				60				≤40		
		实际行驶速度（km/h）	V/C			实际行驶速度（km/h）	V/C			V/C		
			不准超车区（%）				不准超车区（%）			不准超车区（%）		
			<30	30～70	≥70		<30	30～70	≥70	<30	30～70	≥70
一	≤35	≥76	0.15	0.13	0.12	≥58	0.15	0.13	0.11	0.14	0.12	0.10
二	≤50	≥72	0.27	0.24	0.22	≥56	0.26	0.22	0.20	0.25	0.19	0.15
三	≤65	≥67	0.40	0.34	0.31	≥54	0.38	0.32	0.28	0.37	0.25	0.20
四	≤80	≥58	0.64	0.60	0.57	≥48	0.58	0.48	0.43	0.54	0.42	0.35
五	≤90	≥48	1.00	1.00	1.00	≥40	1.00	1.00	1.00	1.00	1.00	1.00
六	>90	<48	—	—	—	<40	—	—	—	—	—	—

2.4.4 算例分析

1. 算例 2-7

某双车道公路，设计速度 80km/h，车行道宽 3.75m，路肩宽 2.25m，方向分布系数 0.55，横向干扰较轻，交通量 500veh/h，交通组成：小型车 55%，中型车 25%，大型车 15%，拖挂车 5%。试求算其实际通行能力。

解：由设计速度 80km/h，可知 $C_b=2800$pcu/h。

由车道宽度 3.75m，路肩宽 2.25m，可知 $f_w=1.12$。

由方向分布系数 $D=0.55$，可知 $f_d=0.97$。

由横向干扰较轻，可知 $f_f=0.85$。

$$f_{HV} = \frac{1}{1+0.25\times(2-1)+0.15\times(2.5-1)+0.05\times(3-1)} = 0.635$$

$C_p = C_b \times f_{HV} \times f_w \times f_d \times f_f = 2800\times0.635\times1.12\times0.97\times0.85 = 1642$ (pcu/h)。

2. 算例 2-8

某双车道公路，设计车速 60km/h，车行道宽 3.5m，路肩宽 1.5m，方向分布系数 0.7，横向干扰中等，高峰小时交通量 400veh/h，高峰小时系数 0.95，交通组成：小型车 35%，中型车 45%，大型车 15%，拖挂车 5%；不准超车区比例占 40%。试评价其服务水平。

解：由设计速度 60km/h，可知 $C_b = 2500$pcu/h。

由车道宽度 3.5m，路肩宽 1.5m，可知 $f_w = 0.84$。

由方向分布系数 $D = 0.7$，可知 $f_d = 0.88$。

由横向干扰中等，可知 $f_f = 0.75$。

$$f_{HV} = \frac{1}{1+0.45\times(2-1)+0.15\times(2.5-1)+0.05\times(2.5-1)} = 0.571$$

$C_p = C_b \times f_{HV} \times f_w \times f_d \times f_f = 2500\times0.571\times0.84\times0.88\times0.75 = 791$pcu/h。

$V/C = 400/0.571/0.95/791 = 0.93$，五级服务水平。

3. 算例 2-9

设计一条三级公路，设计速度采用 40km/h，车行道宽 3.5m，路肩宽 0.75m，不准超车区比例占 25%；方向分布系数 0.6，路侧干扰轻微，预测设计年限的年平均日交通量为 800veh/d，设计小时交通量系数 0.12，高峰小时系数 0.9；交通组成：小型车 45%，中型车 25%，大型车 20%，拖挂车 5%，拖拉机 5%。试计算其是否能保证公路在规定的服务水平下运行。

解：由设计速度 40km/h，可知 $C_b = 2400$pcu/h。

由车道宽度 3.5m，路肩宽 0.75m，可知 $f_w = 0.70$。

由方向分布系数 $D = 0.6$，可知 $f_d = 0.94$。

由横向干扰轻微，可知 $f_f = 0.95$。

$$f_{HV} = \frac{1}{1+0.25\times(2.5-1)+0.2\times(3-1)+0.05\times(3-1)+0.05\times(5-1)} = 0.482$$

不准超车区 25%，四级服务水平对应的 $V/C = 0.54$。

$$C_D = 2400\times0.54\times0.482\times0.7\times0.94\times0.95 = 390 \text{ (pcu/h)}。$$

$DHV = AADT/f_{HV} \times K = 800/0.482\times0.12 = 199$pcu/h，$SF = DHV/PHF = 199/0.9 = 221$ (pcu/h)。

$C_D >$ SF，故可以保证在规定的服务水平下运行。

思考题

1. 公路路段可以划分为几部分？基本路段如何划分？
2. 高速公路、一级公路与双车道公路的通行能力的影响因素与计算方法有何异同点？
3. 高速公路、一级公路基本路段与双车道公路路段的服务水平评价指标分别为何？

4. 高速公路、一级公路基本路段与双车道公路路段的设计服务水平如何选取？

5. 如何确定规划与设计阶段高速公路、一级公路的车道数？

6. 如何判断双车道公路规划与设计阶段的能否满足设计服务水平？

习题

1. 已知某双向四车道高速公路，设计速度为120km/h，车道宽度3.75m，左侧路缘带宽度0.75m，右侧路肩宽度3.75m，驾驶人主要为经常往返于两地者。交通组成：中型车25%，大型车15%，拖挂车5%，其余为小型车，高峰小时交通量为850veh/(h·ln)，高峰小时系数为0.95。试分析其服务水平。

2. 今欲在某地区规划一条高速公路，设计速度为100km/h，车道宽度3.75m，左侧路缘带宽度0.5m，右侧路肩宽度3.75m。假设驾驶人均对路况较熟，其远景设计年限平均日交通量为45000veh/d，大型车比率占20%，方向系数为0.55，设计小时交通量系数为0.1，高峰小时系数取0.94，试问应合理规划成几条车道？

3. 一级公路车道数设计：设计速度100km/h，车道宽度3.75m，左侧路缘带宽度0.75m，右侧路肩宽度3.75m，预期单向设计小时交通量为1200veh/h，高峰小时系数0.9，交通组成：中型车比例20%，大型车比例15%，小客车65%，驾驶人经常往返两地，横向干扰轻微，平面交叉间距2km，平均停车延误15s。

4. 某双车道公路，设计速度40km/h，车行道宽3.5m，路肩宽1.0m，方向分布系数0.6，横向干扰中等，高峰小时交通量200veh/h，高峰小时系数0.9，交通组成：小型车40%，中型车35%，大型车15%，拖挂车5%，拖拉机5%，不准超车比例25%。试评价其服务水平。(各级路侧干扰等级修正系数分别为0.95、0.85、0.75、0.65、0.55)

5. 设计一条二级公路，设计速度采用60km/h，车行道宽3.5m，路肩宽0.75m，方向分布系数0.7，横向干扰较轻，预测设计年限的年平均日交通量为6000veh/d，设计小时交通量系数0.11，高峰小时系数0.92，交通组成：小型车55%，中型车30%，大型车10%，拖挂车5%。不准超车比例20%。试计算其是否能保证公路在规定的服务水平下运行。(各级路侧干扰等级修正系数分别为0.95、0.85、0.75、0.65、0.55)

第3章　匝道及匝道与主线连接点通行能力

匝道是专用于连接两条相交道路的路段，其设立的主要目的是为了避免道路的平面交叉，使车辆行驶顺畅，进而提高车速，增大道路通行能力，降低交通事故发生的危险。本章将主要讨论匝道车行道、匝道与高速公路主线连接点通行能力的分析方法，其他类型道路的匝道（如快速路、一级公路）也可运用此方法进行通行能力分析。

3.1　概述

3.1.1　匝道组成

根据匝道上交通流的运行特性不同，可以将匝道分为三部分，即：匝道与高速公路的连接点、匝道行车道及匝道与普通道路的连接点。通常将匝道与高速公路的连接点设计成允许高速合流及分流运行，使其对高速公路主线交通产生的影响最小。

匝道在高速公路系统中主要起连接作用，与高速公路基本路段相比有很多不同之处：

（1）匝道的长度和宽度是有限的；

（2）匝道的设计速度低于与之相连接道路的设计速度；

（3）在不可能超车的单车道匝道上，货车和其他慢速车辆带来的不利影响比基本路段严重得多；

（4）匝道上车辆加减速现象频繁。

3.1.2　匝道类型

按照匝道的功能及其与正线的关系、匝道横断面车道数等，一般有以下两种分类方法。

1. 按匝道的功能及其与正线的关系分类

（1）右转匝道

右转匝道是车辆从正线右侧驶出后直接右转约90°到另一正线的右侧驶入，一般不设跨线构造物，如图3-1所示。根据立体交叉的形式和用地限制条件，右转匝道可以布设为单（或复）曲线、反向曲线、平行线或斜线四种。右转匝道属右出右进的直接式匝道，其特点是形式简单，直捷顺当，行车安全。

（2）左转匝道

左转匝道车辆须转约90°～270°越过对向车道，除环圈式左转匝道外，匝道上至少需要一座跨线构造物。按匝道与正线的关系，左转匝道有直接式、半直接式和间接式三种类型。

1）直接式（又称左出左进式）：如图3-2所示，左转弯车辆直接从正线行车道左侧驶出，左转约90°，到另一正线行车道的左侧驶入。直接式左转匝道的优点是匝道长度最短，可降低营运费用；没有反向迂回运行，自然顺畅；车速高，通行能力较大。其缺点是跨线构造物较多；正线双向行车之间须有足够间距；存在左出和左进的问题。

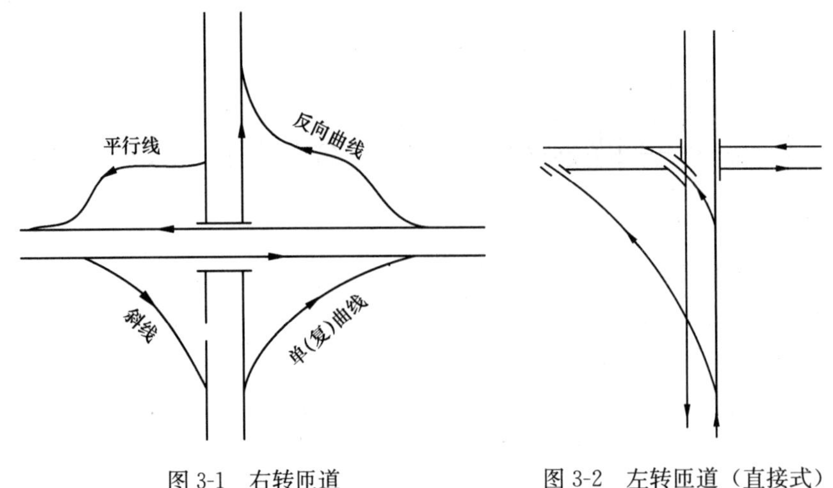

图 3-1　右转匝道　　　　图 3-2　左转匝道（直接式）

直接式左转匝道存在左出和左进的问题，所以除左转弯交通量很大外，一般不宜采用。图 3-2 中两种布置形式可视经济性、线形要求以及用地情况等比较选用。

2）半直接式：按车辆由正线驶入匝道的进出方式可分为三种基本形式：

① 左出右进式：如图 3-3 所示，左转车辆从正线行车道左侧直接驶出后左转弯，到另一正线时由行车道右侧驶入。与定向式左转匝道相比，右进改善了左进的缺点，车辆驶入安全方便。但仍然存在左出的问题，匝道上车辆略有绕行，驶出道路双向行车道之间需有足够间距，跨线构造物多。图示三种情况都可采用，应由地形、地物限制条件决定。

② 右出左进式：如图 3-4 所示，左转车辆从正线行车道右侧右转弯驶出，在匝道上左转弯，到另一正线后直接由行车道左侧驶入。此方式改善了左出的缺点，车辆驶出安全方便。但仍然存在左进的缺点，驶入道路双向行车道之间需有足够的间距。其余特征与左出右进式匝道相同。

③ 右出右进式：如图 3-5 形示，左转车辆都是由正线行车道右侧右转弯驶出和驶入，在匝道上左转改变方向。右出右进式是最常用的左转匝道形式，它完全消除了左出和左进的缺点，行车安全方便。其缺点是左转绕行距离较长，跨线构造物较多。图中五种形式应视地形、地物及线形等条件而定。

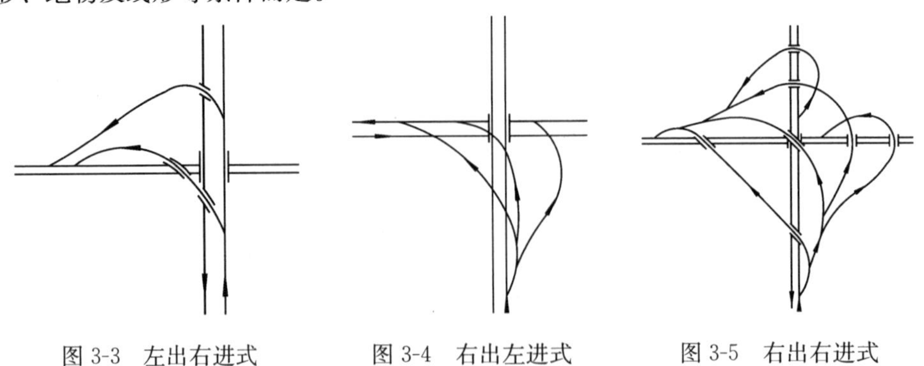

图 3-3　左出右进式　　　　图 3-4　右出左进式　　　　图 3-5　右出右进式

3）间接式（又称环圈式）：如图 3-6 所示，左转弯车辆驶过路线构造物后向右回转约 270°达到左转的目的，在行车道的右侧驶入。环圈式左转匝道的特点是右出右进，行车安

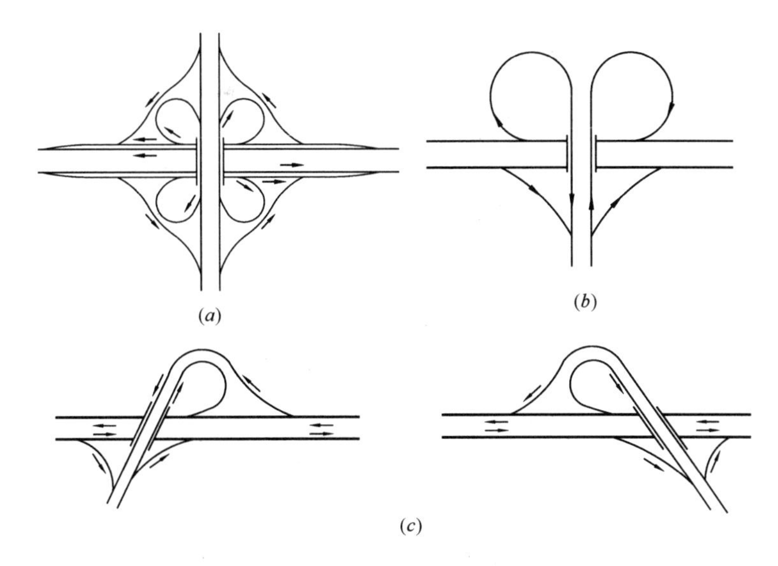

图 3-6　环圈式左转匝道

全，匝道上不需设跨线构造物，造价最低。匝道线形指标差，适应车速低，通行能力较小，占地面积大，左转绕行距离长。

如图 3-6 所示，环圈式左转匝道为苜蓿叶形（图 3-6*a*）、叶形（图 3-6*b*）和喇叭形立体交叉（图 3-6*c*）的标准组成部分。

2. 按匝道横断面车道类型分类

按横断面车道类型可将匝道划分为 4 种。

（1）单向单车道匝道：如图 3-7 所示，这是一种常用匝道形式，无论右转匝道或左转匝道，当转弯交通量比较小而未超过单车道匝道的设计通行能力时都可以采用。

（2）单向双车道匝道：如图 3-8 所示，两个车道之间可以采用画线分隔，适用于转向交通量超过单车道匝道设计通行能力的情况。

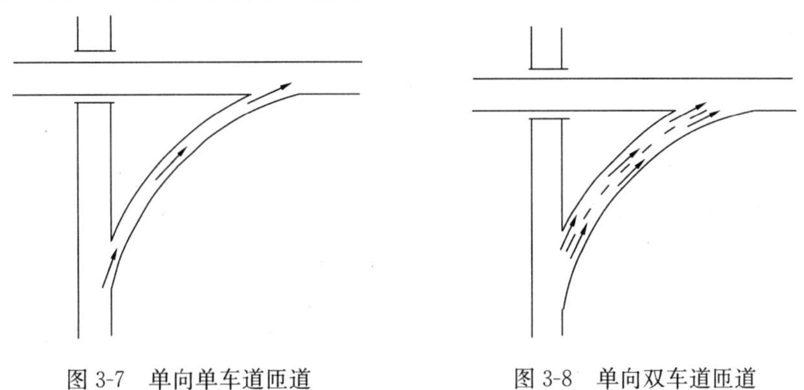

图 3-7　单向单车道匝道　　　　图 3-8　单向双车道匝道

（3）对向双车道匝道：如图 3-9 所示，两个方向的车行道之间采用画线分隔，交通运行安全性差，适用于转向交通量小于单车道匝道的设计通行能力，且用地较紧的情况。

（4）对向分离双车道匝道：如图 3-10 所示，两个方向的车行道之间采用中央分隔带分离，适用于转向交通量满足单车道匝道设计通行能力要求且用地允许的情况。

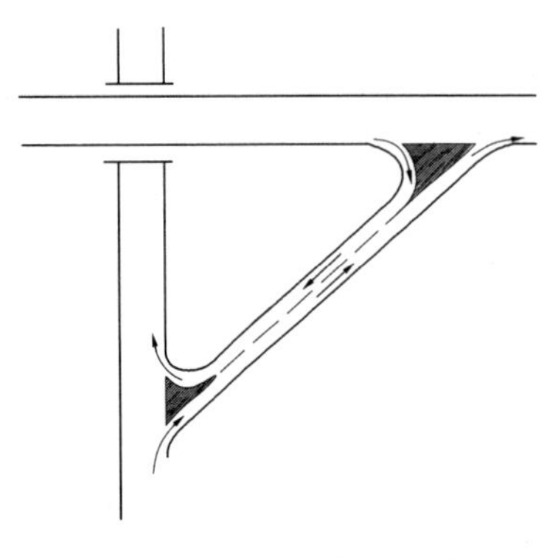

图 3-9　对向双车道匝道

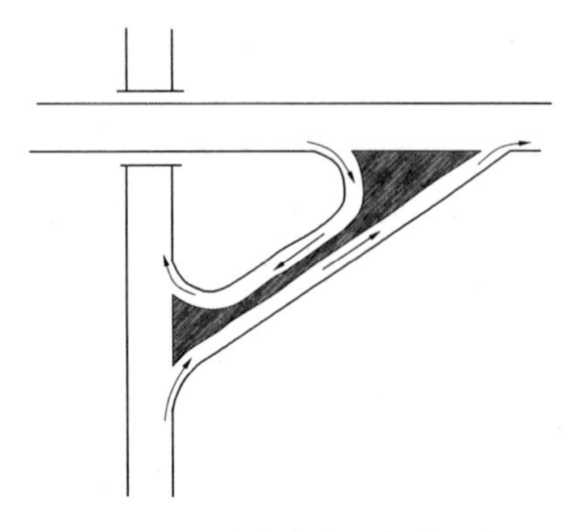

图 3-10　对向分离双车道匝道

3.1.3　匝道车辆运行特征

匝道车辆运行方式分为车辆在匝道出入口的运行及车辆在匝道上的运行。

如图 3-11 所示，车辆在匝道出入口及匝道的运行包括 4 种方式：

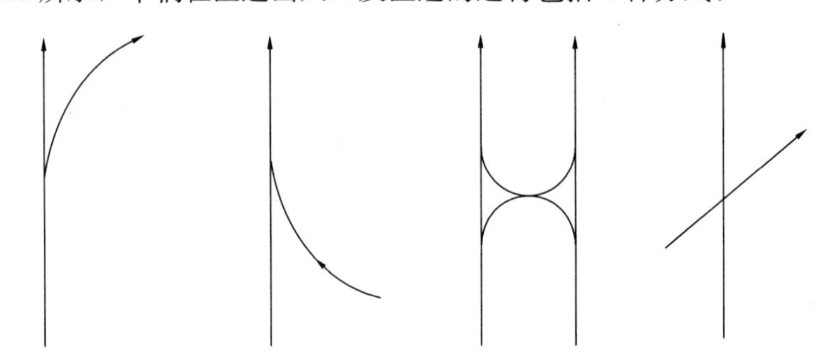

图 3-11　车流形态的基本形式

（1）分流：同一行驶方向的车流向两个不同方向分离行驶的过程，如正线出口处的行驶过程即为分流。

（2）合流：两个行驶方向的半流以较小的角度向同一方向汇合行驶的过程，如正线入口处的行驶过程即为合流。

（3）交织：两个行驶方向相同的车流以较小的角度汇合交换位置后又分离行驶的过程，如环形交叉进出环道的行驶过程即为交织。

（4）交叉：两个不同行驶方向的车流以较大的角度（通常≥90°）相交行驶的过程，如部分互通式立体交叉中次要道路上出入口处的行驶过程即为交叉。

车辆在匝道上的行驶特征随匝道形式而变化：单向单车道匝道上一般情况下不允许超车；单向双车道匝道上可以超车；双向双车道设立分隔带的匝道不允许超车；双向双车道没设分隔带的匝道允许超车。

匝道与正线（或匝道）分流与合流的组合，可以是自身的组合，也可以是相互的组合。分、合流的组合形式有连续分流、连续合流、合分流及分合流 4 种类型。根据分流与合流在正（或匝道）的左侧或右侧位置的不同，又有不同形式的组合，如表 3-1 所示。

分、合流组合形式　　表 3-1

种类	Ⅰ	Ⅱ	Ⅲ	Ⅳ
连续分流		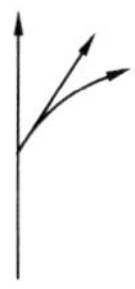	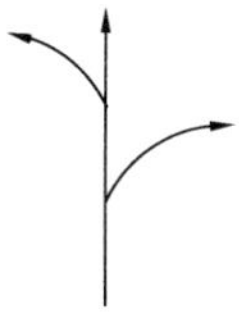	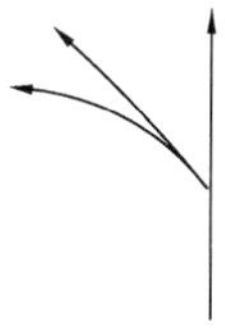
连续合流		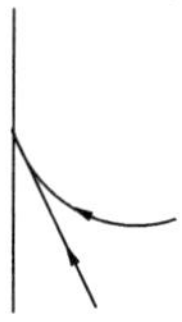	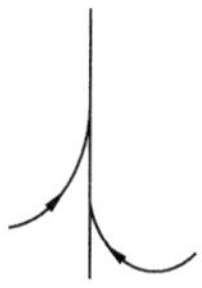	
合分流				
分合流				

只有在匝道的所有元素（匝道与高速公路及普通道路、匝道车行道）的设计均符合要求的情形下，匝道才能有效发挥其作用。若其中任何一项出现问题，都可能对匝道产生不利影响。还应特别注意，匝道上的故障很有可能会影响与它相连接的道路。

3.2　匝道车行道通行能力与服务水平

3.2.1　匝道自由流速度

驾驶人在特定匝道上不受其他车辆干扰时所采取的行车速度称为匝道自由流速度。匝道车行道上行驶车辆的自由流速度与匝道的圆曲线线半径、超高横坡、行车道宽度、视距、匝道最大纵坡、分隔条件等影响因素有关。另外，驶入道路的等级及类别对驾驶人的影响也不容忽视（例如，驾驶人从高速公路驶入匝道时，由于高速驾车的惯性，其车速比平时高一些）。上述这些因素对自由流速度的影响通过对匝道基本自由流速度的各种修正值或修正参数来体现。由于匝道形式、线形组合、纵坡等变化很大且组合方式非常多，选择具有代表性的匝道进行观测又很困难，因此对匝道基本自由流速度影响因素的分析计算主要采用结合路段已有成果和匝道实地观测进行综合分析的方法。经过对各种影响因素进行研究和比选，最终确定匝道圆曲线半径、行车道宽度、纵坡、视距、分隔条件、驶入道路等修正值和修正系数。匝道上车辆行驶的自由流速度的计算公式为：

$$FV=(FV_0+FFV_W+FFV_{SL}+FFV_{UD}+FFV_V)\times FFV_S \tag{3-1}$$

式中 FV——自由流速度，km/h；

FV_0——匝道基本自由流速度，km/h；

FFV_W——行车道宽度修正值，km/h；

FFV_{SL}——坡度修正值，km/h；

FFV_{UD}——驶入道路修正值，km/h；

FFV_V——视距修正值，km/h；

FFV_S——分隔条件修正系数（针对双向匝道，是否有分隔带）。

1. 匝道基本自由流速度 FV_0

匝道设计速度 FV_0 与匝道最小半径有关：

$$FV_0=\sqrt{127\times R\times(i+\mu)} \tag{3-2}$$

式中 R——匝道最圆曲线半径，m；

i——匝道圆曲线内最大超高横坡度；

μ——匝道最大横向力系数。

表 3-2 给出了规定的匝道圆曲线最小半径。

横向力系数 μ 的取值与行车稳定性、乘客舒适性和运营经济性等有关：

（1）行车稳定性

一般在干燥路面上为 0.4～0.8；在潮湿的黑色路面上汽车高速行驶时，降低到 0.25～0.40；路面结冰和积雪时，降至 0.2 以下；在光滑的冰面上可降到 0.06（不加防滑链）。

匝道圆曲线最小半径 **表 3-2**

匝道设计速度（km/h）		80	60	50	40	35	30
圆曲线最小半径（m）	一般值	280	150	100	60	40	30
	极限值	230	120	80	45	35	25

（2）乘客舒适性

μ 值过大，汽车不仅不能连续稳定行驶，有时还需要减速。在曲线半径小的曲线上驾驶容易离开行车道发生事故，故而应尽量大回转。当 μ 超过一定数值时，驾驶人就要注意采用增加汽车稳定性的措施，这一切都增加了驾驶者在曲线行驶中的紧张。对于乘客来说，μ 值的增大，同样感到不舒适。据试验，乘客随 μ 的变化其心理反应如下：

当 $\mu<0.10$ 时，不感到有曲线存在，很平稳；

当 $\mu=0.15$ 时，稍感有曲线存在，尚平稳；

当 $\mu=0.20$ 时，已感到有曲线存在，稍感不稳定；

当 $\mu=0.35$ 时，感到有曲线存在，不稳定；

当 $\mu\geqslant0.40$ 时，非常不稳定，有倾车的危险感。

（3）运营经济性

μ 的存在使车辆的燃油消耗和轮胎磨损增加，见表 3-3。综上所述，μ 的取值关系到行车的安全、经济与舒适。建议 μ 在 0.10～0.16 的范围内取值。

μ 与车辆的燃油消耗和轮胎磨损程度变化关系　　表 3-3

μ 值	0	0.05	0.10	0.15	0.20
燃油消耗（%）	100	105	110	115	120
轮胎磨损（%）	100	160	220	300	390

2. 行车道宽度修正值 FFV_W

匝道通行能力分析将小型车的自由流速度作为衡量交通运行状况的一个重要指标，故行车道宽度修正值主要是对小型车自由流速度的修正。参考路段通行能力研究中有关行车道宽度对速度的修正，考虑到匝道的布设形式及行车特点，确定匝道的行车道宽度取值如表 3-4 所示（行车道宽度是指单向匝道宽度或双向匝道的单向部分宽度）。

行车道宽度修正值　　表 3-4

匝道宽度（m）	<6.00	6.50	7.00	7.50	>8.00
修正值	−8	−3	0	2	5

3. 坡度修正值 FFV_{SL}

匝道连接了不同方向的主线，其所连接的主线之间往往存在高差，这在立体交叉中尤为突出。因此，势必造成某些匝道纵坡较大，特别是一些跨线桥纵坡大，使车辆上坡时不得不挂低挡，因而使整个交通流速度下降，降低了匝道的通行能力；反之，车辆下坡时为安全起见，也要控制车速，这对自由流速度也产生影响。更为不利的是，匝道的圆曲线半径往往较小，因此车辆行驶时，需要不断地改变行车方向和更换排档，并且汽车发动机的有效功率除必须克服直线上行所遇到的阻力外，还须克服因曲线产生的附加阻力。纵坡修正系数如表 3-5 所示。

纵坡修正值（km/h）　　表 3-5

坡长（m）	上坡坡度（%）					下坡坡度（%）				
	<3	3	4	5	6	<3	3	4	5	6
≤500	0	0	−2.3	−5.4	−8.5	0	0	0	0	−0.3
500～1000	0	−0.3	−3.7	−7.7	−12.0	0	0	0	−0.3	−3.7
≥1000	0	−0.4	−4.6	−9.1	−13.7	0	0	0	−0.4	−4.6

4. 驶入道路修正值

当车辆由高速公路（或一级公路）驶入匝道时，由于驾驶人的惯性操作，进入匝道时仍会保持较高车速，之后逐渐下降到与匝道相适应的速度。

对于高速公路，FFV_{UD}取 5km/h，对于一级公路，FFV_{UD}取 3km/h。

5. 视距修正值 FFV_V

匝道必须保证一定的视距，否则会由于车辆进出主线时车速过快而导致交通事故。

由于匝道一般长度较短，且依托地形良好、视距充分的高速公路干线，因此匝道的视距一般能满足要求。对于个别匝道视距无法满足要求的，可根据情况降低自由流速度。

对于单车道匝道或设立分隔带的双向双车道匝道，采用停车视距，视距修正值取值如表 3-6 所示。

视距修正值（停车视距） **表 3-6**

视距（m）	>135	135～75	<75
修正值（km/h）	0	−3	−5

对于没有设立分隔带的双向双车道匝道，采用会车视距，视距修正值取值如表 3-7 表示。

视距修正值（会车视距） **表 3-7**

视距（m）	>270	270～150	<150
修正值（km/h）	0	−3	−5

6. 分隔条件修正系数 FFV_S

对于有分隔带的双向匝道，分隔带的设置会使车辆以近于自由流的速度行驶，故 FFV_S取值为 1.00。

对于无分隔带的双向匝道，匝道上的车辆将受到对向车流的干扰，取值为 0.9。

3.2.2 匝道车行道通行能力

1. 基本通行能力

匝道车行道的基本通行能力是建立在最小车头时距基础上的，计算公式如下：

$$C_b = \frac{3600}{H_{min}} \tag{3-3}$$

式中 C_b——匝道车行道的基本通行能力，pcu/（h·ln）；

H_{min}——自由流时的最小安全车头时距，可按下式计算：

$$H_{min} = t + 3.6 \times \frac{L + L_0 + L_{veh}}{FV} \tag{3-4}$$

式中 t——驾驶人最小反应时间，取 1.2s；

L_0——安全距离，一般取 5～10m；

L_{veh}——车身长度，一般取 5m（小型车）；

L——制动距离，可按下列公式计算：

$$L = \frac{FV^2}{254(\phi + \psi)} \tag{3-5}$$

式中 ϕ——路面与轮胎之间的附着系数，可取为 0.7；

ψ——道路阻力系数，$\psi = f \pm i$，f 为路面滚动系数，i 为道路纵坡度。

2. 实际通行能力

匝道车行道通行能力定义为在一定的道路交通状态和环境下，单位时间内（良好的天气情况下），匝道的一条行车道上能够通过的最大车辆数量，单位 pcu/（h·ln）。在研究高速公路的匝道车行道通行能力时，标准车型为小型车（以小客车为代表），当有其他车型混入时，须将其转换为等效的小型车数量，即当量小客车单位。若地形条件和交通条件不同，匝道通行能力自然也就不同。影响基本路段通行能力的主要因素有：道路状况、车辆性能、交通条件、交通管制、驾驶人素质、环境和气候等。但就匝道而言，其长度较短，绝大多数均为单向单车道，车流运行状况较为单一，交通流量较高速公路主线要小得多。因此，对自由流速度有较大影响的匝道纵坡在车速较低的条件下，其影响已变得不

大，并且在求算基本通行能力时已考虑了车道宽度、纵坡等的影响，故在计算实际通行能力时影响匝道通行能力的主要因素只有大车混入率和行车道宽度。匝道实际通行能力计算公式如下：

$$C_p = C_b \times f_w \times f_{HV} \tag{3-6}$$

式中　C_p——匝道车行道道实际通行能力，pcu/（h·ln）；

C_b——匝道车行道基本通行能力，pcu/（h·ln）；

f_w——匝道车行道宽度修正系数；

f_{HV}——匝道车行道交通组成修正系数。

（1）行车道宽度修正系数 f_w

大部分匝道都是单向车道形式，因此车行道宽度对匝道通行能力的影响很大。匝道行车道修正系数 f_w 如表 3-8 所示。

匝道行车道宽度修正系数　　**表 3-8**

匝道横断面类型	匝道横断面总宽度（m）	匝道行车道宽度修正系数
单车道	5.50	0.79
	6.00	0.88
	6.50	0.95
	7.00	1.00
	7.50	1.03
双车道	8.00	0.95
	8.50	1.00
	9.00	1.05
	9.50	1.12
	10.00	1.20

（2）交通组成修正系数

$$f_{HV} = \frac{1}{1 + \Sigma P_i(PCE_i - 1)} \tag{3-7}$$

式中　P_i——车型 i 占总交通量的百分率；

PCE_i——车型 i 折算系数。

匝道当量值的确定类似路段车辆当量换算，并考虑了匝道车速较低的交通特点，匝道各车型的车辆折算系数如表 3-9 所示。

匝道各车型的车辆折算系数　　**表 3-9**

匝道横断面类型	交通量（veh/h）	小型车	中型车	大型车
单车道	0～750	1.00	1.20	1.30
	750～1500	1.00	1.50	2.00
双车道	0～1500	1.00	1.15	1.20
	1500～3000	1.00	1.40	1.80

3.2.3 匝道车行道服务水平

1. 服务水平分级指标

一般来说，匝道车行道服务水平和交通量有一定关系。不同的服务水平允许通过的交通量不同：服务等级高的道路车速快，驾驶人行驶的自由度大，舒适与安全性好，但其相应的服务交通量小；反之，允许的服务交通量大，则服务水平就高。在考虑匝道服务水平时有多种选择，如：行车速度和运行时间；车辆行驶的自由度（通畅性）；交通受阻或受干扰程度，以及行车延误和每公里停车次数等；行车安全性（事故率和经济损失等）；行车舒适性和乘客满意程度；经济性（行驶费用）等。但就匝道而言，难以全面考虑和综合上述诸因素，从评价指标数据获得难易程度和可操作性角度出发，选取饱和度作为匝道服务水平分级评价指标最为合适。

饱和度指实际流量和通行能力的比值。它是确定路段运行状况的重要参数，也是检验路段是否会发生交通拥挤的衡量标准，是评价路段服务水平最主要的标志之一。

2. 服务水平分级标准

匝道车行道服务水平等级是用来衡量匝道为驾驶人、乘客所提供的服务质量的等级，其质量范围可以从自由运行、高速、舒适、方便、完全满意的最高水平到拥挤、受阻、停停开开、难以忍受的最低水平。参照高速公路与一级公路基本路段的服务水平划分标准，根据饱和度将匝道车行道的服务水平分为六级，如表 3-10 所示。匝道车行道的设计服务水平采用三级服务水平。

匝道车行道到服务水平划分 **表 3-10**

服务水平等级	高速公路饱和度	一级公路饱和度
一	<0.35	<0.3
二	(0.35，0.55]	(0.3，0.5]
三	(0.55，0.75]	(0.5，0.7]
四	(0.75，0.90]	(0.7，0.90]
五	(0.90，1.00]	(0.90，1.00]
六	>1.00	>1.00

3.2.4 算例分析

已知一条高速公路互通立交的匝道最小半径 $R=150$m，超高横坡为 2%，横向力系数取为 0.12，行车道宽 6m，停车视距 70m，纵坡为 3%的下坡，匝道类型属于单向单车道，匝道长 450m，交通量为小型车 280veh/h，中型车 120veh/h，试计算匝道自由流速度、通行能力，并评价其服务水平（安全距离 L_0 取为 7m）。

解：$FV_0=\sqrt{127R(i+\mu)}=\sqrt{127\times150\times(0.02+0.12)}=52(\text{km/h})$

查表可得：$FFV_W=-8\text{km/h}$，$FFV_V=-5\text{km/h}$，$FFV_{SL}=0\text{km/h}$。

对于高速公路，FFV_{UD}=取 5km/h。

单向单车道匝道，$FFV_S=1.00$，则 $FV=52-8-5+5=44\text{km/h}$。

匝道中型车混入率为$\dfrac{120}{400}=30\%$

$$f_{HV}=1/[1+0.3\times(1.2-1)]=0.94$$

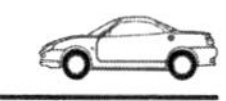

查表知，$f_W=0.88$

纵坡为 3% 下坡，$\psi=0.01-0.03=-0.02$，则 $L=44^2$ [254 · (0.7－0.02)] =11.2m。

$$H_{min}=1.2+3.6\times(11.2+7+5)/44=3.098s。$$

则 $C_b=3600/3.098=1162$pcu/ (h · ln)

$$C_p=1162\times0.88\times0.94=961\text{pcu/ (h · ln)}$$

又查表知中型车的折算系数为 1.2，故

$$Q=280+120\times1.2=424\text{pcu/h},\ V/C=424/961=0.44。$$

结论：该匝道处于二级服务水平。

3.3　匝道与主线连接点通行能力与服务水平

匝道与高速公路的连接点是争夺交通需求中间的场所。上游高速公路需求量在合流区与驶入匝道的需求量相竞争。驶入匝道上游的高速公路车流是来自各个交通源的上游交通量集合而成的。在合流区驶入匝道的车辆试图在相邻高速公路车道的交通流中寻找出口或"间隙"。由于大多数匝道位于道路的右侧，所以靠路肩的车道所受的影响最大。为方便起见，从路肩到路中心的车道依次用数字 1 至 N 表示，靠路肩的车道则为 1 号车道。

当驶入匝道的车流增加时，在高速公路车道中，驶入车辆影响高速公路各车道中的交通分布。车辆在驶入道路与 1 号车道变换交汇点时时常出现交通事故。实际的交汇形式是变化的，但它将对主干道及匝道的排队长度产生严重的影响。

驶出匝道的基本作用是分流。驶出的车辆必然要占用靠近匝道的车道（或占用匝道出口），必然导致车辆在其他车道上重新分布。当驶出匝道是双车道时，分流行驶的影响会波及高速公路的几个车道。

3.3.1　分合流区车辆运行特征

1. 分流点车流运行特征

基本上是过境交通分离出来的车辆必须先驶入与匝道相连接的 1 号车道。因此就是驾驶人在车行道之间调整车辆的分布百分率。在有双车道匝道的地方，车辆分离会影响高速公路若干车道。车辆分离过程首先是变换车道的过程，在车辆分离的影响区范围内，处于内侧车道准备离开高速公路的车辆必须逐步从内侧车道变换至 1 号车道，驶出匝道交通量在驶出匝道上游在 1 号车道中不同范围内的百分率不同，分离流量在 1 号车道百分率与距离分离点长度关系见表 3-11。

分离流量在 1 号车道百分率与距离分离点长度关系　　表 3-11

距离分离点长度（m）	1200	1050	900	750	600	450	300	150	0
分离流量在 1 号车道百分率（%）	10	16	29	46	63	79	95	100	100

2. 合流点车流运行特征

对于合流车流，从匝道来的车辆寻找临近主线上交通流中可用的间隙以便汇入。由于绝大部分匝道位于主线的右侧，因此主线上右侧车道受直接影响。汇入的车流与过境车流之间相互影响，同时汇入车流对高速公路整个方向车流的运行具有相当的影响：一般情况下，合流后的车辆往往趋向于变换车道到行车速度较快的中间车道或内侧车道行车。在合流点影响范围内、变换车道的概率大大增加，合流交通流对合流点下游高速公路单向总交通流正常运行产生相当的影响。同时，由于汇入车辆汇入时车速较低，对合流点上游1号车道交通流运行产生较大的影响。因此，研究合流点交通流的运行必须考虑汇入流量与合流点上游主线交通量以及1号车道交通量之间的关系。汇入流量在1号车道百分率与距离分离点长度关系见表3-12。

汇入流量在1号车道百分率与距合流点距离关系　　表3-12

距离分离点长度（m）	0	150	300	450	600	750	900	1050	1200
汇入流量在1号车道百分率（%）	100	100	60	30	19	14	11	10	10

3.3.2 关键点交通量

匝道与主线连接点的关键点交通量包括合流交通量 V_m、分流交通量 V_d 和主线交通量 V_f。

1. 合流交通量 V_m

如图3-12所示，合流交通量是相互汇合的交通流的总交通量（veh/h），用于驶入匝道，它等于1号车道交通量 V_1 与匝道交通量 V_m 之和。

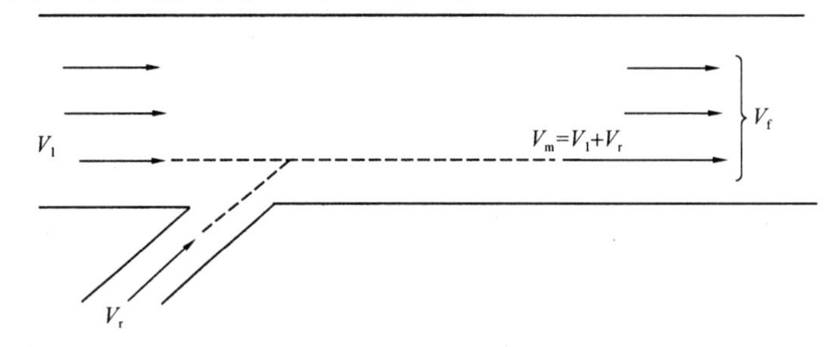

图3-12　合流交通量图示

2. 分流交通量 V_d

如图3-13所示，分流交通量是将要分离的交通流的总交通量（veh/h），用于驶出匝道，它等于1号车道交通量 V_1。

3. 主线交通量 V_f

如图3-14所示，主线交通量是匝道与主线连接处最大单向交通量，即驶入匝道下游或驶出匝道上游主线单向行车道的交通量（veh/h），用于任何合流或分流的地点。

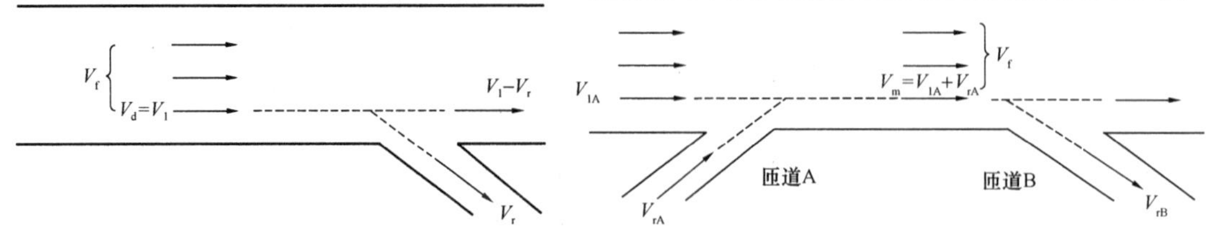

图3-13　分流交通量图示　　图3-14　主线交通量图示

综上可知，计算关键点交通量的前提是计算1号车道交通量。

3.3.3　1 号车道交通量计算

因为汇入和分离发生在与匝道邻接的 1 号车道上，1 号车道上的交通量和其特征就成为分析计算中主要关系的因素了，故这一节中大部分分析计算步骤集中在估算 1 号车道的交通量。一般地，1 号车道交通量随以下几个因素而变化：

（1）匝道交通量 V_r；

（2）匝道上游高速公路单向交通量 V_f；

（3）与相邻上游和（或）下游匝道的距离 D_u、D_d；

（4）相邻上游和（或）下游匝道的交通量 V_u、V_d；

（5）匝道形式（驶入匝道还是驶出匝道，在连接处的匝道车道数等）。

1. 1 号车道交通量的常规算法

（1）四车道高速公路或一级公路单车道驶入匝道

四车道高速公路或一级公路单车道驶入匝道与主线连接点上游的 1 号车道交通量计算图示如图 3-15 所示，其计算公式见式（3-8）。

该计算方法的适用条件如下：

1）四车道高速公路或一级公路上的单车道驶入匝道（非环形），有或无加速车道；

2）在上游 610m 内无相邻驶入匝道；

3）交通量适用范围：$V_f=360\sim3100$veh/h，$V_r=50\sim1300$veh/h。

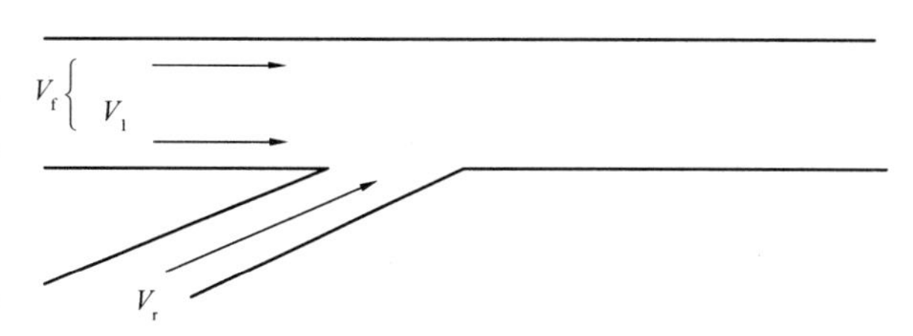

图 3-15　四车道高速公路单车道驶入匝道

$$V_1=136+0.345V_f-0.115V_r \tag{3-8}$$

（2）四车道高速公路或一级公路单车道驶出匝道

四车道高速公路或一级公路单车道驶出匝道与主线连接点上游的 1 号车道交通量计算图示如图 3-16 所示，其计算公式见式（3-9）。

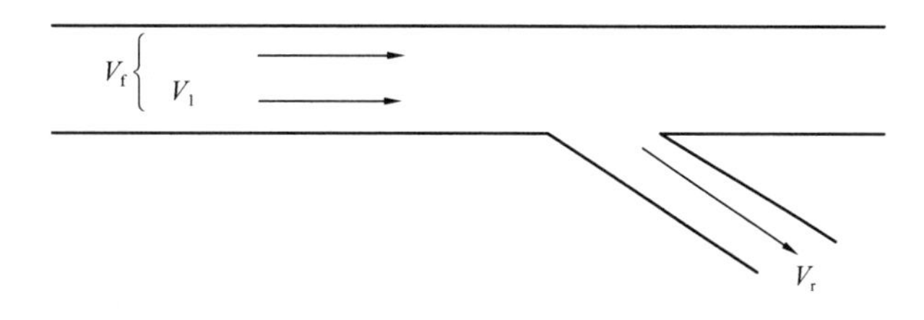

图 3-16　四车道高速公路单车道驶出匝道

该计算方法的适用条件如下：

1）四车道高速公路或一级公路上的单车道驶出匝道，有或无减速车道；

2）在上游 980m 内无相邻驶入匝道；

3）交通量适用范围：$V_f=360\sim3800$veh/h，$V_r=50\sim1400$veh/h。

$$V_1=165+0.345V_f+0.520V_r \tag{3-9}$$

（3）上游有相邻驶入匝道的四车道高速公路或一级公路单车道驶出匝道

上游有相邻驶入匝道的四车道高速公路或一级公路单车道驶出匝道与主线连接点上游

的1号车道交通量计算图示如图3-17所示，其计算公式见式（3-10）。

$$V_1 = 202 + 0.362V_f + 0.496V_r - 0.226D_u + 0.096V_u \tag{3-10}$$

该计算方法的适用条件如下：

1）四车道高速公路或一级公路上一单车道驶出匝道，在其上游980m以内有一相邻的驶入匝道，该驶出匝道有或无减速车道；

2）交通量适用范围：V_f= 65～3800veh/h，V_r=50～1450veh/h，V_u=50～810veh/h，D_u=210～980m。

（4）上游有相邻驶入匝道的四车道高速公路或一级公路单车道驶入匝道

上游有相邻驶入匝道的四车道高速公路或一级公路单车道驶入匝道与主线连接点上游的1号车道交通量计算图示如图3-18所示，其计算公式见式（3-11）。

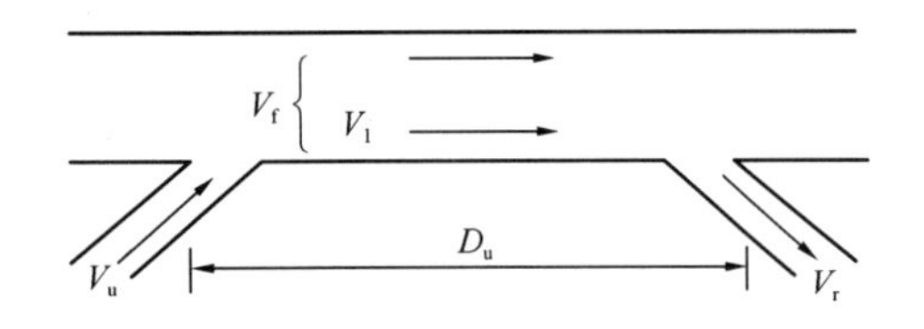

图3-17　四车道高速公路上游有相邻驶入匝道的单车道驶出匝道

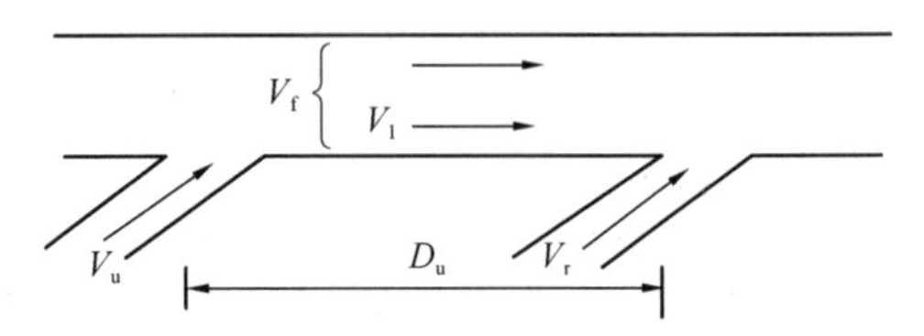

图3-18　四车道高速公路上有相邻驶入匝道的单车道驶入匝道

$$V_1 = 123 + 0.376V_f - 0.142V_r \tag{3-11}$$

该计算方法的适用条件如下：

1）四车道高速公路或一级公路上，上游120～160m之间有相邻驶入匝道存在的单车道驶入匝道，此单车道驶入匝道有或无加速车道；

2）交通量适用范围：V_f=720～3300veh/h，V_r=90～1400veh/h，V_u=90～900veh/h，D_u=120～610m。

（5）六车道高速公路单车道驶入匝道

六车道高速公路单车道驶入匝道与主线连接点上游的1号车道交通量计算图示如图3-19所示，其计算公式见式（3-12）。

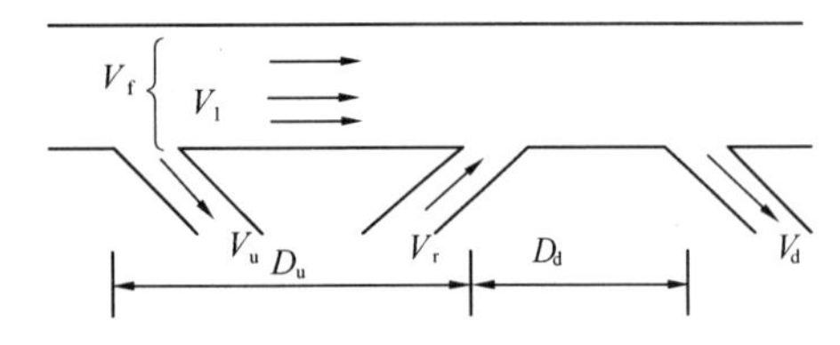

图3-19　六车道高速公路上游或下游有或无相邻驶出匝道的单车道驶入匝道

$$V_1 = -121 + 0.224V_f - 0.085V_u + 195.1V_d/D_d \tag{3-12}$$

该计算方法的适用条件如下：

1）六车道高速公路上的单车道驶入匝道，在其上游和（或）下游有或无相邻驶出匝道，该驶入匝道有或无加速车道；

2）如果在上游800m内无相邻驶出匝道，则V_u=45veh/h；

3）如果在下游1700m内没有相邻驶出匝道，并且V_f<4500veh/h，使用$195.1V_d/D_d=5$；

4）交通量适用范围：V_f=2160～5600veh/h，V_u=45～1000veh/h，V_d=45～1200veh/h，V_r=90～1540veh/h，D_u=280～800m，D_d=280～1700m。

（6）六车道高速公路单车道驶出匝道

六车道高速公路单车道驶出匝道与主线连接点上游的 1 号车道交通量计算图示如图 3-20所示，其计算公式见式（3-13）。

$$V_1 = 94 + 0.231V_f + 0.473V_r + 65.5V_u/D_u \tag{3-13}$$

该计算方法的适用条件如下：

1）六车道高速公路上的单车道驶出匝道，在其上游有或无相邻驶入匝道，该驶出匝道有或无减速车道；

2）如果在上游 1700m 内无相邻驶入匝道，使用 $65.5V_u/D_u=2$；

3）交通量适用范围：$V_f=1000\sim5600$ veh/h，$V_r=20\sim1620$ veh/h，$V_u=45\sim1100$ veh/h，$D_u=280\sim1700$m。

（7）上游有相邻驶入匝道的六车道高速公路单车道驶入匝道

上游有相邻驶入匝道的六车道高速公路单车道驶入匝道与主线连接点上游的 1 号车道交通量计算图示如图 3-21 所示，其计算公式见式（3-14）。

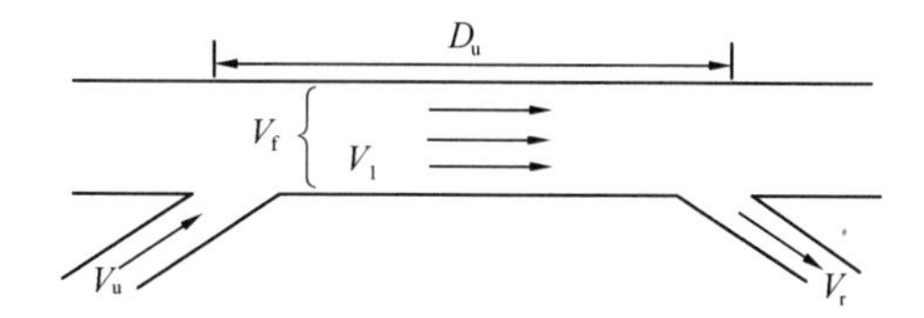

图 3-20　六车道高速公路单车道驶出匝道

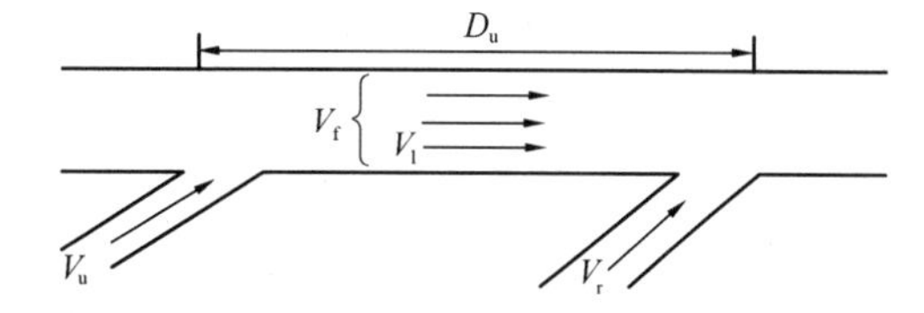

图 3-21　六车道高速公路单车道驶入匝道

$$V_1 = 574 + 0.228V_f - 0.194V_r + 2.343D_u + 0.274V_u \tag{3-14}$$

该计算方法的适用条件如下：

1）上游有相邻驶入匝道的六车道高速公路上单车道驶入匝道，有或无加速车道；

2）交通量适用范围：$V_f = 1620 \sim 4900$veh/h，$V_r = 90 \sim 1350$veh/h；$V_u = 90 \sim 1260$veh/h，$D_u=150\sim300$m。

（8）六车道高速公路双车道驶入匝道

六车道高速公路双车道驶入匝道与主线连接点上游的 1 号车道交通量计算图示如图 3-22所示，其计算公式见式（3-15）。

$$\begin{cases} V_1 = 54 + 0.070V_f + 0.049V_r \\ V_{1+A} = -205 + 0.287V_f + 0.575V_r \end{cases} \tag{3-15}$$

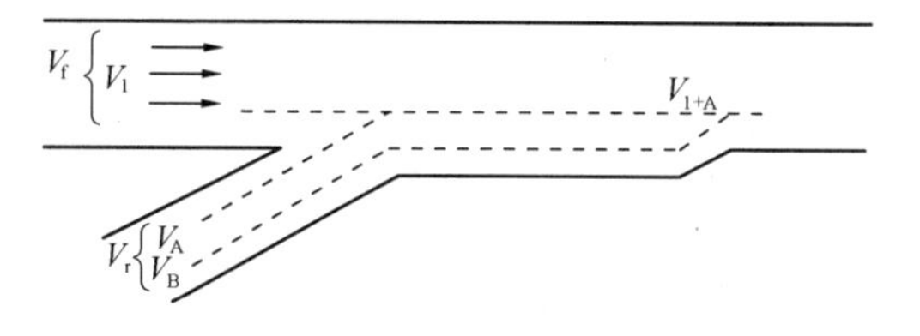

图 3-22　六车道高速公路双车道驶入匝道

该计算方法的适用条件如下：

1）六车道高速公路上具有至少 240m 长加速车道的双车道驶入匝道；

2）交通量适用范围：$V_f=540\sim2700$veh/h，$V_r=1000\sim2700$veh/h。

（9）六车道高速公路双车道驶出匝道

六车道高速公路双车道驶出匝道与主线连接点上游和下游的 1 号车道交通量计算图示如图 3-23 所示，其计算公式见式（3-16）。

$$\begin{cases} V_{1+A} = -158 + 0.035V_f + 0.567V_r \\ V_1 = 18 + 0.060V_f + 0.072V_r \end{cases} \tag{3-16}$$

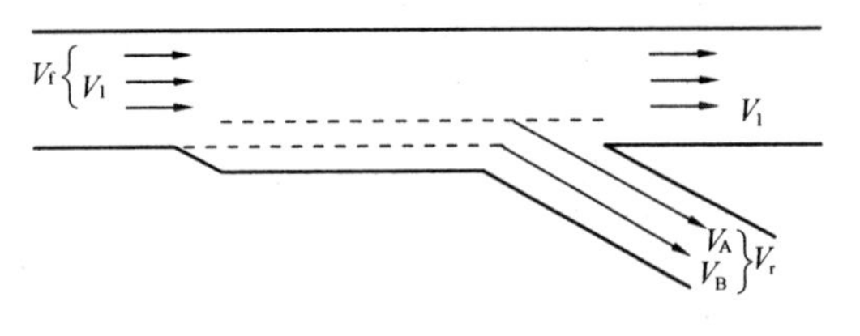

图 3-23　六车道高速公路双车道驶出匝道

该计算方法的适用条件如下：

1）六车道高速公路上具有至少 210m 长减速车道的双车道驶出匝道；

2）交通量适用范围：$V_f=1900\sim5400$veh/h，$V_r=1000\sim2700$veh/h。

（10）八车道高速公路单车道驶入匝道

八车道高速公路单车道驶入匝道与主线连接点上游的 1 号车道交通量计算图示如图 3-24所示，其计算公式见式（3-17）。

该计算方法的适用条件如下：

1）八车道高速公路上的单车道驶入匝道，有或无加速车道；

2）如果下游 900m 范围内有驶出匝道，则不能适用；

3）适用范围：$V_f=2700\sim7000$veh/h，$V_r=270\sim1200$veh/h。

$$V_1=-312+0.201V_f+0.127V_r \tag{3-17}$$

（11）下游有相邻驶出匝道的八车道高速公路单车道驶入匝道

下游有相邻驶出匝道的八车道高速公路单车道驶入匝道与主线连接点上游的 1 号车道交通量计算图示如图 3-25 所示，其计算公式见式（3-18）。

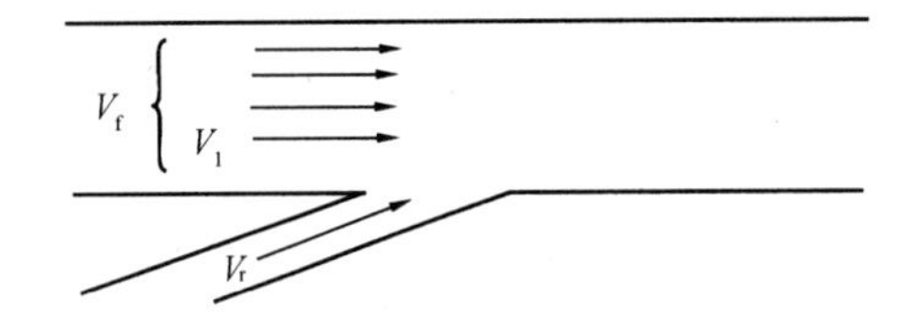

图 3-24　八车道高速公路单车道驶入匝道

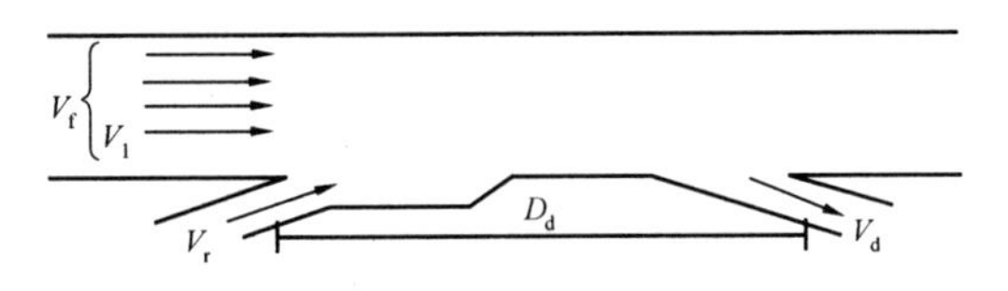

图 3-25　下游有相邻驶出匝道的八车道高速公路单车道驶入匝道

该计算方法的适用条件如下：

1）八车道高速公路上具有加速车道的单车道驶入匝道，且在下游 450～900m 范围内有驶出匝道。

2）适用范围：$V_f=2700\sim6400$veh/h，$V_r=270\sim1000$veh/h，$V_d=90\sim720$veh/h，$D_d=450\sim900$m。

$$V_1=202+0.362V_f+0.469V_r-0.226D_d+0.096V_d \tag{3-18}$$

2. 1 号车道交通量近似算法

1 号车道交通量除了可以利用上述各式计算外，也可利用近似方法分析上述各式不适应的情况。匝道端部附近 1 号车道中的过境车辆百分率如表 3-13 所示。

匝道端部附近 1 号车道中的过境车辆百分率　　**表 3-13**

单向过境交通量（veh/h）	1 号车道内的过境交通量（%）		
	8 车道高速公路	6 车道高速公路	4 车道高速公路
≥5500	10	—	—
5000～5499	9	—	—

续表

单向过境交通量 (veh/h)	1 号车道内的过境交通量（%）		
	8 车道高速公路	6 车道高速公路	4 车道高速公路
4500～4999	9	18	—
4000～4499	8	14	—
3500～3999	8	10	—
3000～3499	8	6	40
2500～2999	8	6	35
2000～2499	8	6	30
1500～1999	8	6	25
≤1499	8	6	20

这里把过境车辆定义为在主匝道 1200m 内不包含在任何匝道上运行的车辆。表 3-11、表 3-12 及表 3-13 可以用来计算 1 号匝道交通量的近似值。在此要强调的是，仅当上述各式不适于所研究的匝道形式时，才使用近似方法。

【算例】 试估算图 3-26 中匝道 B 紧挨着的上游 1 号车道的交通量。假设从匝道进入高速公路基本路段的车辆不再从匝道驶出（注：在该路段 1200m 范围内无其他匝道）。

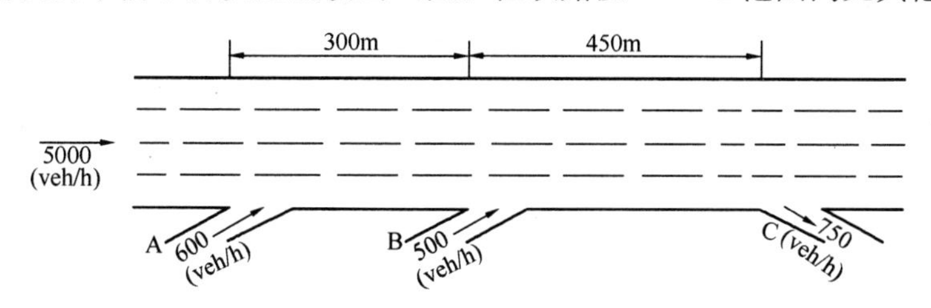

图 3-26　几何构型及交通量

解： 1）计算单向过境交通量 V（过境）＝5000－750＝4250（veh/h）；

2）查表 3-12 可知，在过境车辆为 4250veh/h 的 8 车道高速公路上，8%分布在 1 号车道内，所以 V_1（过境）＝4250×0.08＝340（veh/h）；

3）A 匝道位于 B 匝道上游 300m 处，查表 3-11 知驶入匝道的车辆有 60%分布在 1 号车道，所以 V_{1u}＝600×0.6＝360（veh/h）；

4）C 匝道位于 B 匝道下游 450m 处，查表 3-10 知驶出匝道的车辆约 79%分布行驶在 1 号车道，所以 V_{1d}＝750×0.79＝593（veh/h）；

5）所以，B 匝道上游 1 号车道总交通量为：$V_1 = V_1$（过）$+V_{1u}+V_{1d}$＝340＋360＋593＝1293（veh/h）。

3. 1 号车道大型车百分比

如图 3-27 所示，1 号车道小客车当量交通量可由大型车在 1 号车道的交通量占单向行车道上大型车总交通量的百分率与主线单向交通量的关系计算得到。

3.3.4　匝道与主线连接点服务水平

1. 分、合流点服务水平划分

服务水平标准是以各检查点的流率来划分的，表 3-14 给出了匝道与主线连接点的服

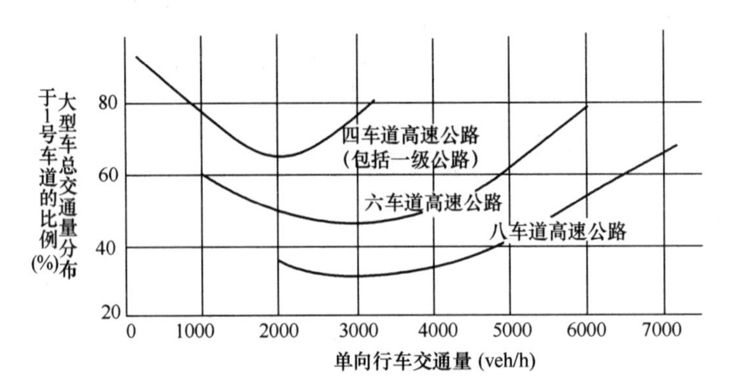

图 3-27　1 号车道大型车百分比

务水平划分标准。四级服务水平对应的流率即为匝道与主线连接点的基本通行能力。

匝道与主线连接处检查点服务水平划分标准　　**表 3-14**

服务水平级别	汇合流率（pcu/h）	分离流率（pcu/h）	不同设计速度下的主线单向流率（pcu/h）							
			120km/h		100km/h		80km/h		60km/h	
			4 车道	6 车道	4 车道	6 车道	4 车道	6 车道	4 车道	6 车道
一	≤1000	≤1050	≤2200	≤3300	≤2000	≤3000	—	—	—	—
二	≤1450	≤1500	≤3200	≤4600	≤2600	≤4200	≤2600	≤3900	≤2300	≤3450
三	≤1750	≤1800	≤3800	≤5700	≤3400	≤5100	≤3200	≤4800	≤2900	≤4350
四	≤2000	≤2000	≤4000	≤6000	≤4000	≤6000	≤3800	≤5700	≤3600	≤5400

各级服务水平简要描述如下。

（1）一级服务水平

汇入车辆和分离车辆在主线上的过境车流影响很小。汇入时运行顺畅，在插入过境交通流车辆间隙仅需要很小的车速调整；分离运行不会产生很大的干扰。随着流量的增加，汇入车辆插入 1 号车道过境车流间隙时需要调整他们的车速；分离出来的车辆仍然没有很大的扰动。主线上的过境车流受到的影响不大，交通流一般较为流畅和稳定。

（2）二级服务水平

运行初期依然是稳定流，但其运行质量有所下降。1 号车道和驶入匝道上的车辆都必须调整他们的速度以便流畅地汇入，并且当驶入匝道上流量较大时还会有小的车队形成。在分离区车速也会有所降低，但不会出现排队现象。此时驶入车辆和驶出车辆所引起的扰动扩展的范围更大一些，并且这种扰动可能延伸到与 1 号车道相邻主线上的其他车道上去。高速公路上总的速度和密度不会有大的变化。

（3）三级服务水平

运行车辆难以顺畅地汇入，不论要汇入的车辆还是 1 号车道的过境车辆都必须不停地调整其车速以避免在合流点发生冲突。分离区附近的车速降低得更多，汇入和分离行为所引起的扰动将影响若干主线车道。在大交通量的驶入匝道上，匝道车队可以变成对主线具有破坏性的因素。

（4）四级服务水平

汇入行为产生大的扰动，但在主线上仍然没有形成车队，而在驶入匝道上则会形成一

些车队。分离车辆的车速大大降低，并且在分离区会形成一些车队。所有车辆均受到影响，主线上的过境车辆则企图到靠近中央的车道上行驶以避开扰乱。当达到达饱和状态后，所有的汇入基本上是停停走走地进行，驶入匝道上广泛形成排队，1 号车道上的过境交通被破坏。许多扰乱是由于过境车辆改变车道以避开汇入和分离而产生的。高速公路分、合流点上游若干距离内会产生相当大的交通延误。交通流极不稳定，经常处于稍好的稳定流和强制流交替运行的状态。

2. 分、合流点服务水平计算

(1) 确定匝道几何构造尺寸及交通量

几何构造的建立（包括匝道的形式和位置）是计算交通量的基础；交通量是指匝道上及匝道附近的交通量。在初步考虑时，与所分析的匝道相距在 1800m 以内有相邻匝道时，常常一起进行分析。对此，在计算图式中有更详细的数值来说明什么情况下是独立的，即"相邻"匝道对所分析的匝道没有影响，什么情况下必须将相邻匝道对所分析的匝道的影响考虑进去。

(2) 计算 1 号车道的交通量

可以根据相应的计算图式来计算。

(3) 将所有交通量（veh/h）换算成当量交通量（pcu/h）

1 号车道交通量、匝道交通量和高速公路交通量都必须换算成当量交通量。

(4) 计算检查点交通量

1) 合流交通量 V_m：$V_m=V_r+V_1$

2) 分流交通量 V_d：$V_d=V_1$

3) 主线上总交通量 V_f

(5) 确定各检查点的服务水平

用检验点交通量 V_m、V_d 及 V_f 计算检验点流率，分别与表 3-13 中的相应服务水平划分标准进行比较，以得到三个检验点处的服务水平等级，

在多数情况下，合流、分流交通流和主线单向交通流在运行质量上是不平衡的，也就是说三个检验点服务水平各不相同。在这种情况下，三者中服务水平最差者是控制因素。最令人满意的是匝道和主线连接处与高速公路整体在运行上达到平衡。

3.3.5　算例分析

一个双向四车道高速公路的单车道驶入匝道（见图 3-28），其上、下游 1800m 范围内无相邻匝道，主线设计速度 120km/h，匝道上游单向交通量为 $V'_f=2000$veh/h，大型车 50%，驶入匝道交通量 $V_r=410$veh/h，大型车占 40%，$PHF=0.95$，问其运行状态处于哪一级服务水平。

解： 1) $V_1=136+0.345V'_f-0.115V_r=136+0.345\times2000-0.115\times410=779$ (veh/h)

2) 将交通量转换为当量交通量

$V'_f=2000\times0.5+2000\times0.5\times2=3000$ (pcu/h)

$V_r=410\times0.6+410\times0.4\times1.3=459$ (pcu/h)

当四车道高速公路主线单向交通量为 2000veh/h 时，1 号车道中大型车占主线单向大型车数量的百分比为 0.64，则 1 号车道大型车交通量为：

$$2000\times0.5\times0.64=640(\text{veh/h}),\ V_1=779-640+640\times2=1419(\text{pcu/h})$$

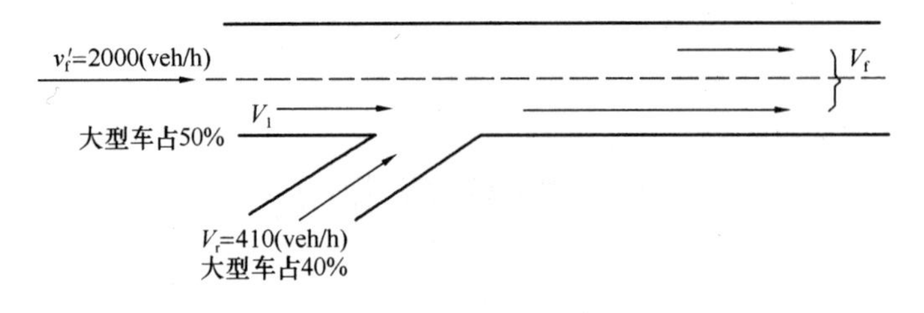

图 3-28　图示

3）计算检验点流率

$V_m=(V_1+V_r)/0.95=(1419+459)/0.95=1976$(pcu/h)，四级服务水平

$V_f=(V_f'+V_r)/0.95=(3000+459)/0.95=3641$(pcu/h)，三级服务水平

评价结论：四级服务水平。

思考题

1. 简述匝道的定义、组成及分类。
2. 匝道自由流速度的影响因素有哪些，试简述之。
3. 简要分析匝道行车道通行能力的分析方法。
4. 简述匝道与主线连接点的各种形式、计算公式及适用范围。
5. 简述匝道行车道、匝道与主线连接点的服务水平及分级依据。
6. 试简述确定匝道行车道、匝道与主线连接点服务水平的分析步骤。

习题

1. 已知互通立交的匝道半径 $R=120$m，超高横坡为 3%，行车道宽 6.5m，停车视距 65m，纵坡为 3%的上坡，单向单车道，驶出高速公路的匝道长 500m。交通量为小型车 480veh/h，大型车 120veh/h，试评价其服务水平。（横向力系数取 0.12，安全距离取 7m）

2. 一个双向四车道、设计速度 100km/h 高速公路的单车道驶入匝道，其上、下游 1000m 范围内无相邻匝道，匝道上游单向交通量为 $V_f'=1800$veh/h，大型车 40%，驶入匝道交通量 $V_r=400$veh/h，大型车占 30%，高峰小时系数为 0.95，1 号车道大型车占主线单向总大型车百分率为 0.65，试评价其服务水平。

第 4 章　交织区通行能力

所谓交织是指两个相同行驶方向的车流以较小的角度汇合，交换位置后又分离行驶的过程。所谓交织区是指沿一定长度的道路，行驶方向相同的两股或多股交通流穿过彼此行车路线的路段。当合流区后面紧接着一分流区，或当一条驶入匝道紧接着一条驶出匝道，并在两者之间有辅助车道连接时，就构成交织区。

任何类型的公路中都会有交织区：高速公路、一级公路、双车道公路或城市干道。交织区中驾驶人需要变换车道，导致交织区内的交通受紊流支配，而且这种紊流的紊乱程度超过了道路基本路段上正常出现的紊流，表现出交织区运行的特殊性。由于紊流的出现，交织区常常成为高速公路中的拥挤路段，因此如何确定其通行能力和服务水平是道路通行能力研究的重要内容。

4.1　概述

4.1.1　交织流和非交织流

交织流：如图 4-1 所示，从 A 入口驶向 D 出口的车辆必须穿过从 B 入口驶往 C 出口车辆行驶的路径形成交叉，因此将 $A-D$ 和 $B-C$ 交通流称为交织流。

非交织车流：如图 4-1 所示，在这段路上还有 $A-C$ 和 $B-D$ 车流，它们不与其他车流交叉，因而称为“非交织车流”。

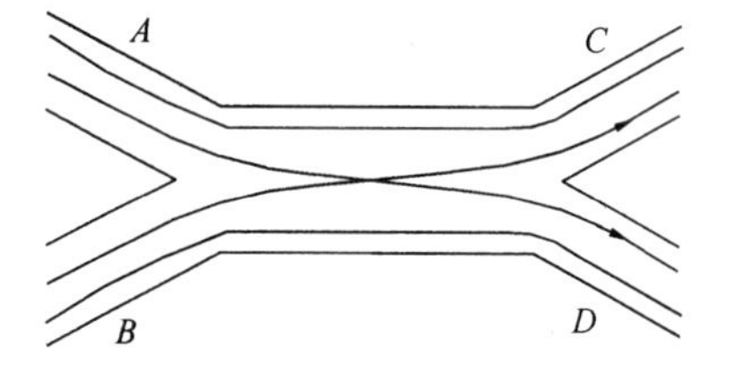

图 4-1　交织流和非交织流

4.1.2　交织区分类

交织区可分为简单交织区和多重交织区两大类。简单交织区由一单个汇合点接着有一单个分离点形成。简单交织区可划分为单一目的的交织区和双目的的交织区，如图 4-2 所示，前者的典型实例为高速公路或立体交叉匝道间的集散车道；后者是道路交织区的普遍、常见形式。

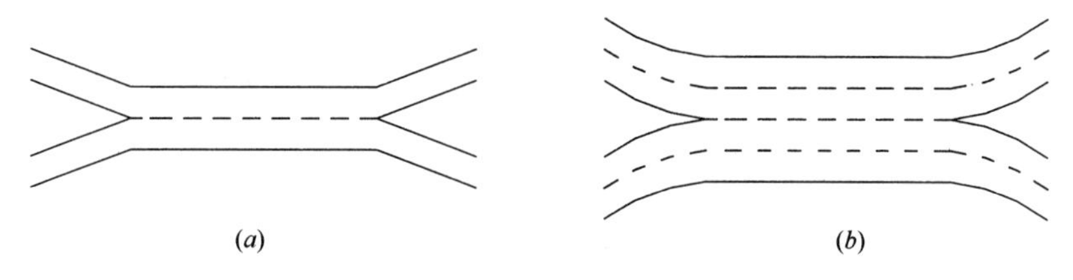

图 4-2　简单交织区类型的划分

(a) 单一目的的交织区；(b) 双目的的交织区

如图 4-3 和图 4-4 所示，多重交织区由一个汇合点接着有两个分离点或由两个汇合点接着有一个分离点形成。在这种情况下，同一高速公路路段出现多股交织流向，而其车道

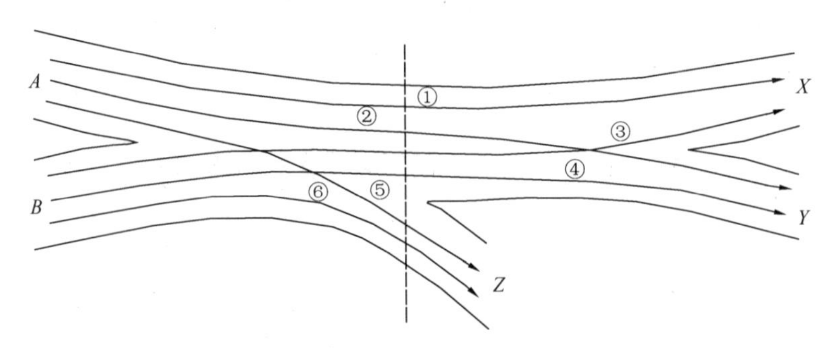

图 4-3　由一个合流点跟随两个分流点构成的多重交织区

①、⑥非交织流②～⑤交织流

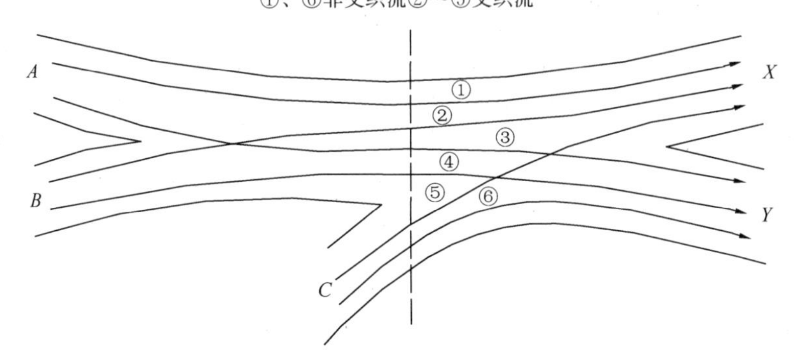

图 4-4　有两个合流点跟随一个分流点构成的多重交织区

①、⑥非交织流②～⑤交织流

变换的紊流可能高于简单交织区，驾驶人要谨慎地选择在何处实施他们的车道变换，使与其他交织流向的干扰减至最少。

多重交织区分析可借助简单交织区的分析方法，图 4-3 和图 4-4 给出了多重交织区交织流向最可能发生的地段，可将每个分段可作为一个简单交织区，按前面规定的程序进行分析。

4.1.3　交织区构型

由于交织区受到车辆车道变换的不利影响，所以车道变换成为影响交织区的主要运行特征。交织区的构型成为影响交织的重要几何特征。交织区的构型涉及交织区段的入口车道数和出口车道数及相对位置，它对交织区段中发生的车道变换数量产生重大影响。常见的交织区构型有三种，分别为 A 型、B 型和 C 型。

1. A 型交织区

A 型交织区的基本几何形式如图 4-5 所示。

A 型交织区的特点是：为完成交织运行，两个交织方向的所有车辆都必须进行一次变换车道。其中，(*a*) 型交织是驶入匝道之后紧接着驶出匝道，中间存在一条辅助车道。在这种交织区上运行的车辆都要经过一次车道的变换行为才能离开辅助车道，进入高速公路的主线。这种驶入匝道和驶出匝道用连续辅助车道顺序连接所构成的路段也称为匝道交织区。(*b*) 型交织区的特征是具有三条或三条以上的进出口车行道，各有多条车道，所有的交织车辆不管他们的交织方向如何都必须进行至少一次车道变换。这种交织形式一般设置在普通公路上，在高速公路上不存在，这主要是因为各条高速公路都是独立的，两条高

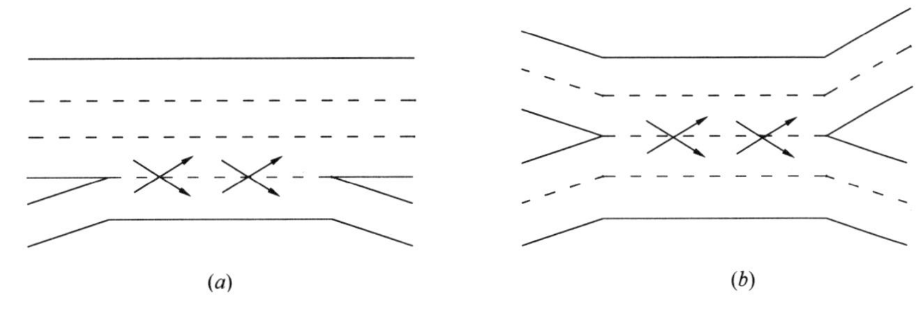

图 4-5　A 型交织区

(a) 匝道交织/单侧交织；(b) 有路拱线的主要交织

速公路相交基本采用立交相连通。

(a) 型交织与 (b) 型的相似之处为两者均有路拱线，每个交织车辆必须进行的车道变换就是要横越这条路拱线。通常在交织段内交织车辆要占用临近路拱线的两条车道而受到限制，而在实际运行中，那些交织车辆则通常仍占用临近路拱线的两条车道。因此，临近路拱线的两条车道一般由交织与非交织车辆共用。交织区的构型对运行的最显著作用之一是当车辆穿过交织段时，限制了交织车辆可能占用的最大车道数。

这两种交织路段的主要差别在于匝道几何线形对速度的影响。许多匝道交织路段的匝道设计速度明显低于高速公路的设计速度。因而，驶入匝道或驶出匝道的车辆通过交织路段时必须加速或减速。

2. B 型交织区

B 型交织的重要特点是：一个方向的交织车辆不需要变换车道即可完成交织运行，但另一方向的交织车辆最多需要变换一次车道完成交织运行。这种交织区在我国大多在普通公路上存在，高速公路很少有这种交织区。图 4-6 是 B 型交织区的几何形式。

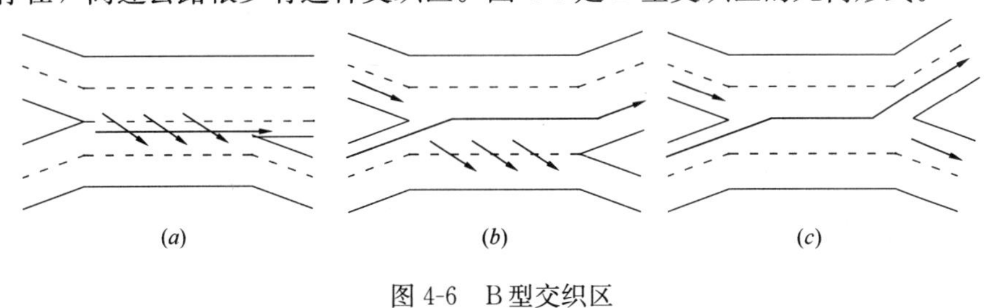

图 4-6　B 型交织区

B 型交织区是最主要的交织路段，它在承受较大交织交通量时是非常有效的。

3. C 型交织区

C 型交织区的特点是：一个方向的交织车辆不需要变换车道即可完成交织运行，而另一方向的交织车辆，必须两次或两次以上变换车道才能完成交织运行。与 B 型交织区非常相似，C 型交织区可以给许多交织运行中每一运行提供一条或几条直达车道。C 型交织区不同于 B 型交织区的特点是交织运行所需车道变换次数不同。图 4-7 是 C 型交织区的几何特征图。

交织区构型的辨别方法可参考表 4-1。构型 A 路段当交织路段长度增加时，交织车速变得很高，此时更容易发生约束运行。而构型 B 和构型 C 与此相反，增加路段长度对交织车速的影响比构型 A 路段小，不易发生约束运行。

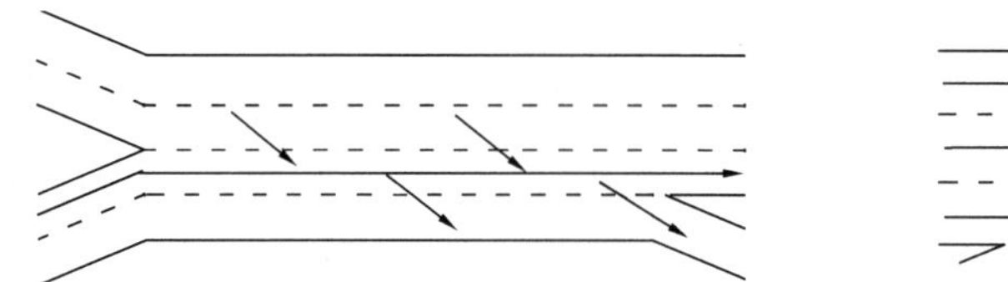

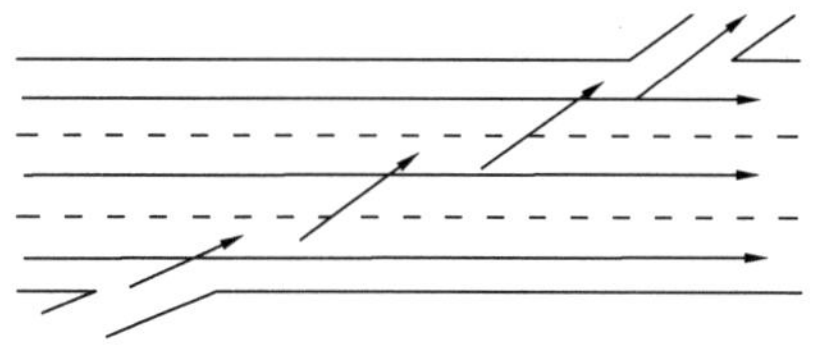

图 4-7　C 型交织区

构造类型和车道变换最少次数关系　　**表 4-1**

一个交织方向要求的车道变换次数	另一交织方向要求的车道变换次数		
	0	1	≥2
0	B	B	C
1	B	A	—
≥2	C	—	—

4.1.4　交织区参数

1. 交织区长度 L

如图 4-8 所示，从汇合三角区 1 号车道右边缘至入口车道左边缘距离为 0.6m 的点，到分离三角区 1 号车道右边缘至出口车道左边缘距离为 3.7m 的点的距离称为交织区长度。

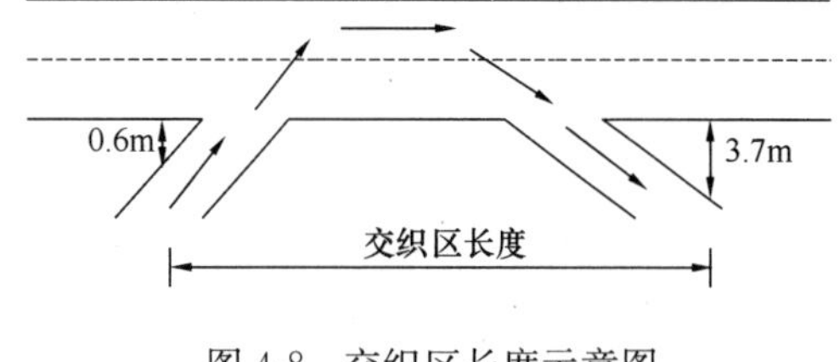

图 4-8　交织区长度示意图

交织区长度是交织区的一个十分重要的设计参数，是交织区的主要设计对象之一。同时，交织区长度对交织区内车辆交通能否顺利、安全地完成交织运行起着举足轻重的作用。美国《道路通行能力手册》（HCM）认为，交织区长度应该在 750m 以下，否则，进出口之间的路段不再视为交织区，因为此时进出口之间的车辆运行中换车道的紧迫性不明显，交通运行特征是合流点和分流点特征。

2. 交织区内总车道数 N

由于交织区内总车道数 N 的多少粗略地代表着交织区所能承担交通负荷的能力，所以车道数的确定方法也是交织区运行分析的重要内容。交织区内的车道可供交织车辆与非交织车辆使用，用 N_w 表示交织区内交织车辆使用的车道数，N_{nw} 表示交织区内非交织车辆使用的车道数。三种交织区构型可供交织车辆使用的车道数如下。

构型 A：能被交织车辆使用的最大车道数是最受限制的。一般将交织车辆限制在邻接路拱线的两条车道之中，故不论车道数是多少，交织车辆一般最多用到 1.4 条车道。

构型 B：对交织车辆使用车道方面没有大的约束，交织车辆可以使用多达 3.5 条车道，当交织交通量占总交通量的大部分时，这种形式的构造最为有效。

构型 C：由于有一交织流需要两条或两条以上的车道变换，这就约束了交织车辆使用路段的外侧车道。因此，交织车辆能用的车道数不大于 3.0。有一例外就是双侧构造的交织车量可以使用全部车道而不受限制。

3. 交织区内总流率 V

交织区作为道路系统的一个组成部分，其设计应根据所承担的交通需求来进行。交织

 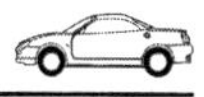

区内的总流率 V 由交织区内交织总流率 V_w 与交织区内非总交织流率 V_{nw} 组成，交织流率中较大者用 V_{w1} 表示，交织流率中较小者用 V_{w2} 表示；非交织流率中较大者用 V_{nw1} 表示，非交织流率中较小者用 V_{nw2} 表示。

4. 流量比 VR

交织流量比为交织区内交织总流率 V_w 和总流率 V 的比值，交织流量比是交织区运行的重要交通参数。交织区由于车辆运行过程中交织行为的存在，使交通流的车头时距增加，导致交织区由于车辆运行过程中交织行为能力较基本路段上的通行能力小，所以对交织区通行能力而言，交织流量比起着关键作用。

5. 交织比 R

交织比是交织区内较小的交织流率 V_{w2} 和交织流率 V_w 的比值。

6. 平均行驶速度 S

交织区内所有车辆的平均行驶速度 S 是衡量交织区服务水平的关键性参数，计算所有车辆的平均行驶速度需先计算交织车辆的平均行驶速度 S_w 和非交织车辆的平均行驶速度 S_{nw}。

表 4-2 汇总了影响交织区运行的参数，这些参数被用于计算分析交织区的服务水平评价指标。

影响交织区运行的参数　　　　**表 4-2**

符　号	含义
L	交织区长度（m）
N	交织区内总车道数（条）
N_w	交织区内交织车辆使用的车道数（条）
N_{nw}	交织区内非交织车辆使用的车道数（条）
V	交织区内总流率（pcu/h）
V_w	交织区内交织总流率（pcu/h）（$V_w=V_{w1}+V_{w2}$）
V_{w1}	交织区交织流率中较大者（pcu/h）
V_{w2}	交织区交织流率中较小者（pcu/h）
V_{nw}	交织区内交织总流率（pcu/h）（$V_{nw}=V_{nw1}+V_{nw2}$）
V_{nw1}	非交织区交织流率中较大者（pcu/h）
V_{nw2}	非交织区交织流率中较小者（pcu/h）
VR	流量比，交织区内交织流率与总流率的比（$VR=V_w/V$）
R	交织比，交织区内较小的交织流率和交织总流率的比（$R=V_{w2}/V_w$）
S	交织区内所有车辆的平均行驶速度（km/h）
S_w	交织区内交织车辆的平均行驶速度（km/h）
S_{nw}	交织区内非交织车辆的平均行驶速度（km/h）

4.2　交织区交通运行特性

4.2.1　交织区交通特性分析

1. 微观特性

从微观角度分析交织区的交通特性，就是对单个车辆在交通流中的操作特性进行分析，考察在不同情况下驾驶人加减速和变换车道的可能性，尽量模拟现实中车辆运行特点和过程，从而通过分析最小组成单元的行为使交通流的整体特征得到阐释。

交织区内交织车辆必须在交织区长度限制内完成车道变换，所以，交织车辆运行时往往不是追求最大的直行速度而保持和前导车之间的最小车头时距，而是在进行过程中寻找相邻车道车流中合适的可插入空档。交织车辆的这种特性导致了当与前导车间的车头时距增大时，也不急于加速紧跟，甚至在一定程度上反而会因等候相邻车道中的可插入空档而减速。

交织区中的非交织车辆期望尽可能避免与交织车辆相互影响，而追求尽可能大的直行速度，因而非交织车辆与前导车之间的跟驰行为与公路基本路段上相似，有保持最小车头间距的趋势，但由于总会受到交织车辆的影响，致使有效行驶空间损失，车头间距增大。

变换车道特性是交织区微观分析中必须考虑的另一个问题。由于各车道交通流中的交织车辆需要转向期望的行进方向，因此必然进行车道变换操作。和基本路段上相比，交织区内车辆的车道变换行为也有不同特点。基本路段上，车辆在行驶过程中的车道变换一般出于超车目的，并且随时根据变换车道的可能性决定是否进行车道变换，具有可选择性；交织区内的车辆变换车道时，由于该车道变换操作必须在交织区长度内完成，所以，受交织区长度的限制，交织车辆必须在交织区内行驶过程中找到变换车道的可能性并操作，否则，就只好在交织区内被迫减速等候这种可能性的出现，从而造成交织区拥堵。一定条件下，驾驶人还有可能牺牲一定的安全水平而冒险进行车道变换。所以，交织区内的车道变换比基本路段上的操作约束性更强。

2. 宏观特性

由于交通流特性的集合性和统计特征，所以对交通流中的诸如速度、密度等总体运行特性分析，从宏观角度对交通行为进行分析是重要而有效的方法。

从宏观角度来讲，交织区运行就是车流之间的相互作用。在车流流动过程中，车头间距分别服从各自分布的两股车流从不同的进口方向进入交织区，各自包含不同比例并按不同间隔分布的交织车辆。两股车流在前进的过程中，交织车辆随时判断相邻车道上另一股车流中是否存在有适合的车头间隔，根据判断结果决定是否进行车道变换的位置和时间，并在交织区长度限制内完成操作。经过车道变换和车辆重新编队的两股车流，各自以一种新的车头间距分步的交通流通过各自希望的出口方向驶出交织区。

交通流进入交织区，宏观上表现为平均速度的降低，平均车头时距的增大和交通量的减小。

从上述交织区运行特性的分析可知，交织区内交通运行的关键环节是交织车辆的车道变换。因为车道变换是构成交织运行的基本操作，造成车辆运行速度降低，车流运行紊乱，是交织区内的主要矛盾。正是由于需要进行车道变换，交织车辆才需要寻找可插入间隙，影响本车道及相邻车道交通的运行，并对非交织车辆造成影响，从而在微观上使交织区内的车辆跟驰和车道变换行为具有前述特性，同时在宏观上形成两股交通流之间的相互作用。

所以，如果某一因素对交织区的交通运行具有重要影响作用，那么它也应该对车道变换环节具有重要影响。

4.2.2 交织运行形式及其确定

1. 交织运行的形式

交织运行由于其性质决定必然会对交通产生扰乱。因此，一交织车辆比一非交织车辆需要占用车行道中更多的空间，交织车辆与非交织车辆相对的空间使用关系，由交织和非交织交通量的相对关系及交织车辆所必须进行的车道变换数来决定。

交织运行分为约束运行和非约束运行两种形式。在交织区中，所有车辆一般总是在使所有交通流达到同样平均行驶速度的方式下来利用可使用的车道。但有些情况下，交织构造会限制交织车辆充分利用车道来达到上述平衡运行。此时交织车辆只利用了可供使用的车道中比期望少的一部分，而非交织车辆则利用了比期望多的一部分。在这种情况下，交织区的运行为约束运行，当交织构造不限制交织车辆去利用所期望使用的那部分车道时，交织运行就是非约束运行。

2. 交织运行形式的确定

采用 N_w 表示交织车辆达到非约束运行所必须使用的车道数（不一定为整数）；$N_{w(max)}$ 表示对于一指定的交织构造型式，可被交织车辆使用的最大车道数（不一定为整数）。在确定一交织区是约束运行还是非约束运行时，可对 N_w 和 $N_{w(max)}$ 进行比较。当 $N_w \leqslant N_{w(max)}$ 时是非约束运行，当 $N_w > N_{w(max)}$ 时为约束运行。

N_w 和 $N_{w(max)}$ 的计算确定与交织区的构造型式有关。

$$\text{A 型：}\begin{cases} N_w = 1.21N \times VR^{0.571} \times L^{0.234} / S_w^{0.438} \\ N_{w(max)} = 1.4 \end{cases} \tag{4-1}$$

$$\text{B 型：}\begin{cases} N_w = N \times [0.085 + 0.703VR + (71.57/L) - 0.012(S_{nw} - S_w)] \\ N_{w(max)} = 3.5 \end{cases} \tag{4-2}$$

$$\text{C 型：}\begin{cases} N_w = N \times [0.761 + 0.047VR - 0.00036L - 0.0031(S_{nw} - S_w)] \\ N_{w(max)} = 3.0 \end{cases} \tag{4-3}$$

上述式中，交织车辆平均行驶速度 S_w 和非交织车辆平均行驶速度 S_{nw} 由下式确计算：

$$S_i = S_{min} + \frac{S_{max} - S_{min}}{1 + W_i} \tag{4-4}$$

式中　S_i——交织车辆的平均行驶速度（当 $i=w$ 时）或非交织车辆的平均行驶速度（当 $i=nw$ 时），km/h；

S_{min}——交织区内预期的最小速度，取 24km/h；

S_{max}——交织区内预期的最大速度，取进入或离开交织区处高速公路基本路段基准自由流速度加上 8km/h；

W_i——交织车流（当 $i=w$ 时）和非交织车流（当 $i=nw$ 时）的交织强度系数，按公式（4-5）计算。

$$W_i = \frac{a(1 + VR)^b \left(\frac{V}{N}\right)^c}{(3.28L)^d} \tag{4-5}$$

式中　a、b、c、d——计算交织强度系数时的常量，参照表 4-3 选取。

将织区内预期的最小速度与最大速度代入公式（4-4），可得交织车辆平均行驶速度 S_w 和非交织车辆平均行驶速度 S_{nw} 的计算公式：

$$S_i = 24 + \frac{S_{FF} - 16}{1 + W_i} \tag{4-6}$$

式中 S_{FF}——进入和离开交织区处高速公路基本路段的平均自由流速度，可根据设计速度，参照表 2-1 和表 2-7 选取，km/h。

计算交织强度系数时的常量 **表 4-3**

	计算交织速度 S_w 的常量				计算非交织速度 S_{nw} 的常量			
	a	b	c	d	a	b	c	d
A 型构造								
非约束型	0.15	2.2	0.97	0.80	0.0035	4.0	1.3	0.75
约束型	0.35	2.2	0.97	0.80	0.0020	4.0	1.3	0.75
B 型构造								
非约束型	0.08	2.2	0.70	0.50	0.0020	6.0	1.0	0.50
约束型	0.15	2.2	0.70	0.50	0.0010	6.0	1.0	0.50
C 型构造								
非约束型	0.08	2.2	0.80	0.60	0.0020	6.0	1.1	0.60
约束型	0.14	2.2	0.80	0.60	0.0010	6.0	1.1	0.60

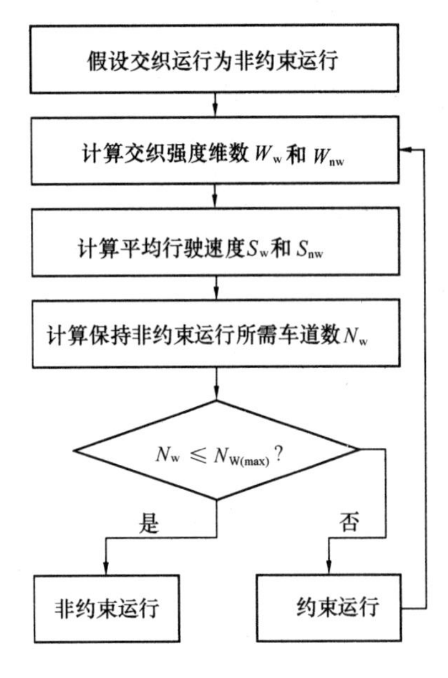

图 4-9 交织运行分析过程

综上，确定交织区交织运行形式的流程如图 4-9 所示，具体分析流程为：

（1）假设交织运行形式为非约束运行，根据交织构型在表 4-3 中选取计算交织强度系数的常量。

（2）根据公式（4-5）计算交织车辆的交织强度系数 W_w 和非交织车辆的交织强度系数 W_{nw}。

（3）根据公式（4-6）计算交织车辆的平均行驶速度 S_w 和非交织车辆的平均行驶速度 S_{nw}。

（4）根据交织区构型，在公式（4-1）、（4-2）、（4-3）中选取对应的公式计算交织车辆达到非约束运行所必须使用的车道数 N_w。

（5）对 N_w 和 $N_{w(max)}$ 进行比较，当 $N_w \leqslant N_{w(max)}$ 时是非约束运行，假设成立；当 $N_w > N_{w(max)}$ 时为约束运行，假设不成立，需按照非约束运行，根据交织构型在表 4-3 中重新选取计算交织强度系数的常量，计算交织强度系数 W_{nw}、交织车辆的交织强度系数 W_w 和非交织车辆的交织强度系数 W_{nw}、交织车辆达到非约束运行所必须使用的车道数 N_w，并与 $N_{w(max)}$ 进行比较。

4.2.3 交织运行的各种限制

表 4-4 给出了交织区的各种限制，这些限制包括：最大交织流率、每条车道的总流率 V/N 最大值、流量比 VR 最大值、最大交织比 R 和各最大交织区长度 L。

交织运行的各种限制　　表 4-4

交织构型	最大交织流率 V_w (pcu/h)	V/N 最大值 [pcu/（h·ln)]	流量比 VR 最大值		最大交织比 R	最大交织区长度 L（m）
A 型	1800	1900	N	VR	0.50	750
			2	1.00		
			3	0.45		
			4	0.35		
			5	0.22		
B 型	3000	1900	0.80		0.50	750
C 型	3000	1900	0.50		0.40	750

上述各种限制的说明各不相同，就交织流率和每车道总流率的限制来说，超过这些限制值，就不大可能有满意的运行。因此，这些限制值是在表 4-4 所示的范围内交织路段可以适用的最大值。流量比和交织比的限制值，是指那些难以观测到的交织运行的极限观测值。高于限制的观测值可能会出现，但这些在研究方法所能观测的范围之外，结果应看作近似值。长度限制表明标定基本数据的范围，如前所述，可能在较长路段中出现交织运行，但在这种情况下，一般认为合流运行和分流运行是独立的。较长路段中的速度往往接近那些高速公路基本路段中可达到的速度，即使那里有交织紊流存在。

A 型交织区的最大交织流率限制为 1800pcu/h，这是因为所有交织车辆都必须穿过唯一的路拱线，限制了从路段一侧可能穿行到另一侧的车辆数。B 型和 C 型交区段能适应的最大交织流率达 3000pcu/h，这是由于这种结构对交织车辆提供的车道使用具有灵活性。

流量比 VR 的各种限制值反映了每种构型的特性。A 型交织区用来处理少量交织车流，由于在这类路段交织车辆的正常使用不超过 1.4 条车道，VR 限制值取决于现有车道的总数，且随车道数增加而减少。在高速公路交织区，当交织车辆所占总交通量的比例大于表 4-4 给出值时，通常不采用 A 型结构。B 型结构能有效处理 $VR>0.50$ 和 $N>2$ 的情况。C 型结构则更适用于较大比例的交织量。

交织比 R 是较小的交织流率与总交织流率之比。当两股交织流率相等时，R 达到最大值 0.50。无论 A 型结构还是 B 型结构，对交织比 R 都没有任何实际限制，因为两者都能适用相等的交织车流而不存在运行问题。当交织车流不相等时，C 型交织结构最为有效。这是因为，一组交织车流无需车道变换，而另一组交织车流则需要两次或两次以上的车道变换。当交织比超过 0.4 时，这类交织路段一般不能有效地运行，其较大交通流方向则不需要车道变换。

4.3 交织区通行能力分析

4.3.1 基本通行能力

交织区基本通行能力受交织构型、自由流速度、交织区内总车道数和流量影响很大，因此其基本通行能力也是按照上述指标分别列出，详见表 4-5～表 4-13。

设计速度 120km/h 的高速公路 A 型交织区基本通行能力（pcu/h）　　表 4-5

A 型交织区——设计速度为 120km/h（自由流速度 110km/h）					
流量比 *VR*	交织段长度（m）				
	150	300	450	600	750[a]
3 车道交织区					
0.10	5770	6470	6880	7050[b]	7050[b]
0.20	5250	5960	6280	6680	6900
0.30	4830	5520	5940	6240	6480
0.40	4480	5150	5250[c]	5250[c]	5760[c]
0.45[d]	4190	4790[c]	5020[c]	5310[c]	5530[c]
4 车道交织区					
0.10	7690	8630	9180	9400[b]	9400[b]
0.20	7000	7940	8500	8900	9200
0.30	6440	7180[c]	7710[c]	8090[c]	8390[c]
0.35[e]	6080[c]	6830[c]	7360[c]	7730[c]	8030[c]
5 车道交织区					
0.10	9610	10790	11470	11750[b]	11750[b]
0.20[g]	8750	10030[c]	10690[c]	11160[c]	11520[c]

设计速度 100km/h 的高速公路 A 型交织区基本通行能力（pcu/h）　　表 4-6

A 型交织区——设计速度为 100km/h（自由流速度 100km/h）					
流量比 *VR*	交织段长度（m）				
	150	300	450	600	750[a]
3 车道交织区					
0.10	5470	6110	6480	6730	6910
0.20	5000	5540	5020	6290	6490
0.30	4610	5240	5520	5900	6110
0.40	4290	4900	4990[c]	5250[c]	5460[c]
0.45[d]	4000	4520[c]	4790[c]	5040[c]	7600[c]
4 车道交织区					
0.10	7300	8150	8630	8970	9220
0.20	6660	7520	8030	8380	8650
0.30	6080[c]	6830[c]	7310[c]	7650[c]	7920[c]
0.35[e]	5780[c]	6520[c]	6990[c]	7330[c]	7600[c]
5 车道交织区					
0.10	9120	10180	10790	11210	11500[b]
0.20[g]	8330	9500[c]	10080[c]	10510[c]	10830[c]

设计速度 80km/h 的高速公路 A 型交织区基本通行能力（pcu/h）　　表 4-7

A 型交织区——设计速度为 80km/h（自由流速度 90km/h）					
流量比 *VR*	交织段长度（m）				
	150	300	450	600	750[a]
3 车道交织区					
0.10	5160	5730	6050	6270	6430
0.20	4730	5310	5650	5880	6060
0.30	4380	4850	5290	5540	5720
0.40	4090	4420[c]	4730[c]	4960[c]	5140[c]
0.45[d]	3850	4240[c]	4470[c]	4780[c]	4950[c]
4 车道交织区					
0.10	6880	7460	8070	8350	8570
0.20	6310	7080	7530	7840	8060
0.30	5790[c]	6360[c]	6890[c]	7190[c]	7430[c]
0.35[e]	5520[c]	6180[c]	6590[c]	6910[c]	7140[c]
5 车道交织区					
0.10	8600	9550	10080	10440	10710
0.20[g]	8060[c]	9460[c]	9640[c]	9820[c]	10100[c]

设计速度 120km/h 的高速公路 B 型交织区基本通行能力（pcu/h）　　表 4-8

B 型交织区——设计速度为 120km/h（自由流速度 110km/h）					
流量比 *VR*	交织段长度（m）				
	150	300	450	600	750[a]
3 车道交织区					
0.10	7050[b]	7050[b]	7050[b]	7050[b]	7050[b]
0.20	6460	6950	7050[b]	7050[b]	7050[b]
0.30	5810	6320	6620	6630	6980
0.40	5280	5790	6090	6300	6470
0.50	4860	5350	5650	5860	6030
0.60	4550	5010	5300	5510	5680
0.70	4320	4770	5050	5250	5410
0.80[h]	3650	4600	4880	5000[f]	5000[f]
4 车道交织区					
0.10	9400[b]	9400[b]	9400[b]	9400[b]	9400[b]
0.20	8610	9270	9400[b]	9400[b]	9400[b]
0.30	7750	8430	8820	9100	9310
0.40	7040	7720	8120	8400	8620
0.50	6370[c]	7140	7530	7820	8000[f]
0.60	5810[c]	6670[f]	6670[f]	6670[f]	6670[f]
0.70	5350[c]	5760[f]	5760[f]	5760[f]	5760[f]
0.80[h]	5000[f]	5000[f]	5000[f]	5000[f]	5000[f]

续表

B型交织区——设计速度为120km/h（自由流速度110km/h）					
流量比 VR	交织段长度（m）				
	150	300	450	600	750[a]
5车道交织区					
0.10	11750[b]	11750[b]	11750[b]	11750[b]	11750[b]
0.20	10760	11590	11750[b]	11750[b]	11750[b]
0.30	9690	10540	11370	11505	11640
0.40	8830[c]	9650	10000[f]	10000[f]	10000[f]
0.50	7960[c]	8000[f]	8000[f]	8000[f]	8000[f]
0.60	6670[f]	6670[f]	6670[f]	6670[f]	6670[f]
0.70	5760[f]	5760[f]	5760[f]	5760[f]	5760[f]
0.80[h]	5000[f]	5000[f]	5000[f]	5000[f]	5000[f]

设计速度100km/h的高速公路B型交织区基本通行能力（pcu/h）　　**表4-9**

B型交织区——设计速度为100km/h（自由流速度100km/h）					
流量比 VR	交织段长度（m）				
	150	300	450	600	750[a]
3车道交织区					
0.10	5750	6900[b]	6900[b]	6900[b]	6900[b]
0.20	6070	6510	6750	6900[b]	6900[b]
0.30	5490	5950	6210	6400	6540
0.40	5010	5470	5740	5930	6070
0.50	4620	5070	5340	5530	5680
0.60	4330	4760	5020	5220	5360
0.70	4120	4530	4790	4970	5120
0.80[h]	3600	4380	4630	4620	4960
4车道交织区					
0.10	9000	9200[b]	9200[b]	9200[b]	9200[b]
0.20	8100	8680	9010	9200[b]	9200[b]
0.30	7320	7930	8280	8530	5710
0.40	6680	7290	7650	7900	8100
0.50	6060[c]	6760	7120	7370	7580
0.60	5540[c]	6340	6670[f]	6670[f]	6670[f]
0.70	5130[c]	5640[c]	5760[f]	5760[f]	5760[f]
0.80[h]	4800[c]	5000[f]	5000[f]	5000[f]	5000[f]
5车道交织区					
0.10	11250	11500[b]	11500[b]	11500[b]	11500[b]
0.20	10120	10850	11260	11500[b]	11500[b]
0.30	9150	9910	10350	10660	10890
0.40	8370[c]	9110	9560	9880	10000
0.50	7570[c]	8000[f]	8000[f]	8000[f]	8000[f]
0.60	6670[f]	6670[f]	6670[f]	6670[f]	6670[f]
0.70	5760[f]	5760[f]	5760[f]	5760[f]	5760[f]
0.80[h]	5000[f]	5000[f]	5000[f]	5000[f]	5000[f]

设计速度 80km/h 的高速公路 B 型交织区基本通行能力（pcu/h）　　**表 4-10**

B 型交织区——设计速度为 80km/h（自由流速度 90km/h）					
流量比 *VR*	交织段长度（m）				
	150	300	450	600	750[a]
3 车道交织区					
0.10	6270	6600	6750[b]	6750[b]	6750[b]
0.20	5570	6050	6270	6410	6520
0.30	5150	5560	5790	5950	6070
0.40	4720	5130	5370	5540	5670
0.50	4370	4770	5010	5190	5320
0.60	4110	4500	4730	4900	5030
0.70	3910	4290	4520	4690	4820
0.80[h]	3440	4150	4380	4540	4670
4 车道交织区					
0.10	8350	8800	9000[b]	9000[b]	9000[b]
0.20	7560	8070	8360	8550	8690
0.30	6870	7410	7720	7940	8100
0.40	6290	6840	7160	7390	7560
0.50	5740[c]	6360	6680	6920	7090
0.60	5270[c]	5990	6310	6530	6670[f]
0.70	4890[c]	5350[c]	5760[f]	5760[f]	5760[f]
0.80[h]	4590[c]	5000[f]	5000[f]	5000[f]	5000[f]
5 车道交织区					
0.10	10440	10990	11250[b]	11250[b]	11250[b]
0.20	9450	10090	10440	10680	10860
0.30	8580	9260	9650	9920	10120
0.40	7890[c]	8550	8950	9230	9450
0.50	7170[c]	7960	8000[f]	8000[f]	8000[f]
0.60	6580[c]	6670[f]	6670[f]	6670[f]	6670[f]
0.70	5760[f]	5760[f]	5760[f]	5760[f]	5760[f]
0.80[h]	5000[f]	5000[f]	5000[f]	5000[f]	5000[f]

设计速度 120km/h 的高速公路 C 型交织区基本通行能力（pcu/h）　　**表 4-11**

C 型交织区——设计速度为 120km/h（自由流速度 110km/h）					
流量比 *VR*	交织段长度（m）				
	150	300	450	600	750[a]
3 车道交织区					
0.10	7010	7050[b]	7050[b]	7050[b]	7050[b]
0.20	6240	6830	7050[b]	7050[b]	7050[b]
0.30	5610	6200	6550	6790	6980
0.40	5090	5670	5020	6270	6470
0.50[i]	4680	5240	5590	5840	6030
4 车道交织区					
0.10	9350	9400[b]	9400[b]	9400[b]	9400[b]
0.20	8320	9100	9400[b]	9400[b]	9400[b]

续表

C型交织区——设计速度为120km/h（自由流速度110km/h）					
流量比 VR	交织段长度（m）				
	150	300	450	600	750[a]
0.30	7470	8270	8730	9060	9300
0.40	6240	7560	8030	8360	6620
0.50[i]	5830	6990	7000[f]	7000[f]	7000[f]
5车道交织段区					
0.10	11750[b]	11750[b]	11750[b]	11750[b]	11750[b]
0.20	10900[c]	11750[b]	11750[b]	11750[b]	11750[b]
0.30	9630[c]	10570[c]	10910	11320	11630
0.40	8590[c]	8750[f]	8750[f]	8750[f]	8750[f]
0.50[i]	7000[f]	7000[f]	7000[f]	7000[f]	7000[f]

设计速度100km/h的高速公路C型交织区基本通行能力（pcu/h） **表4-12**

C型交织区——设计速度为100km/h（自由流速度100km/h）					
流量比 VR	交织段长度（m）				
	150	300	450	600	750[a]
3车道交织区					
0.10	6570	6900[b]	6900[b]	6900[b]	6900[b]
0.20	5890	6410	6700	6900[b]	6900[b]
0.30	5310	5850	6160	6370	6540
0.40	4840	5370	5680	5910	6080
0.50[i]	4460	4970	5290	5510	5690
4车道交织区					
0.10	8760	9200[b]	9200[b]	9200[b]	9200[b]
0.20	7850	8540	8930	9200[b]	9200[b]
0.30	7080	7790	8210	8500	8720
0.40	6450	7150	7580	7880	8100
0.50[i]	5950	6630	7000[f]	7000[f]	7000[f]
5车道交织段区					
0.10	11500[b]	11500[b]	11500[b]	11500[b]	11500[b]
0.20	10250[c]	11050[c]	11170	11500[b]	11500[b]
0.30	9110[c]	9960[c]	10260	10620	10900
0.40	8170[c]	8750[f]	8750[f]	8750[f]	8750[f]
0.50[i]	7000[f]	7000[f]	7000[f]	7000[f]	7000[f]

设计速度 80km/h 的高速公路 C 型交织区基本通行能力（pcu/h）　**表 4-13**

C 型交织区——设计速度为 80km/h（自由流速度 90km/h）					
流量比 VR	交织段长度（m）				
	150	300	450	600	750[a]
3 车道交织区					
0.10	6120	6520	6730	6750[b]	6750[b]
0.20	5510	5970	6230	6400	6520
0.30	5000	5480	5750	5940	6090
0.40	4570	5050	5330	5530	5680
0.50[i]	4230	4700	4980	5180	5330
4 车道交织区					
0.10	8150	8700	8980	9000[b]	9000[b]
0.20	7350	7960	8300	8530	8700
0.30	6660	7300	7670	7920	8100
0.40	5640	6730	7110	7370	7580
0.50[i]	5300	6260	6640	6900	7000[f]
5 车道交织段区					
0.10	10770[b]	11250[b]	11250[b]	11250[b]	11250[b]
0.20	9580[c]	10270[c]	10380	10660	10870
0.30	8570[c]	9310[c]	9580	9900	10140
0.40	7720[c]	8470[f]	8750[f]	8750[f]	8750[f]
0.50[i]	7000[f]	7000[f]	7000[f]	7000[f]	7000[f]

注：本注释适用于表 4-5～表 4-13。

a. 长度超过 750m 的交织段被看作单独的合流区和分流区，使用第 3 章“匝道及匝道与主线连接点通行能力”中的方法；

b. 通行能力受高速公路基本路段通行能力的限制；

c. 约束运行状态下出现的通行能力；

d. 在流量比大于 0.45 的条件下，3 车道的 A 型交织区运行不稳定，这时可能会出现低效率的运行和一些局部车辆排队；

e. 在流量比大于 0.35 的条件下，4 车道的 A 型交织区运行不稳定，这时可能会出现低效率的运行和一些局部车辆排队；

f. 受最大允许交织流率限制的通行能力：A 型为 2800pcu/h、B 型为 4000pcu/h、C 型为 3500pcu/h；

g. 在流量比大于 0.20 的条件下，5 车道 A 型交织区运行不稳定，这时可能会出现低效率的运行和一些局部车辆排队；

h. 在流量比大于 0.80 的条件下，B 型交织区运行不稳定，这时可能会出现低效率的运行和一些局部车辆排队；

i. 在流量比大于 0.50 的条件下，C 型交织区运行不稳定，这时可能会出现低效率的运行和一些局部车辆排队。

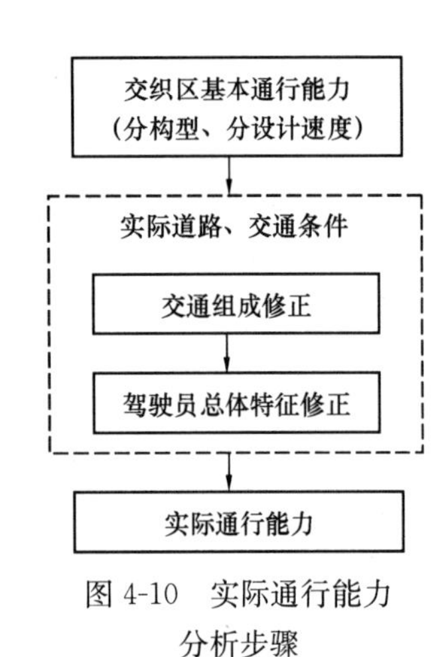

图 4-10 实际通行能力分析步骤

4.3.2 实际通行能力

交织区的通行能力分析是从基本通行能力出发的，其分析步骤如图 4-10 所示。

交织区实际通行能力可用式（4-7）计算：

$$C_p = C_b \times f_{HV} \times f_p \tag{4-7}$$

式中 C_p——交织区实际通行能力，pcu/h；

C_b——交织区基本通行能力，pcu/h；

f_{HV}——交通组成修正系数，其计算同高速公路或一级公路基本路段；

f_p——驾驶人总体特征修正系数（高速公路或一级公路基本路段）。

4.4 交织区服务水平分析

4.4.1 服务水平评价标准

交织区衡量服务水平的参数是交织区车流密度，其服务水平标准见表 4-14。设计一般采用 C 级服务水平，当需要采取改进措施而有困难时可降低一级采用 D 级服务水平。当交织流和非交织流中有一个或两者均低于设计采用的服务水平等级时，就需采取改进措施，如改进交织构造型式等。

交织区服务水平标准　　表 4-14

服务水平	高速公路交织区车流密度［pcu/（h·ln)］	一级公路交织区车流密度［pcu/（h·ln)］
A	≤6.0	≤8.0
B	(6.0，12.0]	(8.0，15.0]
C	(12.0，17.0]	(15.0，20.0]
D	(17.0，22.0]	(20.0，23.0]
E	(22.0，27.0]	(23.0，25.0]
F	>27.0	>25.0

交织区车流密度的计算公式如下：

$$D = \frac{\left(\frac{V}{N}\right)}{S} \tag{4-8}$$

其中 D——交织区内所有车辆的平均车流密度，pcu/(km·ln)。

交织区内所有车辆的平均行驶度 S 的计算公式如下：

$$S = \frac{V}{\left(\frac{V_w}{S_w}\right) + \left(\frac{V_{nw}}{S_{nw}}\right)} \tag{4-9}$$

4.4.2 服务水平分析流程

1. 确定道路条件和交通条件

必须规定所有现有的或计划的道路条件及交通条件。道路条件包括所研究交织区的长度、车道数和结构类型。

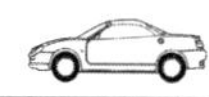

交通条件既包括交通流中车辆种类分布，也包括高峰小时系数或组合交通流具有的不同特征时的各高峰小时系数。

因为交织区应根据有关小时内15min间隔的高峰流率来分析，小时交通量必须用高峰小时系数来进行调整。但是这样换算却忽略了这样的事实，即交织区内四个组合车流不会在相同的间隔期间同时出现高峰。如有可能，交织车流应按15min间隔进行观测和记录，以便可以鉴别关键周期用于分析。当小时交通量是已知的或计划的，可假设所有组合流高峰小时同时发生的。在这样一个保守程序的情况下，交织和非交织车辆的预测速度将低于实际发生的速度。还须注意到，在交织内各组合流向不可能有相同的高峰小时系数。如有可能，每种车流及其高峰特征应分别研究。

2. 将所有交通量换算为理想条件下的高峰小时流率

由于前面提出的所有速度和车道适用的计算方法，都是根据在理想条件下的高峰小时车流率，以pcu/h计，所以组合车流必须照此换算成高峰小时流率。

3. 确定交织区构型

实际条件下的交织区形式多种多样，往往难以准确判断，因此一般不通过交织区形式的定义来判断，而根据表4-1通过每个交织方向所需进行的车道变换次数来确定交织区的构造型式。

4. 确定交织区运行的状态

对N_w和$N_{w(max)}$进行比较，确定交织区是约束运行还是非约束运行。

5. 计算交织区状况评价指标S和D

根据公式（4-8）与公式（4-9）计算交织区内所有车辆的平均车流密度。

6. 确定服务水平

根据计算得来的D，对照表4-14，确定交织区服务水平等级。

4.4.3　算例分析

某高速公路上的匝道交织区结构形式及其交通流向分布如图4-11所示。设计速度为120km/h，交织段长度为400m，A-C方向高峰小时流率为3000pcu/h，A-D方向高峰小时流率为400pcu/h，B-C方向高峰小时流率为500pcu/h，B-D方向高峰小时流率为200pcu/h，试确定该交织区的服务水平。

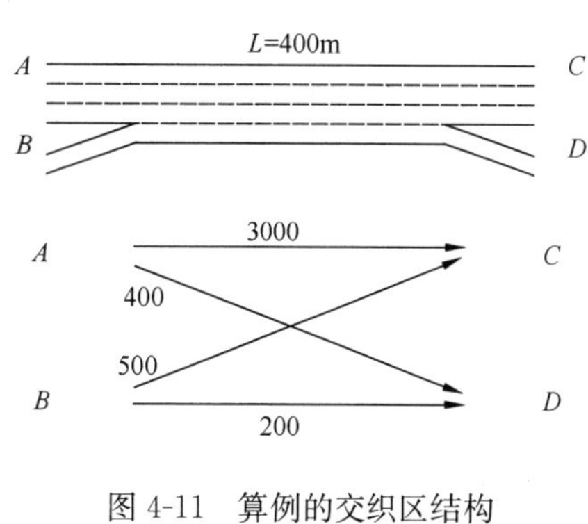

图4-11　算例的交织区结构形式及主要参数

解： 1）A型交织区，已知$L=400$m，$N=4$，$V_d=120$km/h。

2）$V_w=500+400=900$（pcu/h），$V_{nw}=3000+200=3200$（pcu/h），$V=900+3200=4100$（pcu/h），$VR=900/4100=0.22$。

3）假设非约束运行，则交织强度系数计算常数分别为：$a=0.15$，$b=2.2$，$c=0.97$，$d=0.8$，

$$W_w=\frac{a(1+V_R)^b\left(\frac{V}{N}\right)^c}{(3.28L)^d}=\frac{0.15\times(1+0.22)^{2.2}\times(4100/4)^{0.97}}{(3.28\times400)^{0.8}}=0.62$$

非交织强度系数计算常数分别为：$a=0.0035$，$b=4.0$，$c=1.3$，$d=0.75$。

$$W_{nw}=\frac{a(1+V_R)^b\left(\frac{V}{N}\right)^c}{(3.28L)^d}=\frac{0.0035\times(1+0.22)^4\times(4100/4)^{1.3}}{(3.28\times400)^{0.75}}=0.292$$

$$S_w=24+\frac{V_d-16}{1+W_w}=24+\frac{110-16}{1+0.62}=82.0(\text{km/h})$$

$$S_{nw}=24+\frac{V_d-16}{1+W_{nw}}=24+\frac{110-16}{1+0.292}=96.8(\text{km/h})$$

计算交织车辆使用的车道数

$$N_w=1.21NV_R^{0.571}L^{0.234}/S_w^{0.438}=\frac{1.21\times4\times0.22^{0.571}\times400^{0.234}}{82.0^{0.438}}=1.20<1.4$$

所以，该交织区的交织运行形式为非约束运行。

4）交织区速度

$$S=\frac{V}{\frac{V_w}{S_w}+\frac{V_{nw}}{S_{nw}}}=\frac{4100}{\frac{900}{82.0}+\frac{3200}{96.8}}=93.9(\text{km/h})$$

平均车流密度

$$D=\frac{V/N}{S}=\frac{4100/4}{93.9}=10.9[\text{pcu/(km·ln)}]$$

所以，该交织区的服务水平等级为B级。

思考题

1. 简述交织区构型的划分标准以及三种构型之间的区别。
2. 简述交织区基本通行能力的影响因素及实际通行能力的计算步骤。
3. 试复述交织区服务水平的确定方法及步骤。
4. 简述交织区服务水平的划分依据及划分标准。

习题

已知某高速公路上的匝道交织区结构形式及其交通流向分布如下图所示。设计速度为120km/h，交织段长度为500m，A-C方向高峰小时流率为4000pcu/h，A-D方向高峰小时流率为500pcu/h，B-C方向高峰小时流率为400pcu/h，B-D方向高峰小时流率为300pcu/h，试确定该交织区的服务水平。

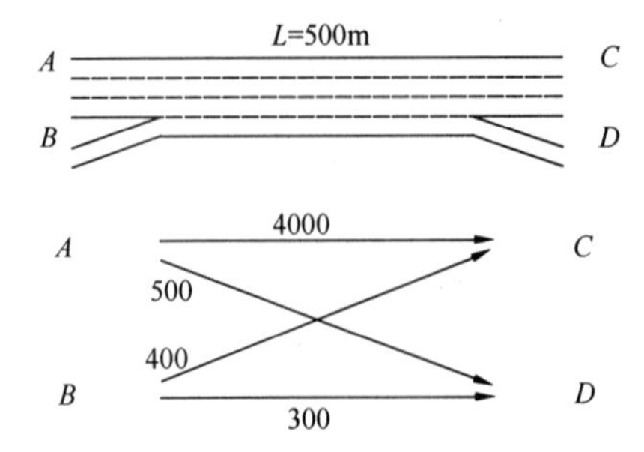

第5章　收费站通行能力

道路建设是耗资巨大的基础项目，只靠政府的投资是远远不够的，实行道路收费不仅是回收建设投资的手段，而且也有利于交通设施的运营及养护。建设收费道路必须建设相应的收费系统，收费系统最主要的组成部分便是收费站，因此收费站的规划设计对道路交通运行质量的影响越来越受到人们的重视。收费站的大小是由所需服务的交通量、收费车道的通行能力及服务水平三个因素决定的。因此，在确定的交通量下，分析不同服务水平的收费车道的通行能力具有十分重要的意义。本章在分析收费站类型及交通特性的基础上，讨论收费站通行能力计算和服务水平评价方法。

5.1　概述

5.1.1　收费站的分类

收费站是指收取通行车辆规定通行费用的设施，通常由收费广场、收费车道、收费亭、收费遮棚、收费监控楼和其他一些配套设施构成。收费站有很多种类，其分类基本上是按照设立的位置、收费形式和收费制式来划分。

1. 按设立的位置分类

依据所处位置，收费站可分为主线收费站和匝道收费站。

(1) 主线收费站

主线收费站是指设在主线上的收费站。收费卡门设在高速公路主线上，一般位于高速公路两端入口，或一级、二级公路每一收费路段的端口及桥梁、隧道、高架路设施的端口。由于主线上交通量较大，所以主线收费站一般有较多的收费车道。但是对于预期过高的交通量会造成收费广场过宽，从而道路占地不切合实际，造成征地困难。

(2) 匝道收费站

匝道收费站是指设置在匝道或联络线上的收费站。收费卡门设在互通式立交的进出匝道上。由于匝道上交通量一般较主线上少，所以相应的收费车道也较少。

2. 按收费方式分类

收费方式是指收取过路费的一系列操作过程，涉及车型的分类、通行费的计算、付款方式和停车/不停车收费等因素。每种因素又有不同的形式，不同的形式组合成不同的收费方式，但它们之间存在着关联和制约作用。根据收费员对收费过程的参与程度，收费方式可分为停车人工收费、停车半自动收费、停车自动收费和不停车自动收费。

(1) 停车人工收费

停车人工收费是指当车辆到达收费站停车后，收费过程全部由人工完成的方式，即人工判别车型，人工套用收费标准，人工收钱、找零、结票据。该方式所需设备简单，而缺点是需要用到较多的收费人员且收费程序单调烦琐，停车缴费时间长、差错率高、服务水平低，难以杜绝徇私舞弊、贪污等现象。

（2）停车半自动收费

半自动收费方式是指收费过程由人工和机器共同完成，它通过使用计算机、电子收费设备、交通控制和显示设施代替人工收费方式操作的一部分工作。而停车半自动收费是当车辆到达收费站停下车后，车型可以自动检测，收费还是通过人工进行。这种方式的特点是使用了一些设备代替人工操作，将人工审计核算、人工财务统计报表转变为计算机数据管理，极大地降低了收费人员的劳动强度，使收费公路的收费管理系统化和科学化。目前，我国收费站绝大部分采用此种收费方式。

（3）停车自动收费

停车自动收费是指当车辆到达收费站时停下车后，收费过程由机器完成，即车型可以自动检测，收费通过磁卡记账缴费，审计核算等工作都通过计算机数据管理。但是该收费方式仍需要车辆在收费站前停下来办理收费手续，还是会造成一定的延误。

（4）不停车自动收费

不停车自动收费方式（Electronic Toll Collection，简称 ETC）是全自动收费方式的一种，全自动收费方式是指收取通行费的全过程均由机器完成，操作人员不需直接介入，只需要对设备进行管理监督以及处理特别事件。不停车自动收费利用电子、计算机与通信技术，使车辆不需停在收费站缴费，可以缓解因收费而造成的交通排队现象，是收费方式的发展方向。

3. 按收费制式分类

收费制式是指收取道路通行费的位置。目前，世界各国的收费系统常采用的收费制式可分为全线均等收费制（简称均一式，亦称匝道栏栅式，图 5-1*a*）、按路段均等收费制（简称开放式，亦称主线栏栅式，图 5-1*b*）和按互通立交区段收费制（简称封闭式，亦称

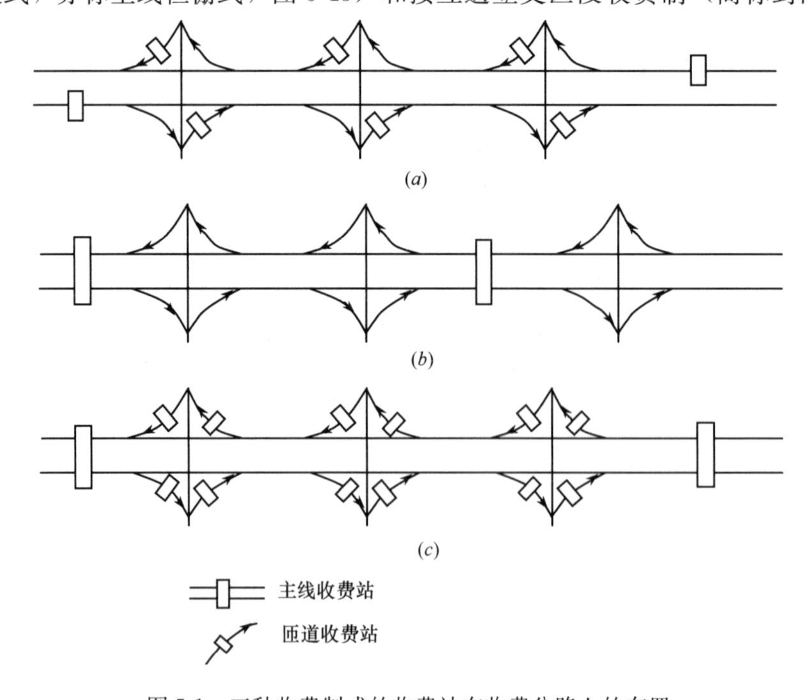

图 5-1　三种收费制式的收费站在收费公路上的布置

匝道封闭式，图 5-1c）三种。此外，有些公路部门根据其道路情况采用两种或两种以上制式的混合型，如常采用的主线/匝道栏栅式（开放式与均一式混合）。

（1）均一式

均一式是最简单的一种收费制式，收费站一般设置在高速公路的各个匝道出入口和主线两端出入口，用路者不论行驶里程多少，仅需经过一个收费站缴费。收费标准根据车型一个因素确定，与行驶里程无关，而且各个收费站都采取同一收费标准。这种收费制式可适用在公路里程比较短的高速公路上。如适合于城市高速公路和短途城市间的高速公路。

（2）开放式

开放式收费系统又称栅栏式或路障式收费系统。这种收费系统的收费站建在收费公路的主线上，距离较长的收费公路可以建多个收费站，间距一般在 50km 以上。各个出入口不再设站，这样车辆可以自由进出，不受控制，收费公路呈“开放”状态。每个收费站的收费标准和均一制一样仅根据车型不同而变化，但各站的标准则因控制距离不等而有所区别。车辆通过收费站时需停车交费，长途车辆可能经过多个收费站而需多次交费，这样也体现了依据行驶距离决定收费金额的原则。

（3）封闭式

按里程收费制是按互通立交区段收取通行费的收费形式。封闭的收费系统收费站建在收费公路的所有出入口处，其中起终点的出入口收费站一般建在主线上，称主线起点（或终点）收费站，互通立交出入口收费站建在出入匝道上，称互通立交匝道收费站。车辆进出收费公路都要经过收费站，在公路内部可以自由通行，收费公路对外界呈“封闭”状态。车辆进入收费公路时，先要通过收费站的入口车道，领取一张通行券，上面记录着该收费站的名称或编号（或称入口地址编码）等信息，当车辆行驶至目的地离开收费公路时，将通过当地收费站的出口车道，收费员根据车型和行驶里程（有通行券记录的入口地址确定）两个因素计价收费。一般来说，封闭式系统适用于道路距离较长，互通立交较多，从而造成车辆的行驶里程差距较大的场合，这种制式在日本应用比较普遍，在欧美及亚洲部分国家也有应用。在我国，京津塘高速公路、沈大高速公路和济青高速公路等均采用封闭式系统。

（4）混合式

上述三种经典收费制式对于中长距离的收费公路存在着难以克服的不足。因此，目前又出现一种新型收费制式——混合式，可供选择。

混合式方案是均一制和开放式的混合形式，是将中长距离高速公路分成几个区段，每段大约 30～50km，每段内可能包含一段或多处互通立交。收费站设在全线所有入口处，这点和均一制一样。在相邻区段之间设主线路障式收费站，这又与开放式相似。混合式系统收费站见图 5-2。

5.1.2　车型分类及车辆折算系数

国内外所有的收费公路都毫无例外地对车辆加以分类，按类型收取不同的通行费，以保证通行费征收的相对合理性。不同的国家、不同的地区、不同的道路，根据当地的车辆构成、交通量大小、收费目的、分类方法等实际情况，在类别划分上各有差别。因此，任何一条公路在收费前，对车型分类进行研究是必要的。此外，不同的车型分类方法对收费系统所需的软、硬件要求也不同。

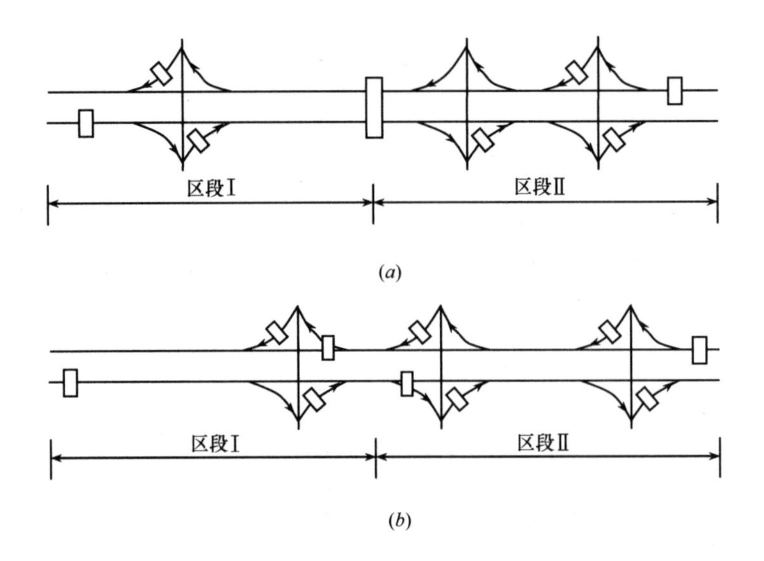

图 5-2　混合式系统收费站在收费公路上的布置

(a) 混合式主线站Ⅰ型；(b) 混合式主线站Ⅱ型

车辆分类的主要目标就是要保证车辆收费的公平性，以体现出费用责任意义上的公平和所得效益上的公平。费用责任意义上的公平概念要求道路使用者的通行费负担应该与道路使用者在使用收费道路的过程中所发生的费用成比例，发生的费用越大其承担的费用责任也应该越大。所得效益上的公平概念是指道路使用者的通行费应该与收费道路使用者所获得的效益成比例，即所获得的效益越大，其通行费负担也应该越大。

车型分类的标准主要是依据不同车辆行驶对收费道路路面的破坏程度、对道路建设投资的影响、对收费公路通行能力的影响程度以及车辆行驶收费道路所获得的效益情况。

从理论上来说，车辆分类越细，则收费越趋合理，越有利于吸引交通量，但过细的分类将增加对分类设备或收费人员的要求。同时，种类繁多的收费费率将带来车道处理能力的下降，进而降低了车道的通行能力。因此，现金付费的收费系统，车型类别一般划分四类、五类或六类，这样可以在核定各收费站收费标准时留有取整的余地（5 元或 10 元的整数倍），避免找零带来的延误，同时也便于人工及机器进行分类以及对车型分类数据的分析。

目前我国绝大多数收费系统是以货车额定载重量和客车座位数进行车辆分类的，如表 5-1 所示。

目前我国典型收费车辆分类表　　　　**表 5-1**

车辆类型	车辆名称	车辆判别参数	
		额定载重量 m（t）	座位数 N
1	小型货车	$m \leqslant 2.5$	
	小型客车（含摩托车）		$N \leqslant 19$
2	中型货车	$2.5 < m \leqslant 7$	
	中型客车		$19 < N \leqslant 39$

续表

车辆类型	车辆名称	车辆判别参数	
		额定载重量 m（t）	座位数 N
3	大型货车	$7<m\leqslant 14$	
	大型客车		$N\geqslant 40$
4	大型货车	$14<m\leqslant 39$	
5	特大型货车	$m\geqslant 40$	

这种分类方法对于人工判别较为简单，适用于人工收费系统以及无车辆自动分类装置的半自动收费系统。但由于座位数、额定载重量和车辆几何尺寸并不存在严格的对应关系，又因我国各种改装车辆多，车型多达数千种。这就使得根据外形准确判断车辆额定载重量和座位数成为一个难题，由额定载重量和座位数引起的收费标准的争议，在实际运营中经常发生。另外，按额定载重量和客车座位数分类也含有不合理的成分，空车和满载车对路面破坏程度显然不一样。座位数并不能确切反映车辆的大小及对路面的破坏程度，例如：某些大型豪华客车车座少，但车身重，功率大且车身长，而某些客车本属于中型客车，但为了多载乘客，内部的座位设定较多，这样都会导致收费失当。

而在收费站通行能力研究的车型分类中，为了简化分析计算的工作量，同时又为了体现不同车型的车辆经过收费站的行为特性的差异，所采用的分类原则是各车型的外形尺寸、动力性能、轴数等。具体的分类如下：

（1）小型车：包括两轮摩托车、微型而包车及改装车、吉普车、客货两用车、小轿车货车（载重量＜3.5t）、面包车等；

（2）大中型车：载货汽车（3.5t≤载重量＜8.0t）、大客车、半拖挂、全拖挂等；

（3）特大型车：大平板车、集装箱运输车、重型载货汽车（载重量≥8.0t）等。

考虑到拖挂车数量不多，而且不是目前我国汽车产业重点发展的车型，所以在研究时将拖挂车归入大型车中。

按照以上车型划分，公路收费站的车辆折算系数如表 5-2 所示。

收费站车辆换算系数　　表 5-2

收费形式	交通找零流量	出口验票流量	入口领卡流量
小时流量（veh/h）	0-70-140	0-280-340	0-1100-1150
小型车	1-1-1	1-1-1	1-1-1
大中型车	1.15-1.10-1.05	1.18-1.13-1.05	1.22-1.17-1.05
特大型车	1.45-1.30-1.10	1.50-1.33-1.10	1.55-1.38-1.10

注：当采用某种收费方式，通过收费车道小时流量较小时，采用表中第一列数值；通过收费车道小时流量适中时，采用表中第二列数值；通过收费车道小时流量较大时，采用表中第三列数据。

5.2　收费站车辆排队理论

数学化描述交通流的具体特征是公路收费站通行能力研究的基础和前提，交通流特征的数学化描述的准确程度在很大程度上影响着收费站通行能力研究成果的有效性和适用性。最早应用于交通流理论的数学方法是概率论，其后又相继出现了跟驰理论、交通波理论（流体动力学模拟）和车辆排队理论。在收费站通行能力研究中，主要采用排队理论。随机到达收费站（广场）的车辆，排队后通过收费站的过程，就是数理统计中的排队理论问题。排队理论也称随机服务系统理论，是研究排队现象的一门科学。相继到达并按一定规则排队等候服务的车辆，正在收费车道接受服务的车辆和收费设施一起组成一个“车辆收费排队系统”。

5.2.1 排队系统组成

排队指因顾客数量超过服务机构的容量，致使顾客得不到及时服务而等候的现象。而排队系统则是指等候服务的顾客、正在接受服务的顾客和服务机构的总称。

排队系统由三部分组成：

1. 输入过程

指各种类型接受服务的顾客（车辆或行人等）到达过程的规律。顾客的总体（顾客源）是有限还是无限的。经过收费站的车辆的总体可以是无限的。

顾客相继到达的时间间隔是随机的还是确定型的。在收费站，车辆到达收费站的时刻是随机的。在交通工程中常见的输入规律如下：

（1）泊松输入

泊松输入的概率密度函数为：

$$P_n(t)=\frac{(\lambda t)^n}{n!}e^{-\lambda t} \tag{5-1}$$

式中 $P_n(t)$——实际时间段 t 内有 n 辆车到达收费广场的概率；

λ——车辆到达收费广场的平均到达率，也就是单位时间顾客到达的平均数。

顾客随机到达的时距规律服从泊松分布。这种输入容易处理，应用也最为广泛，记为 M。目前大部分研究都认为公路收费站车辆到达分布服从泊松分布（Poison），即车辆到达过程为泊松过程。

泊松过程的定义为：

设随机过程 $\{X(t),t\in[0,\infty]\}$ 的无限状态空间是 $E=\{0,1,2,\cdots\cdots\}$。若满足以下几个条件：

$X(t)$ 是平衡独立增量过程；

对任意时刻 a，以及任意时段 $t\geqslant 0$，每以增量 $X(a+t)-X(a)$ 非负，而服从参数为 λt 的泊松分布，即有：

$$p\{X(a+t)-X(a)=k\}=\frac{(\lambda t)^k}{k!}e^{-\lambda t}\quad (k=0,1,2,\cdots\cdots) \tag{5-2}$$

式中：$\lambda>0$，则称 $X(t)$ 是具有参数 λ 的泊松（Poisson）过程。

依据定义可知，满足以下四个条件的输入为泊松输入：

条件 1：平稳性

又称作输入是平稳的，指相继到达的车辆时间间隔 τ 的分布以及其中所含的参数（如期望值、方差等）都与时间无关。输入的平稳性作如下描述：

设在区间 $[a,a+t]$ 内有 k 辆车到达的概率为 $V_{\mathrm{k}}(t)$，若 $V_{\mathrm{k}}(t)$ 与时间起点 a 无关，只与时间段长度 t、到达的车辆数 k 有关，则称这种输入过程是平稳的。

 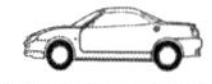

条件 2：无后效性

指在任意几个不相重叠的时间区间内，各自到达的车辆数是相互独立的。前一个时间段是否有车辆到达，或到达多少辆都对下一个时间段的车辆到达没有任何影响。

条件 3：有限性

指在任意有限的时间区间内到达有限辆车的概率为 1。用数学语言描述就是：

$$\sum_{k=0}^{a} V_{\mathrm{k}}(t) = 1 \tag{5-3}$$

条件 4：单个性

又称普通型或普遍性，指在 $[a, a+t]$ 中到达超过 1 辆车的概率 $\phi(t)$ 是关于区间长度 t 的高阶无穷小，即：

$$\lim_{t \to 0} \frac{\phi(t)}{t} = 0 \tag{5-4}$$

对以上四个条件，不可能同时满足。可以说，车辆到达在一天内并不是泊松过程，但是在某个时段（如高峰小时）却与泊松过程有着相当程度的近似。这已满足我们研究的需要，因为我们研究的是一个个时段中车辆延误与通行能力。通过现场与微观分析，可以发现车辆到达在收费站（某时段）符合以下条件：

1）车辆到达是随机的；

2）在任意小的时间段中车辆到达率与时间的长度成正比；

3）任意小的时间段中车辆到达的概率，不受以前到达的历史影响。

泊松分布一般适用于车流密度不大，车流间相互影响微小，其他外界干扰因素基本上不存在的情况。我国目前已建成的高速公路及大部分国省道由于交通量还没有达到饱和，基本上都可以采用泊松分布来描述车辆到达。

（2）定长输入

顾客到达的时间间隔都是一定的，为同一常数。如流水线上装备件，定期运行的班车等，记为 D。

（3）爱尔朗输入

爱尔朗输入通常记为 ER。以上讨论的泊松分布，就其服务形式来讲是单服务台或并列多服务台的情况，对串联排列的 k 个服务台，每台服务时间互相独立，服从相同的负指数分布（参数 ku），那么一个顾客走完这 k 个服务台总共所需时间应服从爱尔朗分布。

设 T_1、T_2、…、T_{k} 是 k 个相互独立的随机变量，均服从参数为可 ku 的负指数分布。那么一个顾客走完这 k 个服务台总共所需要的服务时间为：

$$T = T_1 + T_2 + \cdots + T_{\mathrm{k}} \tag{5-5}$$

其概率密度函数为：

$$f_{\mathrm{T}}(t) = \frac{ku\ (kut)^{k-1}}{(k-1)!} e^{-\mathrm{kut}} \quad t > 0 \tag{5-6}$$

式中　$f_{\mathrm{T}}(t)$ —— k 阶爱尔朗分布密度函数；

ku —— k 阶爱尔朗分布模型中 k 个串联服务台的分布密度函数；

k —— k 阶爱尔朗分布模型中的串联服务台数。

爱尔朗分布族提供更为广泛的模型类，比指数分布有更大的适应性。事实上当 $k = 1$

时，爱尔朗分布就化为负指数分布，这可以看成是完全随机的；当k增大时，爱尔朗分布的图形逐渐变为对称的；当$k \geqslant 30$时爱尔朗分布近似于正态分布；$k \to \infty$时，爱尔朗分布化为确定型分布。所以说一般k阶爱尔朗分布可以看成是完全随机与完全确定的中间型，能对现实情况做出更好的描述。

2. 排队规则

到达的顾客按什么规律接受服务，在交通工程中常见的有以下几种排队规律：

（1）等待制

顾客等待时，如所有服务台均被占用，顾客便排队等候服务，称为等待制。例如：汽车在通过信号灯时，若遇到红灯，汽车就在停车线后排队等候。

（2）损失制

顾客等待时，如所有服务台均被占用，顾客就随即离去，这样便失去许多顾客，故称为损失制。如打电话时遇到占线时，用户便搁置而去。

（3）混合制

这种机制介于损失制与等待制之间。包括两种情况：

1）排队长度有限制的服务系统。即当顾客到达时，若服务台都被占着，则顾客排队等候服务，但如果排队位置已满，顾客就离去。例如：汽车去停车场停放车辆，当停车场无空位时就离去。

2）当顾客到达时，如果服务台都被占着，则顾客排队等候服务，当顾客等了一段时间以后，仍未能得到服务，顾客就离开。例如：药品、电子元件等的过期失效均属于这一类系统。

对等待制和混合制排队规则又可以分为以下几种类型：

1）先到先服务（FCFS）：按顾客到达的先后次序给予服务。如先到交叉口的车辆先通过交叉口，这是最常见的情况。

2）后到先服务（LCFS）：后到达的顾客先得到服务。例如：乘用电梯的顾客常是后进电梯的先出去；仓库中堆放的货物，使用时总是先用堆在最上面的（即后堆上去的）；情报系统中最后到达的情报往往是最有价值的，应优先采用等。

3）优先服务（PR）：即按事情的轻重缓急给予服务。例如：加急电报要先于普通电报拍发；重病号应先于轻病号得到服务；在铁路与公路的交叉口，火车拥有通过交叉口的优先权；在道路系统中的让路交叉口，主干路上的车辆具有通过交叉口的优先权等。

4）随机服务（RSS）：当一个顾客被服务完毕以后，服务台从排队的顾客中任意选一个给予服务。如人工电话总机接通电话就是如此。

3. 服务方式

指同一时刻的服务设施数量和为顾客提供服务的时间长度。服务设施可以是一个和多个，多个服务设施的排列可以是平行的，也可以是混合的。

收费站服务设施一般为多个，每次是单个服务。

通常服务时间服从一定的概率分布，常见的有：

（1）负指数分布

对各顾客的服务时间是相互独立的，且都服从负指数分布，记为M。如收费亭对车辆服务时间是随机的，一般服从负指数分布，其数学表达式为：

$$f(t) = \mu e^{-\mu t} \tag{5-7}$$

式中　$f(t)$ ——车辆服务时间的概率密度函数；

　　　μ ——收费平均服务率，即单位时间内顾客接受服务完毕离去的平均数。

(2) 定长分布

对顾客的服务时间都是相等的同一常数值，记为 D。

(3) 服务时间的一般分布对顾客的服务时间是任意分布，记为 G。

4. 排队系统的实际表达模式

当一个实际交通问题作为排队问题求解时，先要确定它属于哪种类型，这就需要明确排队系统模型的表达方法，通常采用肯道尔符号来表示排队模型，其表达式为：

到达过程/服务过程/服务台数/系统容量/顾客源容量/排队规则

如 $M/M/1/K/\infty/FCFS$ 表示到达时间间隔为泊松分布，服务时间为负指数分布，服务台数为 1，系统容量为 k，顾客总体为无限，排队规则为先到先服务的服务系统。

因为一般考虑的都是系统容量、顾客源都为无限及先到先服务的排队系统，上述形式中的后两项或后三项可以省略，只要写 $X/Y/Z/\infty$ 或 $X/Y/Z$ 就可以了。也就是说，除非另有说明，一般都取简化形式 $X/Y/Z$ 表示系统容量和顾客源都为无限，并采用先到先服务规则的排队系统。其中 X 为到达时间间隔的分布；Y 为服务时间的分布；z 为服务台数。例如：$M/G/C$ 就表示到达时间间隔为泊松分布，服务时间为一般分布，服务台数为 C 台，系统容量、顾客源都为无限，先到先服务的排队系统。

5.2.2　排队系统的主要运行指标及其相互关系

为了对服务系统做出恰当的评价，必须建立衡量服务系统的一系列运行指标。由于一般车辆到达时间间隔和收费站服务时间都是随机变量，因而必须对收费系统的运行状态进行各种概率的描述。收费系统通常依据的指标主要有排队长度、队长、排队时间与停留时间。

排队长度：系统中排队车辆个数期望值，单位（辆），以 L_q 表示。

队长：收费系统中车辆个数期望值，单位（辆），以 L 表示。

$$L = L_q + \text{正在被服务的车辆数}$$

排队时间：车辆在排队系统中排队时间期望值，单位（s），以 W_q 表示。

停留时间：车辆在收费系统中的平均停留时间，单位（s），以 W 表示。

$$W = W_q + \text{服务时间}$$

上述指标实际上反映了收费站系统工作状态的几个侧面，它们之间相互联系，是可以相互转换的，令 λ 表示单位时间内平均到达的车辆数，μ 表示单位时间内服务完毕离去的平均车辆数。那么 $1/\lambda$ 则表示相邻两辆车辆到达的平均时间间隔，$1/\mu$ 表示对每个车辆的平均服务时间。由此可以得到以下关系：

$$L = \lambda W \tag{5-8}$$

$$L_q = \lambda W_q \tag{5-9}$$

$$W = W_q + \frac{1}{\mu} \tag{5-10}$$

$$L = L_q + \frac{\lambda}{\mu} \tag{5-11}$$

上述公式称为李太勒（Little）公式，对所有排队系统均适用。

5.2.3 *M/G/C* 排队系统分析

为了适应更一般的情况，收费站排队模型常采用 $M/G/C$ 模型，且由于车辆进入排队系统后，车辆不能转换车道，故又可将 $M/G/C$ 模型简化为 $M/G/1$ 模型来考虑。

如果服务率 μ 不变，到达率为 λ，有 C 个相同而并列的收费车道，每个收费车道的到达率就是 λ/C。那么第 j 个收费车道的车辆数则为：

$$\rho_j = \frac{\lambda}{c\mu} \quad j = 1,2,3,\cdots,c \tag{5-12}$$

整个服务系统的平均占用收费车道的车辆数则为：

$$\rho = \sum_{j=1}^{c} \rho_j = \frac{\lambda}{\mu} \tag{5-13}$$

$M/G/1$ 模型的特征量为：

平均队长：

$$L = \rho + \frac{\rho^2 + \lambda^2 D[T]}{2(1-\rho)} = \lambda E[T] + \frac{\lambda^2\{(E[T])^2 + D[T]\}}{2(1-\lambda E[T])} = \lambda E[T] + L_q \tag{5-14}$$

平均停留时间：

$$W = E[T] + \frac{\lambda^2\{(E[T])^2 + D[T]\}}{2(1-\lambda E[T])} = E[T] + L_q \tag{5-15}$$

平均排队长：

$$L_q = \frac{\lambda^2\{(E[T])^2 + D[T]\}}{2(1-\lambda E[T])} \tag{5-16}$$

平均排队等候时间：

$$W_q = \frac{\lambda\{(E[T])^2 + D[T]\}}{2(1-\lambda E[T])} = \frac{L_q}{\lambda} \tag{5-17}$$

式中 ρ——收费车道利用率；

λ——车辆平均到达率，pcu/(s·ln)；

T——服务时间，s；

$E[T]$——服务时间的数学期望值，s；

$D[T]$——服务时间的方差，s^2。

由以上公式可以看出，只要知道 λ、$E[T]$ 和 $D[T]$，不论服务时间 V 呈何种分布都可以求出 $M/G/1$ 系统的运行指标。

另外，系统中车辆数的平均值 L 不仅与车辆到达率 λ 和服务时间的期望值 $E[T]$ 有关，而且与服务时间的方差 $D[T]$ 有关，方差 $D[T]$ 越大，L 就越大。因此，要想给出系统的运行指标，除考虑服务时间的期望值 $E[T]$ 之外，还应该考虑改变方差 $D[T]$。表 5-3 是各种收费站的调查平均服务时间方差。

在实际应用 $M/G/1$ 模型时，如果有足够的车辆调查资料，则可以采用当地 $E[T]$ 和 $D[T]$，否则采用表中数值。

调查平均服务时间及方差　　表 5-3

收费方式	平均服务时间（s）	方差（s^2）
交费找零（小型车）	22	45
出口验票（小型车）	10	15
入口领卡	3	6

5.3　收费站交通特征与服务水平

车流在高速公路收费站的运行有其独特之处，收费站的交通流特性分析是收费站延误分析和通行能力分析的基础，也是对交通流进行微观仿真的基础。

在通常情况下，车辆进入和离开收费站的过程可以描述为：车辆从主线路段或匝道接近收费站，进入收费广场时车辆减速，寻找排队长度较短或没有排队的收费车道交款或领票，如果所选择的收费车道上有排队等候的车辆，那么就在队尾排队等候服务，接受完服务后，加速离开收费广场进入主线或匝道。如果所选择的收费车道没有排队等候的车辆，那么就直接进入收费车道接受服务，然后加速离开收费广场进入主线或匝道。无论是单车还是车队通过收费站都要经历这样一个过程，即减速进入收费场——排队等候（在形成车队的情况下）——接受服务（交费或领票）——加速离开收费广场。一般情况下减速进入收费广场和加速离开收费广场仅与车辆的加减速性能和司机的驾驶行为有关，与收费站提供的服务关系不大。而排队等候过程和接受服务过程则与收费站提供的服务密切相关。深入研究排队等候和接受服务过程是进行延误分析和通行能力分析的关键所在。排队等候的过程是一个较为固定的模式，经典排队理论模型已经做了非常详细的描述，这里不再赘述。服务过程是本章研究的重点，接受服务的过程可以进一步划分成两个子过程：纯粹服务时间和车辆离开服务地点允许后车进入服务地点的时间。纯粹服务时间是指从车辆进入收费地点停下开始，到车辆接受服务（交款或领票）完成后启动车辆准备离开收费地点止，称这段时间为纯粹服务时间，简称服务时间。车辆接受完服务后，离开收费地点不是一个瞬时动作，而是一个过程，这个过程占用收费地点一定的空间和时间，在这个过程期间，无论是否存在排队，收费地点没有空间对下一辆车进行服务，同时这一过程是每辆通过收费站的车辆必须经历的，因此定义，车辆离开服务地点允许后车进入服务地点的时间是指在排队的情况下，从前车接受完服务后启动车辆离开服务地点开始，到后车进入收费车道在收费地点停下准备接受服务为止，这段时间成为前车离开服务地点的时间，简称离去时间。如果收费车道没有形成排队，一辆车在接受完服务后，离开收费地点，由于车辆占有一定的空间，在离去时间内其他车辆不可能占用已经被占用的空间，因此，虽然车辆接受完服务离开收费地点，没有后车能够及时到达收费地点，但是前车依然具有一定的离去时间。确定各种车型在不同类型收费站的服务时间和离去时间是进行收费站通行能力分析的关键所在。

5.3.1　车辆到达特性

在进行排队分析的工作中，车辆到达特性是其中一项非常重要的参数。在没有交通事故等特殊事件发生的情况下，收费广场的车辆到达特性实际上与某一断面的车头时距有着密切的关系。车头时距反映了车辆到达的时间间隔。通过研究车头时距特性，可以获得车辆到达在时间上的概率分布，因此用车头时距特性完全可以描述车辆到达特性。在没有交通事故发生的情况下，主线上的车辆都会按正常情况到达主线收费广场，主线收费广场的车辆到达特性与上游路段的车辆到达特性是一致的，故可以通过研究收费广场上游路段的车头时距特性来描述收费站的车辆到达特性。

5.3.2 收费时间统计特性

不同的收费方式，不同的收费设施，不同的收费员，不同车辆的收费时间都是不同的，所有这些不同都可以归结为收费时间的不同，即车辆的服务时间与离开的时间之和。这里需要明确两个概念：服务时间指从接受服务的车辆停车接受服务到车辆开动（车辆开始移动）的一段时间；车辆离开时间为车辆驶离收费口，后车到达并停驶为止。这样定义的主要原因是保证时间定义的连续性，简化了分析工作。

1. 服务时间

目前，我国的公路收费以人工收费为主，所以这里重点讨论人工收费找零的服务时间分布。对于不停车自动收费，车辆经过收费站不涉及“服务”的概念，因此不对这类收费设施进行分析讨论。

描述车辆服务时间的概率分布有负指数分布、移位负指数分布、爱尔朗分布、伽马分布、正态分布等多种形式。根据调查，一般情况下车辆领卡或领验票的服务时间服从正态分布，而交费找零服务中包括两种服务动作：其一是无找零的收费动作，这种服务基本符合正态分布；其二是找零服务，服务时间不满足正态分布。因此收费站的服务时间是比较复杂的。图 5-3 是广州北环广氮收费站的收费时间统计分布图。从图上看，服务时间基本满足正态分布，为了简化计算工作，假定收费时间符合正态分布。表 5-4 是广州北环广氮收费站的收费时间统计结果。

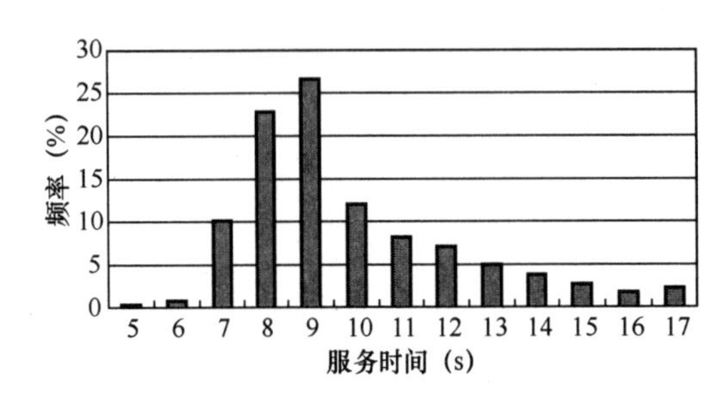

图 5-3 服务时间统计分布

服务时间统计参数结果 **表 5-4**

平均收费时间（s）	服务时间方差
8.6	5.5

2. 离开时间

根据上述的离开时间定义，不同车型的离开时间差异是明显的，图 5-4 和图 5-5 充分说明了这一点。

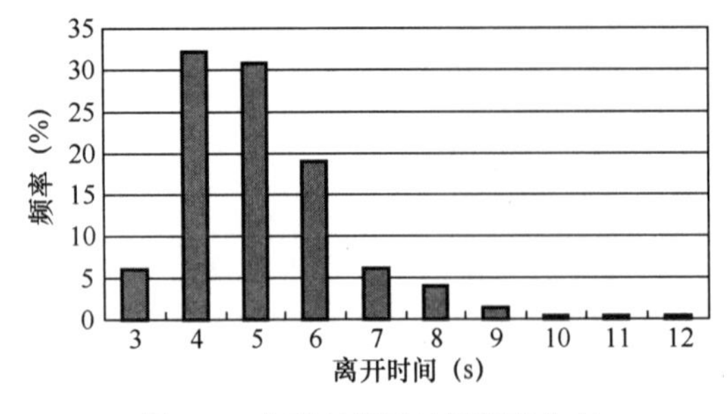

图 5-4 小型车离开时间频率分布

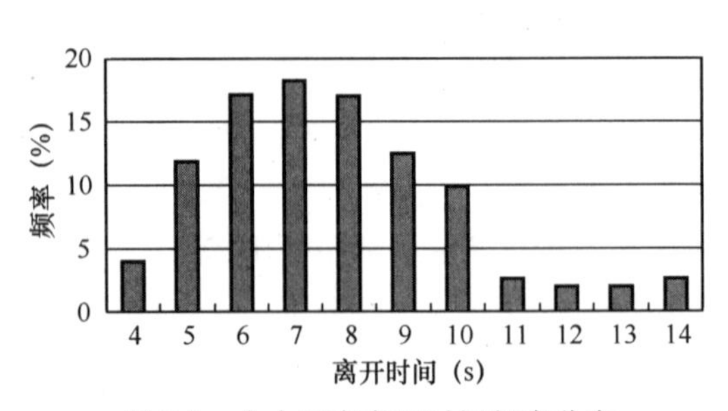

图 5-5 大中型车离开时间频率分布

由于特大型车在交通流中的比例很小，调查中的得到的样本数据太少，不能说明一般情况，因此表 5-5 仅列出了小型车和中大型车两种车型的离开时间均值和方差。

不同车型离开时间统计参数　　**表 5-5**

车　型	平均收费时间（s）	收费时间方差
小型车	5.5	1.83
大中型车	8.3	5.50

5.3.3　车辆延误分析

车辆通过收费站的延误时间是进行收费站车辆折算系数研究和评价收费站服务水平研究的重要依据之一。当车辆通过收费站时，其延误主要包括以下几个部分：

（1）车辆进入收费站的减速时间

$$t_1 = S_0/3.6a_1 \tag{5-18}$$

（2）车辆在收费站的平均逗留时间

$$W = E[S] + W_q \tag{5-19}$$

（3）车辆驶离收费站的加速时间

$$t_2 = S_0/3.6a_2 \tag{5-20}$$

式中　S_0——正常车流车速，km/h；

a_1——车辆的减速度，m/s²；

a_2——车辆的加速度，m/s²；

W_q——平均排队时间。

收费影响路段的长度包括：

（1）车辆减速通过的长度

$$l_1 = \frac{1}{2}a_1t_1^2 \tag{5-21}$$

（2）系统中车辆队长

$$l_2 = m\left[\lambda E[S] + \frac{\lambda^2\{(E[S])^2\} + D[S]}{2(1-\lambda E[S])}\right] \tag{5-22}$$

（3）车辆加速通过的长度

$$l_3 = \frac{1}{2}a_2t_2^2 \tag{5-23}$$

式中　m——车队长度换算系数，m/veh。

其余符号意义同前式。

公式中 m 的确定与收费站的车种组成比例有关，可以根据实测数据确定。其确定方法如下：

假设根据观测，某收费站的车中比例为特大型占 k_1，大中型车占 k_2，小型车占 k_3（这里只是按长度将车辆分为三种，一可细分），特大型车的平均长度为 b_1(m/veh)，大众型车的平均长度为 b_2(m/veh)，小型车的平均长度为 b_3(m/veh)，则：

$$m = b_1k_1 + b_2k_2 + b_3k_3 \tag{5-24}$$

此时，车辆的延误为：

$$d = W + t_1 + t_2 - \frac{3.6(l_1 + l_2 + l_3)}{S_0}$$
$$= \left(\frac{1}{\lambda} - \frac{3.6m}{S_0}\right)\left[\lambda E[S] + \frac{\lambda^2\{E[S]^2 + D[S]\}}{2(1-\lambda E[S])}\right] + \frac{S_0}{7.2}\left(\frac{1}{a_1} + \frac{1}{a_2}\right) \quad (5\text{-}25)$$

根据实测值，可以利用以上公式计算延误 d，然后通过延误确定收费站的服务水平等级。平均延误时间主要是通过调查车辆通过收费站上下游两个观测断面的时间差获得的。具体步骤是：计算如果没有收费站影响的情况下，各种类型的车辆在这样的交通量下通过这段距离所需的理论时间；调查各种类型的车辆通过收费站上下游两个观测断面之间的距离所花的实际的时间 ；利用实际时间减去理论时间可以得到各种车型的平均延误时间。

在实际应用中，式（5-18）和式（5-20）的计算时间在不同交通条件下一般没有大的差别，但是不同交通流量导致平均逗留时间明显不同，式（5-19）是延误计算的重点。

5.3.4 收费站的服务水平

1. 服务水平评价指标

收费站的服务水平是描述收费站内部交通流的运行条件给司机与乘客的感受的一种质量标准。一般评价收费站服务水平的标准有：收费时间；车辆在收费站的延误时间；排队长度。

收费时间与收费制式、收费设备以及收费人员的素质有关。对于特定的收费制式下的收费站其收费时间几乎是一个固定值，对于收费站内交通流运行的影响是不变的，收费时间的长短可以用于不同类型收费服务质量的对比，对于特定收费站的交通条件质量的评价，收费时间则不是一个合适的参数。

车辆在收费站的延误时间描述了由于收费站的存在造成车辆在经过时产生延误，延误时间的长短直接反映车辆在经过收费站时其交通条件和服务质量的好坏。从这方面来说，延误时间能够较好地评价收费站内交通条件和服务质量。对于不同类型的收费站，在相同的延误下，服务时间短的排队车辆较多，服务时间长的排队车辆数相对较少，而司机和乘客对交通条件的感受直接来源于排队的长度。这样造成在相同的延误下不同类型收费站的服务水平不一致。另一方面，延误数据的获得相对比较困难，延误数据的精确度相对较低。

收费站的平均排队长度是描述收费站内各种收费车道等待接受服务的平均车辆数。排队车辆的多少直接影响司机和乘客对交通条件的感受。排队车辆多，司机和乘客认为将要等待的时间长；排队车辆少，司机和乘客认为将要等待的时间短。在收费站，排队车辆的多少是很容易获得的数据，另一个非常重要的原因是排队车辆数指标可操作性非常强。因此，采用收费车道平均排队车辆数作为评价收费站服务水平的参数是比较合理的。

2. 分级标准

服务水平等级的划分具有重要的作用：首先，服务水平分析可以使设计者用公认的标准评价设计替代物；其次，服务水平分析可对各种设施运营效果的比较提供科学的依据；再次，服务水平可用来评价各种改进措施的运行效果，并做出合理的决策；最后，服务水平分析可向一般公众提供一个易于理解的并且是科学和整体的性能指标。

在不同类型收费站中，在相同的收费车道数下，排队车辆数的不同，收费站能够处理的车辆数也不同，随着排队车辆数的增加，收费站能够处理的车辆也在不断增加。一般而

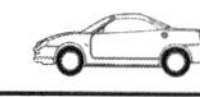

言，平均排队车辆数从一辆增加到四辆时，收费站的通行能力增加幅度较大；从四辆到八辆时，收费站的通行能力增加幅度趋缓；从八辆到十辆时，收费站的通行能力增加幅度进一步减缓。因此，可以把收费站的服务水平划分为四级。

一级服务水平：收费站内几乎没有形成排队，大部分车辆没有排队直接进入收费车道接受服务，一部分车辆需要等待一个收费周期就可以接受服务，个别车辆等待较长时间，司机和乘客几乎没有感觉等待多长时间就通过收费站，感觉较为舒适和方便。

二级服务水平：收费站内已经形成排队，但排队长度较短，大部分车辆需要等待两到三个收费周期才能通过收费站，一部分车辆可能会等待较长的时间才能通过收费站，个别车辆可能不经过等待直接接受服务通过收费站，司机和乘客能感觉到等待，但时间较短，司机和乘客可以理解和接受。

三级服务水平：收费站内排队长度较长，排队车辆较多，几乎所有车辆需要等待较长的时间才能通过收费站，个别车辆可能会等待更长时间才能通过收费站，司机和乘客感觉到明显等待，且时间较长，部分司机和乘客开始抱怨。

四级服务水平：收费站内形成很长的排队，所有的车辆必须等待较长的时间才能够通过收费站，有时会发生排队长度持续增长的情况，司机和乘客感觉到明显不便，大部分司机和乘客不能忍受这种长时间的等待。

收费站服务水平划分标准如表 5-6 所示。

收费站服务水平划分标准　　**表 5-6**

	服务水平			
	一级	二级	三级	四级
延误(s)	<35	[35, 70)	[70, 150)	≥150

5.3.5　算例分析

某高速公路收费广场，收费类型为停车人工收费，收费车道数为 3。高峰小时流率为 200veh/h，其中小型车 130veh/h，平均车长为 4m；大中型车 50veh/h，平均车长为 9m；特大型车 20veh/h，平均车长为 12m。已知：车辆减速进入收费站的平均减速度为 $3m/s^2$，车辆加速离开收费站的平均加速度为 $2.5m/s^2$，正常行驶时车速为 120km/h。假设平均服务时间为 22s，服务时间的方差为 $45s^2$。试评估该收费广场的服务水平等级。

解：由题意，$S_0=120km/h$，$E[t]=22s$，$D[t]=45s^2$

（1）将混合流率换算成标准车流率：

$$V = 130 \times 1.0 + 50 \times 1.05 + 20 \times 1.10 = 205(pcu/h)$$

（2）确定每条收费车道的流率，并计算平均到达率：

$$\text{每条收费车道流率} = 205/3 \approx 68[pcu/(h \cdot ln)]$$

平均到达率：$\lambda = 68/3600 \approx 0.0189[pcu/(s \cdot ln)]$

（3）确定车辆的平均长度 m：

$$m = 4 \times \frac{130}{200} + 9 \times \frac{50}{200} + 12 \times \frac{20}{200} \approx 6(m)$$

（4）计算延误：

$$d = \left(\frac{1}{\lambda} - \frac{3.6m}{S_0}\right)\left[\lambda E[T] + \frac{\lambda^2\{E[T]^2 + D[T]\}}{2(1-\lambda E(T))}\right] + \frac{S_0}{7.2}\left(\frac{1}{a_1} + \frac{1}{a_2}\right) = 42.7(s)$$

（5）确定该收费广场的服务水平等级为二级服务水平。

5.4 收费站的通行能力计算

5.4.1 单通道通行能力

收费车道的基本通行能力是指道路与交通处于理想情况下，每一条收费车道在单位时间内能够通过的最大交通量。

所谓理想的道路条件，是指收费车道宽度不小于3m，收费岛的宽度不小于2.2m，收费岛的长度不小于30m，收费广场具有开阔的视野，良好的平面线形和路面情况。

所谓理想的交通条件，主要是指车辆组成均为单一的标准车，即小型车，车辆之间保持适应的最小车头时距，且无任何方向的干扰。

收费车道的基本通行能力可以用下式计算：

$$C_b = \frac{3600}{T_S + T_G} \tag{5-26}$$

式中 C_b——收费车道的基本通行能力，pcu/（h·ln）；

T_S——标准车服务时间，s；

T_G——标准车离去时间，s。

实际观测的收费车道均能满足理想的道路条件。利用小型车的服务时间和离去时间可以计算出不同类型收费站收费车道的基本通行能力。由公式（5-26）可知，收费车道的基本通行能力与收费时间（服务时间与离去时间之和）成反比，是一条反曲线。以广氮收费站时间统计结果为例，计算得到的基本通行能力为3600/（8.6+5.5）=255［pcu/（h·ln)］。

各级服务水平对应的收费站1条收费车道的最大服务交通量如表5-7所示。

收费站服务交通量 **表5-7**

服务交通量(pcu/h) / 收费方式	服务水平			
	一级	二级	三级	四级
交费找零	60	130	148	0～148
出口验票	290	325	345	0～345
入口领卡	1100	1150	1180	0～1180

5.4.2 多通道收费站通行能力

从上面的分析知，收费站上游的来车分布服从泊松分布，服务时间和离去时间服从正态分布。在具有多通道情况下，只有选择$M/G/K$排队模型才能较好的描述收费站的实际运行状态。此时，平均排队时间：

$$W_q = \frac{D(V+G)+[E(V+G)]^2}{2E(V+G)[K-\lambda E(V+G)]}\left\{1+\sum_{i=0}^{K-1}\frac{(K-1)![K-\lambda E(V+G)]}{i![\lambda E(V+G)]^{K-i}}\right\}^{-1} \tag{5-27}$$

平均逗留时间：

$$W = E(S+G)+W_q \tag{5-28}$$

 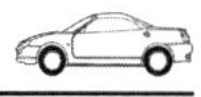

平均排队长度：

$$L_q = \frac{\lambda D(V+G) + \lambda[E(V+G)]^2}{2E(V+G)[K-\lambda E(V+G)]}\left\{1+\Sigma\frac{(K-1)![K-\lambda E(V+G)]}{i![\lambda E(V+G)]^{K-1}}\right\}^{-1} \tag{5-29}$$

由于服务时间和离去时间均服从正态分布，因此下面公式成立：

$$E[V+G] = E[V] + E[G] \tag{5-30}$$

$$D[V+G] = D[V] + D[G] \tag{5-31}$$

式中　λ——平均来车强度；

K——收费车道数；

$E[V]$——服务时间期望值；

$E[G]$——离去时间期望值；

$D[V]$——服务时间方差；

$D[G]$——离去时间方差。

根据上述 $M/G/K$ 排队论模型，利用收费站服务时间和离去时间的期望和方差，可以计算出各种收费站在不同收车道数以及不同排队程度下可以处理的最大车辆数。表 5-8 为根据广氮收费站的调查数据采用上述原理和方法进行计算的结果。

从计算结果上看，随着收费通道数的成倍增加，可以服务的车辆却不是倍数增加，而是倍数稍微偏大，这是由于在有多个通道时，车辆到达后，车辆的分配不是简单地按车道数平均分配，因此用 $M/G/K$ 模型更能体现收费通道车辆分配的实际情况。

高速公路主线收费站可以服务的最大流率（pcu/h）　　　　**表 5-8**

平均车辆队长（辆） 通道数	1	2	3	4	5	6	7	8	9	10
1	210	221	228	233	236	238	240	242	243	244
2	426	447	459	468	474	478	482	484	487	489
3	645	674	692	703	712	718	723	727	731	734
4	866	903	925	940	951	959	966	971	975	979
5	1089	1132	1159	1177	1190	1200	1208	1214	1220	1224
6	1313	1363	1393	1414	1430	1441	1451	1458	1464	1470
7	1538	1594	1628	1652	1670	1683	1694	1702	1709	1715
8	1764	1826	1864	1890	1910	1925	1937	1946	1954	1961
9	1991	2058	2100	2129	2150	2167	2180	2191	2199	2207
10	2219	2291	2336	2368	2391	2409	2423	2435	2445	2453

5.5　规划和设计阶段通行能力分析

规划阶段和实际运行阶段在资料的获取及能够输入分析过程的资料数量和详细程度都与实际运行阶段有所不同。下面就基于延误分析的收费站通行能力分析方法讨论如下。具体理论分析过程见上节实际运行阶段通行能力分析，为避免重复在这里就不再单独论述。

5.5.1 分析方法

1. 分析目的

设定收费站收取通行费是回收高速公路投资的重要措施，但是必须在保证高速公路运输效率的前提下进行此项工作才有意义。在车辆运行较多的情况下，收费广场有可能成为一个“瓶颈”而影响公路上车辆的运行。因此，合理地设置收费广场收费车道数量是收费站设计的重要内容。

2. 数据要求

(1) 交通量

在设计收费广场收费车道数时，流入收费站的交通量应采用与主线或匝道设计时同样的设计小时交通量。设计小时交通量（$DDHV$）是采用一年中的第 30 位小时交通量，这样既可以避免堵塞，又较为经济。$DDHV$ 可以由其对应的目标年的年平均日交通量求得

$$DDHV = AADT \times K \times D \tag{5-32}$$

(2) 服务时间

服务时间随收费方式和收费车辆类型而有所不同。在确定服务时间时，可以根据所采用的收费手段进行实地调查确定。一般认为服务时间指从接受服务的车辆停车接受服务开始到车辆开动的一段时间。

(3) 离去时间

通常指车辆驶离收费口，至后车到达并停驶为止的一段时间。

3. 设计规划阶段分析准则

设计规划阶段收费站的收费车道数量决定于通过的交通量、收费方式和服务标准。收费广场的通行能力应与相接高速公路的设计交通量相当。根据不同收费方式的车道通行能力可以估算收费车道数。

由于车辆到达以及服务时规律是随机的，通常在确定收费车道数时，根据交通条件、收费类型与设计服务水平三要素，由前述排队理论可知，在各种类型下的单通道的通行能力：

$$C = \frac{3600}{T_j + T_{Gj}} \tag{5-33}$$

式中 T_j ——对收费类型 j 标准车的服务时间，s；

T_{Gj} ——对收费类型 j 标准车的离去时间，s。

由运行分析调查资料汇总得表 5-4。但应注意到如果有足够的当地资料则应以当地分析结果为准。否则，采用表 5-4 值。

则所需车道数由下式确定：

$$N = \frac{V}{C} \tag{5-34}$$

式中 V ——输入的实际小时交通量，pcu/h；

C —— 一条收费车道的通行能力，pcu/(h · ln)。

5.5.2 分析步骤

1. 确定收费站条件

收费站条件是指所设计规划的收费站的类型。确定设计规划收费站的类型：

(1) 交费找零；

(2) 出口验票；

(3) 入口领卡。

2. 确定交通条件

交通条件按相应道路的设计小时交通量 V (pcu/h) 确定，一般不单独预测。

3. 确定设计服务水平

按收费站设计要求确定所需的设计服务水平，通常是由设计人员来确定。

4. 收费车道数计算

根据设计服务水平，查表 5-4，得到给定服务水平下的通行能力值 C。用公式 $N=V/C$ 确定满足该服务水平的收费车道数。

思考题

1. 收费站有哪几种类型？各有什么特点？

2. 为什么在收费站的通行能力研究中要进行车型分类？影响车型分类标准确定的因素有哪些？

3. 在我国，收费站服务水平分几级？各级如何定义的？

4. 排队论的基本原理是什么？主要参数有哪些，以及各参数之间的相互关系是什么？

5. 简述单通道和多通道收费站通行能力计算原理和方法。

习题

某高速公路收费广场，收费类型为停车半自动收费，收费车道数为 4。高峰小时流率为 400veh/h，其中小型车 320veh/h，平均车长为 4.5m；大中型车 50veh/h，平均车长为 10m；特大型车 30 veh/h，平均车长为 14m。已知：车辆减速进入收费站的平均减速度为 $3m/s^2$，车辆加速离开收费站的平均加速度为 $2.5m/s^2$，正常行驶时车速为 100km/h。假设平均服务时间为 10s，服务时间的方差为 $15s^2$。试评估该收费广场的服务水平等级。

第6章　城市道路路段通行能力

按道路在道路网中的地位、交通功能及对沿线的服务功能等，城市道路分为快速路、主干路、次干路和支路四个等级。《城市道路工程设计规范》（CJJ 37—2012）规定：快速路的路段、分合流区、交织区段及互通式立体交叉的匝道，应分别进行通行能力分析，使其全线服务水平均衡一致；主干路的路段和与主干路、次干路相交的平面交叉口，应进行通行能力和服务水平分析；次干路、支路的路段及其平面交叉口，宜进行通行能力和服务水平分析。关于快速路分合流区、交织区段及互通式立体交叉的匝道通行能力与服务水平分析可参考第3章与第4章，而主干路、次干路和支路交叉口通行能力计算与服务水平评价方法则将在后续章节介绍。本章主要介绍城市道路路段通行能力计算与服务水平评价方法。

6.1　概述

6.1.1　各级城市道路的特征

1. 快速路

快速路应中央分隔、全部控制出入、控制出入口间距及形式，应实现交通连续通行，单向设置不应少于两条车道，并应设有配套的交通安全与管理设施。

快速路两侧不应设置吸引大量车流、人流的公共建筑物的出入口。

2. 主干路

主干路应连接城市各主要分区，应以交通功能为主。主干路两侧不宜设置吸引大量车流、人流的公共建筑物的出入口。

3. 次干路

次干路应与主干路结合组成干路网，应以集散交通的功能为主，兼有服务功能。

4. 支路

支路宜与次干路和居住区、工业区、交通设施等内部道路相连接，应以解决局部地区交通的服务功能为主。

在规划阶段确定道路等级后，当遇特殊情况需变更级别时，应进行技术经济论证，并报规划审批部门批准。当道路为货运、防洪、消防、旅游等专用道路使用时，除应满足相应道路等级的技术要求外，还应满足专用道路及通行车辆的特殊要求。城市道路应做好总体设计，并应处理好与公路之间的衔接过渡。

6.1.2　城市道路的设计速度

《城市道路工程设计规范》（CJJ 37—2012）规定，各级城市道路的设计速度应按表6-1选用。同等级道路设计速度的选定应根据交通功能、交通量、控制条件及工程建设性质等因素综合确定。

各级城市道路设计速度　　表 6-1

道路等级	快速路			主干路			次干路			支路		
设计速度（km/h）	100	80	60	60	50	40	50	40	30	40	30	20

我国城市快速路和部分以交通功能为主的主干路通常在主路一侧或两侧设置辅路系统，并通过进出口与主路交通进行转换。辅路在路段上一般与主路并行，通常情况下线形设计能满足主路的设计速度要求，但是考虑到其运行的特征，以及为建成后交通管理的限速提供依据，因此有必要规定辅路与主路设计速度的关系。快速路和主干路的辅路设计速度宜为主路的 0.4 ～0.6 倍。

立体交叉范围内为了保证全线运行的安全性、连续性和畅通性，其主线设计速度应与路段设计速度保持一致；匝道及集散车道的取值考虑其交通运行特点，应低于主线的设计速度，而且应与主路设计速度取值有关联性，匝道及集散车道设计速度宜为主线的 0.4～0.7 倍。

城市道路中的平面交叉口多受信号控制及行人、非机动车的干扰，为保证行车安全，应考虑降速行驶。平面交叉口内的设计速度宜为路段的 0.5～0.7 倍；直行机动车在绿灯信号期间除受左转车（机动车、非机动车）干扰外，较为通畅，可取高值；左转机动车受转弯半径及对向直行机动车与非机动车的干扰，车速降低较多，可取低值；右转机动车受交叉口缘石半径的控制，另外不论是否设置右转专用车道，都受非机动车及行人过街等干扰，需要降速甚至停车，可取低值。

6.1.3　城市道路的车辆折算系数

城市道路交通量换算采用小客车为标准车型，各种车辆的折算系数见表 6-2。城市道路路段及交叉口的车辆折算系数统一按一个标准考虑。

城市道路车辆折算系数　　表 6-2

车辆类型	小型车	大型客车	大型货车	铰接车
折算系数	1.0	2.0	2.5	3.0

6.2　快速路基本路段通行能力与服务水平

在快速路设计时，不仅要对路段通行能力与服务水平进行分析、评价，还必须对分合流区及交织区进行分析、评价。避免产生“瓶颈”地段，确保整条道路的通行能力和服务水平保持一致。关于快速路分合流区以及交织区的通行能力分析、评价，由于目前国内尚未有成熟的研究成果，《城市道路工程设计规范》只提出了设计要求，未给出具体的分析方法和内容，可参阅公路的相关内容。

6.2.1　快速路基本路段通行能力

1. 基本通行能力

快速路基本路段一条车道的基本通行能力如表 6-3 所示。

快速路基本路段一条车道的通行能力　　表 6-3

设计速度（km/h）	100	80	60
基本通行能力［pcu/（h·ln）］	2200	2100	1800

2. 实际通行能力

《城市道路工程设计规范》并未就快速路基本路段实际通行能力给予规定，可参考高速公路基本路段实际通行能力计算方法。

6.2.2　快速路基本路段服务水平

1. 服务水平划分

城市快速路基本路路段服务水平根据密度、平均行程车速、饱和度分为四级：一级服务水平时，交通处于自由流状态；二级服务水平时，交通处于稳定流中间范围；三级服务水平时，交通处于稳定流下限；四级服务水平时，交通处于不稳定流状态。快速路基本路段服务水平分级如表 6-4 所示。四级服务水平（饱和流）对应的最大服务交通量即为快速路基本路段的基本通行能力。

快速路基本路段服务水平分级　　表 6-4

设计速度（km/h）	服务水平等级		密度［pcu/(km/ln)］	平均速度（km/h）	饱和度 V/C	最大服务交通量［pcu/(h·ln)］
100	一级（自由流）		≤10	≥88	0.40	880
	二级（稳定流上段）		(10，20]	[76，88)	0.69	1520
	三级（稳定流）		(20，32]	[62，76)	0.91	2000
	四级	（饱和流）	(32，42]	[53，62)	接近 1.00	2200
		（强制流）	＞42	＜53	不稳定状态	—
80	一级（自由流）		≤10	≥72	0.34	720
	二级（稳定流上段）		(10，20]	[64，72)	0.61	1280
	三级（稳定流）		(20，32]	[55，64)	0.83	1750
	四级	（饱和流）	(32，50]	[40，55)	接近 1.00	2100
		（强制流）	＞50	＜40	不稳定状态	—
60	一级（自由流）		≤10	≥55	0.30	590
	二级（稳定流上段）		(10，20]	[50，55)	0.55	990
	三级（稳定流）		(20，32]	[44，50)	0.77	1400
	四级	（饱和流）	(32，57]	[30，44)	接近 1.00	1800
		（强制流）	＞57	＜30	不稳定状态	—

城市道路规划、设计既要保证道路服务质量，还要兼顾道路建设的成本与效益。设计时采用的服务水平不必过高，但也不能以四级服务水平作为设计标准，否则将会有更多时段的交通流处于不稳定的强制运行状态，并因此导致更多时段内发生经常性拥堵。因此，规定新建城市道路路段采用三级服务水平。

2. 适应交通量

目前，国内各大中城市均在建设或拟建城市快速路，规范规定不同规模快速路的适应

 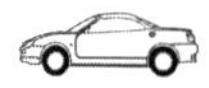

交通量范围供参考，以避免不合理的建设。设计适应交通量范围应根据设计速度及不同服务水平下的设计交通量确定。

双向四车道、六车道快速路的适应交通量低限采用 60km/h 设计速度时二级服务水平情况下的最大服务交通量，预留一定的交通量增长空间；双向八车道快速路考虑断面规模较大，标准太低会导致性价比较差，适应交通量低限采用 80km/h 设计速度时二级服务水平情况下的最大服务交通量；高限均为 100km/h 设计速度时三级服务水平情况下的最大服务交通量，与设计服务水平一致。

适应交通量采用年年平均日交通量，按下式计算：

$$AADT = \frac{C_D \times N}{K} \tag{6-1}$$

式中 C_D——快速路基本路段设计通行能力，即采用的设计服务服务水平对应的最大服务交通量，pcu/(h·ln)；

N——快速路基本路段单向车道数；

K——设计小时交通量系数：设计高峰小时交通量与年平均日交通量的比值。当不能取得年平均日交通量时，可用代表性的平均日交通量代替；新建道路可参照性质相近的同类型道路的数值选用，参考范围取值 0.07～0.12。

按公式（6-1）计算后，快速路能适应的年平均日交通量如表 6-5 所示。

快速路能适应的年平均日交通量　　表 6-5

设计速度 (km/h)	设计通行能力 [pcu/(h·ln)]	年平均日交通量（pcu/d）		
		四车道	六车道	八车道
100	2000（三级服务水平）	80000	120000	160000
80	1280（二级服务水平）	—	—	102400
60	990（二级服务水平）	39600	59400	—

综上，快速路设计时采用的适应交通量应符合下列规定：

（1）双向四车道快速路折合成当量小客车的年平均日交通量为 40000～80000pcu；

（2）双向六车道快速路折合成当量小客车的年平均日交通量为 60000～120000pcu；

（3）双向八车道快速路折合成当量小客车的年平均日交通量为 100000～160000pcu。

6.3 其他等级城市道路路段通行能力与服务水平

关于其他等级城市道路路段通行能力和服务水平的分析、评价，由于目前国内尚未有成熟的研究成果，《城市道路工程设计规范》只提出了设计要求，未给出具体的分析方法和内容，可参阅美国《道路通行能力手册》（HCM）中的相关内容。

6.3.1 其他等级城市道路通行能力

1. 基本通行能力与设计通行能力

其他等级城市道路路段的基本通行能力和设计通行能力如表 6-6 所示，《城市道路工程设计规范》（CJJ 37—2012 ）中规定：基本通行能力乘以折减系数 0.8 后取整得到设计通行能力。

其他等级城市道路路段的基本通行能力与设计通行能力 **表 6-6**

设计速度（km/h）	60	50	40	30	20
基本通行能力 [pcu/(h·ln)]	1800	1700	1650	1600	1400
设计通行能力 [pcu/(h·ln)]	1400	1350	1300	1300	1100

2. 实际通行能力

其他等级城市道路路段的实际通行能力受车道宽度、交叉口、车道数、路侧干扰（如路边停车、自行车、公交车、过街行人）等的影响，应综合考虑上述因素，在基本通行能力的基础上进行修正计算得到。

目前，由于国内尚未有成熟的研究成果，在相关规范中也未有相关规定。

6.3.2 其他等级城市道路服务水平

1. 服务水平评价指标

我国的相关规范中对其他等级城市道路路段服务水平尚未有明确规定。美国《道路通行能力手册》（HCM）中采用平均行程车速作为评价城市道路路段服务水平的指标。平均行程速度的计算公式如下：

$$S_A = \frac{3600L}{T_R + d + d_m} \tag{6-2}$$

式中 S_A——路段上直行车辆的平均行程车速，km/h；

L——路段长度，km；

T_R——给定区间内所有路段上总的行驶时间，s；

d——信号交叉口直行车流的控制延误，s；

d_m——在不同于信号交叉口的某处，直行车流的延误，如街区中的延误，s。

2. 服务水平评价标准

分析城市道路路段服务水平的第一步是确定城市道路的等级，这可以根据现场直接观测的自由流速度或通过目标道路的功能和设计类型来确定。美国将城市道路分为Ⅰ、Ⅱ、Ⅲ、Ⅳ四级，其对应的自由流速度分别为 80km/h、65km/h、55km/h 和 45km/h。与我国的城市道路四个等级相比较，城市快速路、主干路、次干路和支路可对应美国的Ⅰ、Ⅱ、Ⅲ、Ⅳ四级城市道路。

表 6-7 是美国《道路通行能力手册》根据平均行程车速和城市道路等级列出的城市道路路段的服务水平分级标准。

城市道路路段服务水平分级 **表 6-7**

城市道路等级	Ⅰ	Ⅱ	Ⅲ	Ⅳ
自由流速度范围（km/h）	90～70	70～55	55～50	50～40
典型自由流速度（km/h）	80	65	55	45
服务水平	平均行程车速（km/h）			
A	>72	>59	>50	>41
B	(56, 72]	(46, 59]	(39, 50]	(32, 41]
C	(40, 56]	(33, 46]	(28, 39]	(23, 32]
D	(32, 40]	(26, 33]	(22, 28]	(18, 23]
E	(26, 32]	(21, 26]	(17, 22]	(14, 18]
F	≤26	≤21	≤17	≤14

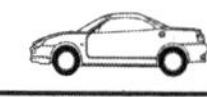

思考题

1. 城市快速路基本路段服务水平的评价指标有哪些？如何划分？各级服务水平所代表的交通流状态为何？

2. 不同车道数的城市快速路基本路段适应交通量如何确定？

3. 试述城市主干路、次干路和支路路段的基本通行能力与设计通行能力。二者之间有怎样的关系？

4. 城市主干路、次干路和支路路段的实际通行能力应如何计算。

5. 若参照美国《道路通行能力手册》，城市主干路、次干路和支路路段的服务水平评价指标为何？如何划分？

第 7 章　公共交通线路通行能力

公共交通是城市客运交通系统的主体，是对国民经济和社会发展具有全局性、先导性影响的基础产业，是国家在基本建设领域中重点支持发展的基础产业之一。公共交通占用道路空间小，客运能力大，因此为改善城市交通状况，世界各大城市都在研究大力发展公共交通的政策措施和途径，提倡“以人为本”、“公交优先”的原则。本章主要对公共交通、公共交通线路的通行能力和轨道交通客运能力进行介绍。

7.1　概述

城市公共交通指在城市地区供公共乘用的各种公共交通方式的总称（也可简称为公共交通和公交），城市公共交通系统是由若干个公共交通方式的线路、站场、交通工具及运营组织等组成的客运有机整体。

7.1.1　公共交通的运营服务方式

城市公共交通的运营服务方式从总体上可分为定线定站服务、定线不定站服务和不定线不定站服务 3 种类型。

1. 定线定站服务

车辆按固定线路运行，沿线设有固定的站点。行车班次按调度计划执行。在线路上车辆的行驶方式可分为全程车、区间车、站站停靠的慢车、跨站停靠的大站快车等。

2. 定线不定站服务

车辆按固定线路运营服务但不设固定站点或仅设临时性站点，乘客可以在沿线任意地点要求上下车，乘用比较方便。

3. 不定线不定站服务

主要指出租汽车服务，其运行线路与乘客上下车地点均不固定，除电话叫车、营业站点要车外，还可在街道上扬手招车。

公共交通在不同的国家受其本国经济水平和科技水平的影响很大，故发展的规模与水平差异亦很大。即使在同一个国家，由于各城市的政治、经济地位或地理条件不同，公共交通的结构也各有特色。比如工业发达国家的大城市往往以地铁、快速有轨电车为骨干，同时积极研制新型交通系统，大力发展多种公共交通方式相互配套、干线交通与支线交通相互衔接的公共交通系统。

7.1.2　公共交通分类及其特性

1. 分类

根据客运系统的运行线路环境条件、载客工具技术特征、客运能力的层次，公共交通分为常规公共汽车、快速公共汽车系统、无轨电车、出租汽车、客轮渡交通、索道与缆车系统、地铁系统、轻轨系统、单轨系统、有轨电车、磁悬浮系统、自动导向轨道系统、市域快速轨道系统等类型。上述公共交通系统可归为“城市道路公共交通”、“城市轨道公共交通”、“城市水上公共交通”和“城市其他公共交通”四大基本类型。

（1）城市道路公共交通

包括常规公共汽车、快速公共汽车、无轨电车、出租汽车。

（2）城市轨道公共交通

包括地铁系统、轻轨系统、单轨系统、有轨电车系统、磁浮系统、自动导向轨道系统、市域快速轨道系统。

（3）城市水上公共交通

包括城市客渡和城市车渡。

（4）城市其他公共交通

包括客运索道、客运缆车、客运扶梯、客运电梯。

2. 典型公共交通系统特性

（1）城市道路公共交通

1）常规公共汽车

公共汽车系统，具有固定的行车线路和车站，按照班次运行，并且由具有商业运营条件的适当类型公共汽车及其他辅助设施配置而成。我国公共汽车车辆类型甚多。按载客量分，有小型、中型和大型铰接车三种。铰接车在我国城市交通发展中曾经起到一定的作用，特别是对解决上下班客运高峰时间的乘客拥挤情况起了很大的作用。随着城市交通的快速发展，其速度慢、转弯半径大、安全性和灵活性差的特点越来越明显，因此在许多城市如广州等已逐渐被淘汰而退出公交历史舞台。

2）快速公共汽车交通（BRT）

快速公共汽车交通是由公共汽车专用线路或通道、服务设施较完善的车站、高新技术装备的车辆和各种智能交通技术措施组成的客运系统，具有快速、舒适的服务水平，是新兴的大容量快速公共汽车系统。快速公共汽车交通具有车辆容量大、运送速度快、准时性好、客运能力强、乘车候车条件好、性能安全可靠、能耗低污染小等特点。目前，北京、广州、杭州、济南、成都、合肥、昆明、厦门、重庆、大连、郑州、乌鲁木齐、银川、兰州、连云港、常州、常德、枣庄、盐城、济宁、金华、绍兴等 20 多个城市建成运营 BRT 线路。

3）无轨电车

无轨电车有固定的行车线路和车站，通常由外界架空输电线供电（目前先进技术可采用车载大电容供电），是无专用轨道的电动公交客运车辆。无轨电车的特点是噪声低，无废气产生，起动加速快，变速方便，适用于市区交通。它以直流电为动力，行驶时因受架空触线的限制，机动性较公共汽车差，但实际行驶时也可偏移触线两侧 4.5m 左右，还可以靠人行道边停靠。传统无轨电车的客运能力及运营速度基本与公共汽车相同。

4）出租汽车

出租汽车是按照旅客的意愿提供直接的、个性化的客运服务，并且按照行驶里程和时间收费的客车。其服务方式分为三种：在不妨碍交通时可扬手招车；电话约车；在客流集散点或者交通管理需要之处，设置出租车候车或者上、下客站（点）。

（2）城市轨道公共交通

城市轨道交通采用轨道结构进行承重和导向的车辆运输系统，设置全封闭或者半封闭的专用轨道线路，以列车或单车形式运送相当规模的客流量的公共交通方式。包括地铁系统、轻轨系统、单轨系统、有轨电车、磁悬浮系统、自动导向轨道系统和市域快速轨道系统。

1）地铁系统

地铁是一种大运量的轨道运输系统，采用钢轮钢轨体系，主要在大城市地下空间修筑的隧道中运行，条件容许的情况下，也可以穿出地面，在地面或者高架桥上运行。按照选取车型不同，分为小断面地铁和大断面地铁。按照线路客运规模，分为高运量地铁和大运量地铁。地铁车辆的基本车型分为 A 型车、B 型车、L_B型车，平均运行速度（旅行速度）大于 35km/h。其优点是运量大，速度快，安全准点，不受天气变化的影响，对环境影响较小。目前，世界上已有 100 多个城市的地铁在运行或建设中。但同时也要看到，地铁基建费用高，营运亏损大，因此对于经济欠发达国家和地区的城市应持慎重态度。

2）轻轨系统

轻轨系统是一种中运量的轨道运输系统，采用钢轮钢轨体系，主要在城市的地面或者高架桥上运行，线路可采用地面专用轨道或高架轨道，遇到繁华地区，也可进入地下或与地铁接轨。轻轨车辆分为 C 型车和 L_C型车（直线电机）。平均运行速度在 25～35km/h。其特点是对线路实行了隔离，在市中心繁忙地段进入地下，从而提高了运行速度，基建费用也较低，约为地铁的 1/3，建设工期短，建成后运行费用低，因此受到人们的青睐。近年来，在西欧、北美等国家发展较快。

3）单轨系统

单轨系统是一种车辆和特种轨道梁组合成一体运行的中运量轨道运输系统，轨道梁不仅是车辆的承重结构，而且是车辆的导向轨道。单轨系统分为跨座式和悬挂式两种类型。单轨系统适用于单向高峰小时最大断面客流量 1 万～3 万人次的交通走廊，因其占地面积很少，与其他交通方式完全隔离，适用于城市道路高差较大，道路转弯半径较小、地形条件较差的地区。

4）有轨电车

有轨电车具有运载能力大、客运成本低的特点，车辆与其他地面交通混合运行，根据街道条件可分为混合车道、半封闭专用车道、全封闭专用车道三类。适用于单向小时客流量 6000～12000 人的干道线路，运送速度一般在 16km/h 左右。在公交发展初期，曾风靡一时，成为大都市一道亮丽的城市风景线。但其缺点也非常明显，机动性差，噪声大，对路面的破坏力也较大。因此，在现代化大都市有轨电车已不能适应市区干道交通混杂的情况，取而代之的是快速有轨电车。

5）磁悬浮系统

磁悬浮系统在常温下，利用电导磁力悬浮技术使列车上浮，车厢不需要车轮、车轴、齿轮传动装置和架空输电线网，列车运行状态为悬浮状态，采用直线电机驱动行驶，主要在高架上运行，特殊地段也可在地面和地下隧道中运行。目前磁悬浮有两种基本类型：高速磁悬浮和中低速磁悬浮。

6）自动导向轨道系统

自动导向轨道系统是一种车辆采用橡胶轮胎在专用轨道上运行的中运量旅客运输系

统，其列车按照特制的导向装置行驶，车辆运行和车站管理采用计算机控制，可实现全自动化和无人驾驶技术，通常在城市繁华地区采用地下隧道，市郊区和郊外采用高架结构。

7）市域快速轨道系统

市域快速轨道系统是一种大运量的轨道交通运输系统，客运量可达到20万～45万人次/d，主要在地面或者高架桥上运行，必要时可采用隧道。

（3）城市水上公共交通

城市水上公共交通是航行在城市及周边地区范围水域的公共交通方式，是城市公共交通的重要组成部分，运行方式主要有连接水域阻断的两岸接驳交通、固定码头航行、观光交通三种方式。除了快速轮渡的航速大于或者等于35km/h外，其余均小于35km/h。不少城市还开办了称为“水上巴士”的游览轮（艇），以丰富人民的文化娱乐生活。有的城市还办起了“水上的士”，以适应乘客的应急需要，并可以到达航线以外的地点。

（4）城市其他公共交通

1）客运索道

客运索道由驱动电机和钢索牵引的吊箱，以架空钢索为轨道交通运行的客运方式，主要用于短途客运，一般长度小于2km。

2）客运缆车

客运缆车在城市不同高度之间，沿着坡面敷设钢轨和牵引钢索，车厢以钢轨承重和导向，并以钢索牵引运行。

3）客运扶梯

客运扶梯由驱动电机和齿链牵引的扶手带组成，用于沿着坡面连续运送旅客。如果长度大于100m，应该分段设置。

4）客运电梯

客运电梯由驱动电机和钢索牵引的轿箱组成，线路一般为直达，必要时也可设置中途站。

7.1.3　公共交通通行能力的概念及影响因素

公共交通服务着眼于将人从一个地点转移到另一个地点，公共交通的通行能力更多地强调规定时间内可以服务的人数（而不是通过的车辆数）。不考虑外界因素影响，公共交通的通行能力是公交车辆的通行能力（辆/h）和单位车辆载客人数（人/辆）的乘积。

（1）公共交通通行能力的概念

1）客运通行能力

公交线路或者特定设施的客运通行能力定义为：在规定时间内，可控运营条件下，通过特定地点所能够运送的最大人数。

相关解释说明如下：

“可控运营条件”：包括公交车数量和类型、没有异常延误（合理的发车间隔）、乘客感受、合理的超载等因素。

“特定地点”：通行能力是在某一个特定地点确定的，通常是线路或者设施通过旅客数量最大的断面。

2）车辆通行能力

公交线路或者特定设施的车辆通行能力定义为：在规定时间内，通过特定地点的最大公交车辆数。

根本上来讲，车辆通行能力取决于各公交车辆间的最小车头时距（时间间隔），依赖于控制系统、站点上客下客量和其他车辆的相互影响。一般情况下，实际运营中公交线路不可能达到车辆通行能力。

（2）公共交通通行能力的影响因素

1）停靠时间

停靠时间是指公交车辆为了乘客上下车，在站点和车站停留的时间，是影响公交通行能力最重要的因素之一。特定停靠站的停靠时间与下列因素有关：上下客量、付费方式、车辆类型和尺寸、车内移动空间。此外，考虑到小间距车站对客流的分散吸引作用，停靠时间和站间距分布存在间接关系。

2）路权特征

路权专用型越强，公共交通的通行能力越大。

3）车辆特性

车辆特性决定了车辆载运旅客的人数。外部尺寸相同的车辆通行能力可能存在较大差异，取决于座位数量和座位的排列方式。

4）乘客差异性

乘客的需求在时间和空间上存在差异性。

5）经济约束

经济因素经常把通行能力限制在技术上可行、乘客需求量决定的通行能力水平之下，通常表现为特定公共交通线路的配车辆不足，导致乘客无法上车或者过度拥挤，进而减少潜在乘客。

6）机构政策

为了提供较高水平的服务能力，公交政策通常按照服务运行低于通行能力的条件制定，表现为更高的服务频率或者高容量客车的使用。

7.2　公共交通线路的通行能力

为改善城市交通状况，世界各大城市都在研究发展公共交通的政策措施和途径，提倡“公交优先”的原则。本节主要介绍公交停靠站的停靠能力、公共交通线路的通行能力和公交网络容量，为公交规划的制定奠定基础。

7.2.1　公交停靠站（位）的通行能力

所谓公交停靠站（位）的通行能力是指对于某一个公交车停靠站（位）而言，在一定的道路交通条件下，在单位时间内所能服务的最多的车辆数。是反映公交车中途停靠站提供给公交车停靠的服务能力大小的指标。公交停靠站（位）作为公交运行的一个节点，是公交专用道系统实施成功与否的重要一环。

1. 停靠站位置选择

公交停靠站可以设置在交叉口上游、交叉口下游以及路段中三个位置，各有自己的优缺点。

（1）停靠站位置的影响因素分析

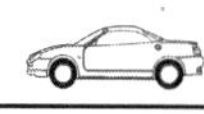

影响公交站点位置选择的因素很多，主要包括公交乘客、公交车辆以及其他社会车辆等因素的影响。

1）乘客乘车的方便性。公交停靠站应为尽可能多的乘客提供尽可能多的便利搭载公共汽车的机会，这不仅有利于乘客出行的方便，还有助于增加客源。而公交停靠站设置位置的不同在很大程度上将直接影响到搭载公共汽车的乘客数和乘客到达（离开）站点的行走距离。因此，在选择站点位置时要充分考虑乘客乘车的方便性。一般情况下，交叉口往往是各个方向乘客汇集和分散最为便捷的地方，因而交叉口附近往往是布设公交站点的理想位置。当交叉口之间的路段特别长，或公共交通乘客上下班、居住集中而距交叉口又相当远的地段，在路段中设置公共汽车停靠站则是非常合适的。

2）乘客行动的安全性。乘客在到达和离开站台的过程中，很多情况下都需要穿越道路，这就牵涉到乘客穿越道路的安全性问题，在同样都是以人行横道线为过街设施的情况下，在交叉口会比路段更安全，在公交站台后穿越比公交站点前穿越更安全。公交站点布设的位置，将关系到与人行横道线的相对位置，即乘客到达（离开）站台的安全性。由以上的分析可知，站点布设在路段中，乘客行动安全性最差，布设在交叉口下游乘客行动最安全。

3）对公交车辆的影响。对公交车辆而言，公交站点和交叉口进口道往往是专用道系统中的瓶颈之所在。在进行停靠站位置选择时，应尽量使矛盾分化，防止两个瓶颈的叠加。从这个意义上说，站点布设在路段中和交叉口下游效果较好（当交叉口下游交通量较大时除外）。此外，公交停靠站布设在交叉口上游，公交车辆停靠时，给转弯车辆带来困难和危险。转弯车辆要多次摆动方向盘绕过公交车辆才能实现转弯，这就首先与其他交通发生干扰，然后与驶离停靠站的公交车辆又发生干扰。由以上分析可知，停靠站布设在交叉口上游对公交车辆运行影响最大，为最不利的选择。

4）对其他车辆的影响。因公交站台的布设，将在一定程度上对其他车辆造成一定的影响，主要表现在交叉口处公交车辆可能会阻挡转弯车辆的视野，而站台布设在交叉口下游则可避免这一不足。

（2）位置选择

根据以上对公交停靠站位置选择的影响因素的分析，总结站台布设位置选择的标准见表 7-1。

公交站点位置选择标准　　**表 7-1**

参考标准	选择方案		
	交叉口上游	交叉口下游	路段中
乘客乘车的方便性	✓	✓	
乘客行动的安全性		✓	
对公交车辆的影响		✓	✓
对其他车辆的影响		✓	✓

由表 7-1 知，公交停靠站布置在交叉口下游为最佳形式，但交叉口下游交通量较大时停靠站设在交叉口上游将是比较合适的；而当相交道路之间的路段特别长，或在公共交通乘客上下班、居住集中而距交叉口又相当远的地段，在路段中设置公共汽车停靠站则是非

常必要的。

2. 公交停靠站设置形式

公交停靠站按几何形状可分为港湾式和非港湾式停靠站，其设置形式直接影响着专用道的通行能力和乘客的安全性。形式选择时，需要考虑的因素包括专用道在道路横断面上的位置、道路断面形式及交通量等。

(1) 港湾式停靠站

港湾式停靠站主要有四种形式，如图 7-1 所示。

图 7-1 (*a*) 适用于专用道沿路侧车道设置，道路断面形式为两块板或一块板，非机动车流量较小的情况。避免了公交车停靠时与非机动车的冲突，且符合多数公交车停靠于最外侧车道的情况，是较为理想的停靠站形式。对于非机动车较少的路段，在停靠站处可以让少量非机动车上人行道行驶。但非机动车道较窄时，停靠站处的道路断面需拓宽。非机动车流量较大时，会给乘客上下车造成不便。

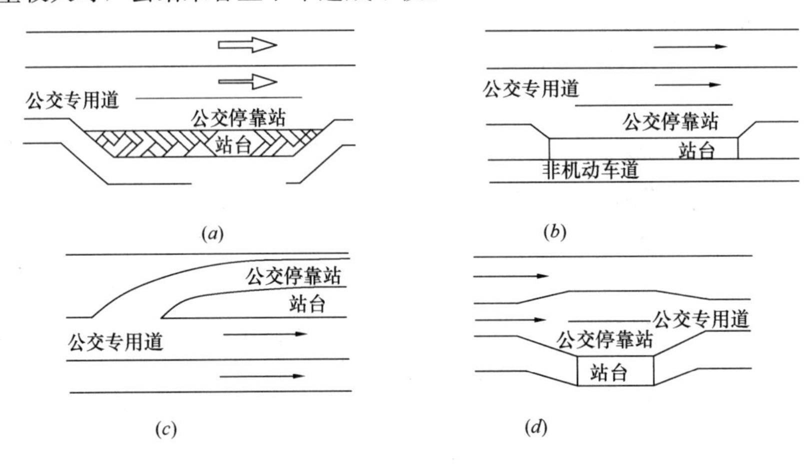

图 7-1　港湾式停靠站

图 7-1 (*b*) 适用于专用道沿路侧车道设置，道路断面形式为四块板或两块板的情况。为保证行人安全，停靠站的站台宽度需大于等于 1.5m，加上公交车车身宽度，这样要求绿化带的宽度大于等于 4.0m，公交车进站时干扰小，不会与其他车流产生交织。在绿化带较窄的路段，可考虑占用部分非机动车道设立港湾式停靠站，为维持非机动车道宽度，可向人行道一侧拓宽。相对于设置在人行道上的停靠站，乘客上下车较为不便。

图 7-1 (*c*) 适用于专用道设置于中央车道，道路断面形式为四块板或两块板的情况。是专门配合公交专用道设置的停靠站形式，解决了专用道在中间时车门右开的问题，可设置于路段上，也可设置于交叉口处。设置于交叉口出口道处，停靠车辆较多时，容易排队溢出，堵住交叉口；设置于进口道虽可解决排队溢出的问题，但停靠站占用了一条进口道，对交叉口通行能力有一定影响。设置于交叉口进口道时，因乘客上下车需要利用交叉口的人行横道进入停靠站，相对于路侧的停靠站，乘客较不方便。

图 7-1 (*d*) 较好地体现了公交优先，在隔离带宽度不足，但道路断面又有足够的宽度时，该方式较好地解决了公交车后面的车辆变换车道时的交织问题，便于超车，而且在实施时工程量小，前两种停靠站均可视实际情况做类似设计，要求停靠站前后的车道较宽，车道数足够，以便在停靠站处压缩出一个外凸式港湾。

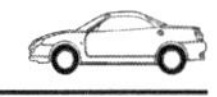

（2）非港湾式停靠站

非港湾式停靠站主要有四种形式，如图 7-2 所示。

图 7-2（*a*）是比较常见的非港湾式停靠站，设置较为方便，可较容易地根据需要调整停靠站的位置，但公交车进站时与非机动车辆交织较为严重。适用于专用道沿外侧车道设置、非机动车较少的路段。

图 7-2（*b*）的设置也较为方便，适用于专用道沿外侧车道设置、车道数较多（单向不少于 2～3 条机动车道），且车流量相对于通行能力水平较低的情况。当车流量较大时，会影响后续车辆的通行。

图 7-2（*c*）适用于专用道沿外侧车道设置、停靠线路不多，非机动车流量不大的情况。可以避免公交占道停靠时对后面车辆造成堵塞，避免路段通行能力的降低。缺点是公交进站时需变换车道，而且与非机动车有交织。

图 7-2（*d*）适用于专用道沿外侧车道设置、停靠线路不多，非机动车流量不大的情况。公交车进站时不必变换车道，后面的车辆可以疏散到较宽的非机动车道或相邻的机动车道上，对非机动车干扰较小。但停靠的公交车较多，且相邻车道饱和度较大时，后面的车辆有可能被堵住，从而导致专用道通行能力的降低。

图 7-2（*e*）适用于专用道沿内侧车道设置，道路横断面宽度有限的情况，是专门配合公交专用道设置的停靠站形式，解决了专用道在中间时车门右开的问题，可设置于路段上，也可设置于交叉口处。但由于停靠站处没有公交车辆的超车道，将导致专用道通行能力的降低。

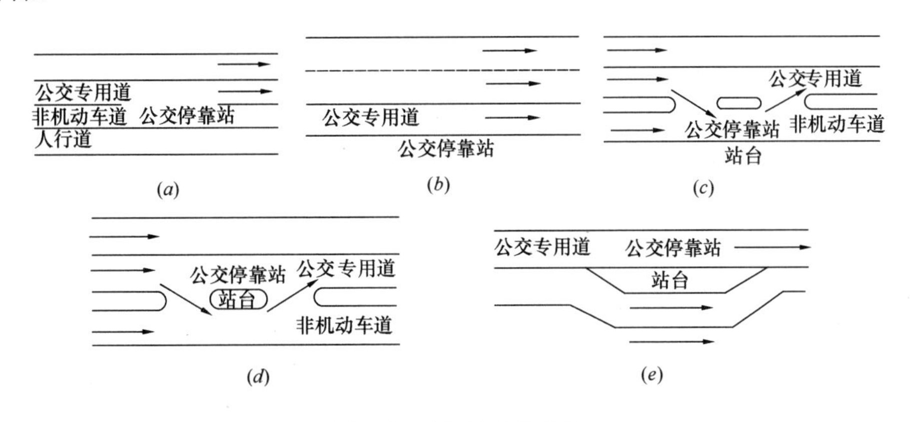

图 7-2　非港湾式停靠站

3. 停靠站停靠能力分析

（1）问题分析

我国目前使用的公共交通站、场、厂标准是 2011 年 11 月 12 日颁布实行的《城市道路公共交通站、场、厂工程设计规范》（CJJ/T 15—2011）。其中第 2. 2. 5 条规定：“几条公交线路重复经过同一路段时，其中途站宜合并设置。站的通行能力应与各条线路最大发车频率的总和相适应。中途站共站线路条数不宜超过 6 条或高峰小时最大通过车数不宜超过 80 辆，超过该规模时，宜分设车站。分设车站的距离不宜超过 50m。当电、汽车并站时，应分设车站，其最小间距不应小于 25m。具备条件的车站应增加车辆停靠通道。

停靠能力是指对于某一公共汽车停靠站而言，在一定的道路交通状况下，在同一时间内所能服务停靠的最多车辆数。公共汽车停靠站的停靠能力受停靠站停车区长度的限制。对于停车区长度，我国规定：中途站候车廊前必须划定停车区。在大城市线路行车间隔在3min以上时，停车区长度宜为1辆670型铰接车车长加前后各5m的安全距离；线路行车间隔在3min以内时，停车区长度为2辆670型铰接车车长加车间距5m和前后各5m的安全距离；若多线共站，停车区长度最多为3辆670型铰接车车长加车间距5m和前后各5m的安全距离，停车区宽度为3.5m。

这些条款一方面本身不是很适应实际的公交运行，仅简单地从发车频率来考虑计算公交站的停靠能力，而忽略公交车流离散性、交通设施（上游交通信号）和路段交通流量干扰的情况，以及乘客上下车量决定了公交车延滞在车站的时间。这些因素决定了同一时间公交车站可能积累的停靠数量。另一方面，特别是中途站停靠线路的最大数量与国内大城市市中心的公交站情况完全不适应。如上海、北京等特大城市和百万人以上大城市的中心地段公交中途站集中了至少5条以上，甚至十几条线路。公交车辆高峰期间常常排队到达，车辆排长队和停在站外的情况非常普遍，乘客往往不能确定车辆停靠的确切位置，走动、跑动距离很长，上车很不方便。为此，需要有合理的公交车站停靠能力计算理论。

（2）停靠能力分析

停靠能力是一个反映公共汽车停靠站停靠能力的量，是公交设施提供公交车停靠需求的供应量。停靠站中公交车辆的停靠有到达随机性大和站内滞留时间长的特征。

1）停靠能力的影响因素

① 公交停靠位通行能力的影响因素

停靠时间：车辆停靠了路边供乘客上下客的时间，包括开门和闭门的时间；

清空时间：车辆在乘客完成上下客后加速驶离停靠站位，直至下一辆车辆驶入所需要的最短时间，包括车辆汇入主线需要的等待时间；

停靠时间的波动性：车辆在停靠位停靠时间的一致性；

进站失败率：车辆驶达停靠位时车位已经被占据的概率。

② 公交停靠站通行能力的影响因素

车位的数量：数量越大，通行能力越高。

车位的设计：决定了每个独立停靠车位能够提供的额外通行能力；

交通控制：交通信号可以控制给定时间段内进入或者驶离停靠站的车辆数量。

2）停靠状况调查

要研究停靠能力，需寻求影响停靠能力的因素之间的关系。通过实地调查、采集交通数据、对数据进行回归分析，可得这些因素之间的关系式。调查内容包括：

① 站台长度：以标准的常规公交车车长为单位，描述站台长度；

② 站点位置：站点所在地区的用地性质、所在街道；

③ 所停靠的公交车辆。

3）停靠能力的计算方法

① 公交停靠位通行能力

公交停靠位的通行能力的计算公式如下：

$$B_l = \frac{3600(g/C)}{t_c + t_d(g/C) + t_{om}} = \frac{3600(g/C)}{t_c + t_d(g/C) + ZC_v t_d} \tag{7-1}$$

式中　B_l——停靠位通行能力，veh/h；

g/C——绿信比（有效绿灯时间与信号周期时长的比之，无信号控制的交叉口和公交设施取值为 1.0）；

t_c——清空时间，s；

t_d——平均停靠时间，s；

t_{om}——运营余量，s；

Z——满足期望进站失败率的标准正态分布；

C_v——停靠时间波动系数。

在不同停靠时间和清空时间的组合下，设定进站失败率 25％、停靠时间波动系数 60％且附近没有信号灯的情况下，每个停靠位最大计算通行能力见表 7-2。

公共交通停靠位最大计算通行能力（veh/h）　**表 7-2**

停靠时间（s）	清空时间（s）		停靠时间（s）	清空时间（s）	
	10	15		10	15
15	116	100	75	31	30
30	69	60	90	26	25
45	49	46	105	23	22
60	38	36	120	20	20

注：$g/C=1.0$。

② 公交停靠站通行能力

公交停靠站的通行能力的计算方法如下：

$$B_s = N_{el}B_l = \frac{3600(g/C)N_{el}}{t_c + t_d(g/C) + ZC_v t_d} \tag{7-2}$$

式中　B_s——停靠站通行能力，veh/h；

B_l——单个车位的公交车通行能力，veh/h；

N_{el}——有效车位数，个。

不同车位数、停靠时间和绿信比的路内式直线型停靠站的通行能力估算值见表 7-3。

路内式直线型停靠站的通行能力估算值（veh/h）　**表 7-3**

停靠时间（s）	路内式直线型停靠车位数									
	1		2		3		4		5	
	g/C	g/C	g/C	g/C	g/C	g/C	g/C	g/C	g/C	g/C
	0.5	1.00	0.5	1.00	0.5	1.00	0.5	1.00	0.5	1.00
30	48	69	84	120	118	169	128	182	133	489
60	27	38	48	66	68	93	74	101	76	104
90	19	26	34	46	48	64	52	69	54	72
120	15	20	26	35	37	49	40	53	41	55

7.2.2　公共交通线路通行能力

1. 公共交通线路通行能力的计算方法

理想条件下，公共交通线路通行能力受沿线各站通行能力的制约，其中通行能力最小的停靠站，是控制线路通行能力的站点。停靠站的通行能力取决于车辆占用停靠站的时间长短。因此，公共交通线路的通行能力为：

$$C_{线} = \min[C_{站}] = 3600/T \tag{7-3}$$

式中 $C_{线}$——公共交通线路的通行能力（辆公交车/h）；

$C_{站}$——停靠站的通行能力（辆公交车/h）；

T——车辆占用停靠站的总时间（s）。

将公式（7-1）和（7-2）带入公式，公式（7-3）转变为：

$$C_{线} = \min(C_{站}) = \begin{cases} \min(B_{li}) \\ \min(B_{si}) \end{cases} = \begin{cases} \min\left(\dfrac{3600(g_i/C_i)}{t_{ci} + t_{di}(g_i/C_i) + Z_i C_{vi} t_{di}}\right) \\ \min\left(\dfrac{3600(g_i/C_i)N_{el}}{t_{ci} + t_{di}(g_i/C_i) + Z_i C_{vi} t_{di}}\right) \end{cases} \tag{7-4}$$

式中 B_{li}——第 i 个停靠位车辆通行能力，veh/h；

B_{si}——第 i 个停靠站车辆通行能力，vhe/h；

g_i/C_i——影响第 i 个停靠站（位）的绿信比；

N_{el}——有效车位数，个；

t_{ci}——第 i 个停靠站（位）清空时间，s；

t_{di}——第 i 个停靠站（位）平均停靠时间，s；

Z_i——第 i 个停靠站（位）满足期望进站失败率的标准正态分布；

C_{vi}——第 i 个停靠站（位）停靠时间波动系数，s。

公共交通的通行能力主要依赖于设施的专用性，公共交通受到其他机动车交通的影响和干扰越小，通行能力就越大。在公共交通没有停靠站的部分，其通行能力受制于：

（1）该公交站前后公交设施的通行能力；

（2）公交线路端点的公交终点站、换乘枢纽的通行能力；

（3）其他因素：乘客流量、付费方式、车辆类型、路内（路外）停靠站、路侧车道交通量、其他车辆礼让公共交通车辆、乘客需求量、设计停站失败率、绿灯时间、公共汽车信号优先等。

2. 提高公共交通线路通行能力的措施

从通行能力的计算公式来看，通行能力大小与客流分布、运营管理情况、车辆特性有关系。客流沿线各站分布比较均匀，通行能力大；客流集中某几个站，通行能力小。此外，还可考虑如下几点：

（1）维持好站点乘车秩序，缩短乘客上下车时间；

（2）增加车门个数，加大车门宽度，降低车辆底盘高度，减少踏步阶数，缩短乘客上下车时间；

（3）改善车辆动力性能，提高驾驶员驾驶技术，缩短车辆进、出站时间；

（4）在一条较长的街道上，同时开设几条公交线路，在同一站点将公共汽车沿行车方向分开设置停靠站，提高通行能力。多条公交线路总通行能力为：

$$C'_{线} = n \cdot K \cdot C \tag{7-5}$$

式中 $C'_{线}$——多条公交线路总通行能力，veh/h；

n——分开布设停靠站的个数，$n = 1 \sim 3$；

K——分开布设停靠站时，相邻站位互相干扰，使通行能力降低的系数；$n=1$ 时，$K=1$；$n=2$ 时，$K=0.8$；$n=3$ 时，$K=0.7$。

C——单条公交线路通行能力，veh/h。

7.2.3　公共交通网络容量

上述公共交通线路通行能力的研究方法及其理论主要是针对公共交通网络中的节点——公交停靠站的研究，不能够从整体上反映公交线路的布局以及各个公交线路的发车频率、公交专用（优先）车道等因素对于公交容量的影响。

公共交通网络容量是衡量现有公交网络以及规划年内公交网络客运能力的指标，该指标的计算应该具有如下的特点：

（1）理论分析严谨；

（2）计算简便；

（3）尽量减少调查工作量；

（4）误差在允许范围之内。

对于城市公共交通系统资源来讲，在一定时期内资源是有限的、相对稳定的。整个公共交通网络提供给乘客的资源被乘客在一定的时间内、一定的空间内分享。在这一体系中，公共交通网络依附于城市的道路网体系，公共交通网络的时空资源处于一种运动的状态。其网络系统本身的布局、站点设施设置、行驶车道位置决定了公共交通网络提供的有效的时空资源的大小。

在公共交通系统中，乘客的公交出行只能选择公交线路，而公交线路一旦选定之后乘客处于被动状态，无法改变出行时间和出行距离。则其占有公共交通网络资源的时间和空间受到了公共交通网络系统的影响。同时，也与乘客的出行习惯等因素影响。

基于以上的考虑，并借鉴城市资源的供给、消耗思想以及公路网容量的研究成果，有关学者提出了公共交通网络容量的“时空资源消耗模型”。该模型通过对公交网络时空资源与个人时空资源消耗的标定，然后对二者求商得到公共交通网络的容量。计算基本公式为：

城市公共交通网络容量＝公共交通网络时空资源/个人公共交通时空资源消耗

从以上的计算思想来看，公共交通网络时空资源和个人公共交通时空资源消耗的标定是城市公共交通网络容量求解的关键。公共交通网络的时空资源具有系统性，其计算的结构层次包括宏观和微观两个层次，属于一个技术标定量。而个人公共交通时空资源消耗与乘客的平均出行距离相关，属于统计量。因此，对这两种资源的标定采用了不同的计算手段。

公共交通网络时空资源中考虑以下的因素：

（1）由公共交通网络的布局造成的潜在换乘系数。

该系数对城市公共交通网络的布局进行宏观的性能评价，反映出计算的公共交通网络的布局造成的换乘比例。对于一个乘客来讲，公共交通给他带来的直接结果是实现其出行的目的，不管是直达还是换乘。直达和换乘的主要区别是乘客的便利性受到了损害。从公共交通系统的利益上来看换乘的直接结果是乘车人次的增加，收入增加。但是，换乘没有增加公共交通服务的人的数量。则在计算公共交通网络的时空资源时必须将这一步资源折减，否则存在重复计算，造成计算资源量较实际资源量偏大。

（2）线路的发车频率使得公交线路的运输能力不同。

（3）由于公交车在道路横断面上行驶的车道位置的差异造成的运营车速的差异。

（4）由于公交车停靠站的形式的不同造成的车站停靠车辆能力的差异。

而对于个人公共交通时空资源消耗的标定采用统计方法进行标定，其研究的重点为调查的原理、方法、精度。

根据以上的分析，公共交通网络容量不仅仅是所有线路容量的简单相加，而应是公交网络有机组合下的一个整体指标。因此，有必要对所有线路容量之和进行调整，引入公共交通网络性能系数这一指标来描述公共交通网络布局造成的公共交通网络客运量的折减。由此得到了理想公共交通网络容量的计算模型如下：

$$C_{TN}=\alpha\sum_{i=1}^{n}R_i^{line}/R_{person} \tag{7-6}$$

$$R_i^{line}=F_i\times P_i\times S_i \tag{7-7}$$

$$S_i=L_i/\left(\sum_{j=1}^{m}t_{stop}^{ij}+\sum_{k=1}^{m-1}t_{road}^{ik}\right) \tag{7-8}$$

式中 C_{TN}——公共交通网络容量，p/h；

α——公共交通网络性能系数；

R_i^{line}——第 i 条线路的时空资源，p·km/h^2；

R_{person}——乘客乘坐公交车的小时平均出行距离，km/h；

n——城市公交线路总数，条；

F_i——第 i 条公交线路的发车频率，veh/h；

P_i——第 i 条公交线路车辆按额定座位数确定的乘坐人数，p/veh；

S_i——第 i 条公交线路的公交车辆运营车速，km/h；

L_i——第 i 条公交线路的运营里程，km；

t_{stop}^{ij}——第 i 条公交线路的公交车辆在第 j 个站点消耗的时间，h；

t_{road}^{ik}——公交车辆在第 i 条公交线路的第 k 对相邻站点之间的行程时间，h；

m——第 i 条公交线路的公交站点数，个。

根据式（7-6）～式（7-9），可以计算得到城市公共交通网络在一个小时内的理想容量，由此得到公共交通网络一个工作日的网络容量为：

$$C_{TN}^{Day}=\sum_{i=1}^{p}C_{TN}^{i}\times T_i \tag{7-9}$$

式中 C_{TN}^{Day}——公共交通网络一个工作日的理想网络容量，p/d；

C_{TN}^{i}——公共交通网络在第 i 时段的单位小时理想网络容量，p/h；

T_i——划分的第 i 时段的时间长度，h。

在此将一个工作日划分为几个时段主要是基于以下几方面的考虑：

（1）公交运营组织计划，可能在不同的时段采用不同的发车频率；

（2）对于不同的线路，需要确定合理的满载率、方向不均匀系数，特别是高峰与平峰时段差别显著；

（3）对于不同的时段确定是否为高峰小时，若是高峰小时，需要确定乘客所能够容忍的拥挤程度。

 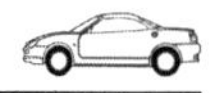

7.3　轨道交通通行能力

在世界各大城市的轨道交通系统中，目前已建成的城市轨道交通系统基本类型有地下铁路、轻轨交通、独轨交通、市郊铁路等，其中以地下铁路和轻轨交通为主。公共交通系统的首要技术指标是客运能力，即一条线路上单方向 1h 内所能运送的最大断面客流量，各种公共交通系统的客运能力是不相同的。所以，根据远期（规划年）预测客流量，选择相应客运能力的公共交通系统，或让客运能力略大于预测客流量的公共交通系统是比较经济合理的。

7.3.1　线路通行能力

线路通行能力指规定时间内（一般为 1h）轨道上运行的车辆数量。轨道交通线路通行能力的主要影响因素有：

1. 列车控制和信号

列车信号控制分为固定闭塞、准移动闭塞、移动闭塞等三类。信号控制模式决定了车辆之间的最小间隔。闭塞分区长度大、列车运行速度低、停靠时间长，将会引起列车发车间隔增加，线路的通行能力就越低。

2. 停靠时间

停靠时间通常是确定列车最小时间间隔和线路通行能力的主要影响因素，停靠时间主要包括三个内容：列车开闭门时间以及列车等待出发时间、乘客上下车时间、乘客上下车后车门尚未关闭时间。三个因素之中，乘客的上下车时间最难控制，取决于乘客数量、列车车门数量、车门宽度、车内和站台乘客的拥挤水平、列车车门处乘客的拥挤程度等。

3. 运营裕量

当轨道交通运营中接近通行能力的时候，无规律的服务将会导致延误，导致后续车辆无法进站，无规律服务产生的原因可能是车站停靠时间的差异、列车行能的差异、人工驾驶模式下不同驾驶员的差异等。在确定最小列车发车间隔的时候，需要考虑不确定性因素，与信号系统确定的最小时间间隔和临界停靠时间一同，构成最小列车间隔。运营裕量时间是指一列车辆能够晚点于时刻表运行而不影响后行列车的有效时间量。

4. 折返

通过能力主要受到折返站的配线形式及折返方式、列车停站时间、车站信号设备类型、车载设备反应时间、折返作业进路长度、调车速度和列车长度等因素影响。

7.3.2　客运通行能力

根据美国编制的公共交通通行能力和服务质量手册，客运通行能力是指在某种运营条件下（没有不合理的延误、危险或者限制）、给定时间内、给定线路区段、上行或者下行某一断面最大通过的乘客数量，也称作高峰断面客运量。

轨道交通线路在满负荷运行时，最大断面的客运通过能力由小时列车数乘以每列车车辆数确定，其计算公式为：

$$P = P_c N_c C_h \tag{7-10}$$

式中　P——轨道交通客运通行能力，p/h；

P_c——每节列车的最大设计负荷，p/节；

N_c ——车辆编组，节/辆；

C_h ——每小时运营的车辆数，veh/h。

表 7-4 给出了轨道交通客运能力的参考值。

我国轨道交通工程建设标准规定，每条线路的运能应该能够满足全线远期高峰小时、各车站间客流断面的预测值。每条设计正线远期的设计运能应该根据列车编组长度、最高运行速度、追踪行车间隔、站停时分等因素，针对不同运量等级和服务水平，确定设计列车发车密度和运行交路。关于发车密度，要求运营初期高峰时段不应小于 12 对/h（5min 间隔），平峰时段应该为 6～10 对/h（10～6min 间隔），远期高峰时段不应小于 30 对/h（2min 间隔），平峰时段不应小于 10 对/h（6min 间隔）。

车辆编组、定员与运能（通行能力）参考表 **表 7-4**

车型		列车编组（节/辆）						
		2 辆	3 辆	4 辆	5 辆	6 辆	7 辆	8 辆
A	长度		69.2	92.0	114.8	137.6	160.4	183.2
	定员		930	1240	1550	1860	2170	2480
	运能		27900	37200	46500	55800	65100	74400
B	长度		58.10	77.65	97.20	116.75	136.30	155.85
	定员		710	960	1210	1460	1710	1960
	运能		21300	28200	36300	43800	51300	58800

注：车辆编组均按照两端车辆为驾驶室，中间车无驾驶室。运能按照 30 对/h 计算。

公式（7-10）为美国线路通行能力的理论计算方法，我国轨道交通的线路通行能力计算方式采用了车辆编组定员（见表 7-5）乘以单位时间内通过断面的车辆数确定。

地铁车辆的定员参照表 **表 7-5**

	A 型车	B 型车
单司机车厢	310（超员 432）	230（超员 327）
其中：座席	56	36
无司机室车厢	310（超员 432）	250（超员 352）
其中：座席	56	46

思考题

1. 公共交通系统的运营服务方式分为哪几种？
2. 公共交通系统的分类及典型公共交通系统的特性是什么？
3. 公共交通通行能力的概念及影响因素是什么？
4. 试述提高公共交通线路通行能力的措施。

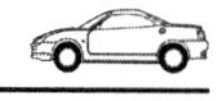

5. 我国针对轨道交通设计发车时间间隔的要求是什么（分运营初期和远期两个阶段）?

习题

某个公交停靠位，绿信比为0.7，清空时间为10s，平均停靠时间为15s，运营裕量为3s，进站失败率为25%，停靠时间系数为60%，请试算此公交停车位的通行能力。

第8章 行人交通设施和自行车道通行能力

行人交通设施和自行车道作为城市道路不可分割的一部分，在现代城市化进程中发挥着越来越大的作用，尤其是在人口众多、经济还欠发达的我国，自行车出行尚是许多人日常生活中不可缺少的一部分，而步行则是所有出行方式中必不可少的组成部分。因此，在城市人口与日俱增和城市交通压力不断加大的今天，研究行人交通设施和自行车道通行能力，可以为城市道路规划，解决城市交通拥堵，合理利用城市资源等提供理论依据。

本章将分别对行人交通特性、行人交通设施通行能力与服务水平、自行车道设置标准及自行车交通特性、自行车道通行能力与服务水平进行详细的论述。

8.1 行人交通特性

在现代交通系统中，步行交通不仅是满足人们日常生活需要的一种基本交通方式，同时也是各种交通方式相互衔接的桥梁。行人活动是城市交通中的一个重要组成部分。行人特性是交通系统设计与运行中的一个主要考虑因素，其主要表现在行人的速度、行人空间要求、步行时的步幅等方面。只有准确分析行人交通特性，才能有效地提高行人通行效率和安全性。

本节首先介绍行人交通的有关名词，然后介绍行人交通流基本特性，最后从微观和宏观两个方面介绍行人交通流特性。

8.1.1 行人交通有关术语

行人交通分析需要使用一些专用术语，为了不致使用者误解，特规定如下：

（1）步行速度：行人单位时间内行进的距离，单位一般为 m/s。

（2）行人流率：单位时间内通过某一点的行人数量，以 p/15min、p/min 计。所谓点是指人行道横断面的某一垂直视线。

（3）单位宽度行人流量：人行道单位有效宽度上的平均行人流量，单位是 p/(s·m) 或 p/(m·min)。

（4）行人群：一起步行的一组人，通常是由信号灯控制和其他因素的作用而形成。

（5）行人密度：人行道或排队区内单位面积上的行人数，以 p/m^2 表示。

（6）行人空间：人行道或排队区内提供给每位行人的平均面积，它是行人密度的倒数，单位为 m^2/p。

8.1.2 行人交通流微观特性

1. 行人交通的基本特点

（1）步行是以步行者自身体力为动力的出行方式，一般只能作近距离和低速行走；

（2）步行者没有任何保护装置，是交通弱者，容易受到伤害；

（3）步行所占空间很少，通达性很高，几乎任何处所均可到达；

（4）步行受个人意志支配，可自由选择步行路线和步行位置；

（5）步行速度差值小。

2. 步行速度特性

通常，根据人群的平均步行速度分析人流。在人群之间和人群内部，都会因出行目的、土地使用、人群类型、年龄和其他因素影响到行人流，其步行速度特性有很大不同。上下班（学）的行人，日复一日地使用同样的交通设施，步行速度要高于购物者，年老或年幼人群的步行速度比其他人群低。

（1）人行道步行速度

行人步行速度主要受人群中老年人（≥65岁）所占比例的影响。如果行人中老年人的比例为0～20%，平均步行速度为1.2m/s；如果老年人的比例超过20%时，平均步行速度会降低到1.0m/s。人行道上行人的自由流速度约为1.5m/s。还有一些因素可能降低平均步行速度，例如人群中步行速度慢的孩子较多。

（2）行人过街速度

行人过街步行速度决定了他们与车辆相相冲突的概率。行人过街的时间知觉和运动知觉对行人过街来说很重要，行人过街时首先对道路上的交通状况进行观察，对道路上的车辆速度及自己的步行速度有一个直观认识，然后决定等待还是过街及如何过街。行人过街速度较人行道上的步行速度高，原因是行人想尽快穿过车行道的危险区。

表8-1是某交叉口行人过街速度的统计表，从此表中可以看出，同一年龄段男性的行人过街速度快于女性，随着年龄的增长，行人过街速度有所下降。

行人过街速度（m/s）　　**表8-1**

性别	青年	中年	老年
男	1.32	1.28	1.10
女	1.21	1.28	1.01

3. 行人步幅特性

步幅为步行者两脚先后着地，脚跟至脚跟或脚尖至脚尖之间的距离，通常用“米”来表示。步幅的分布区间因性别、年龄而稍有差别，95%的男性和94%的女性步幅在0.5～0.8m之间。一般来说，妇女、老年人和儿童的步幅较小，而男性、中青年人步幅较大。

大量的观测资料表明，一般身体高步幅大、下坡步幅大、精神愉快步幅大；而身矮、上坡、精神不振则步幅小。

此外，步幅受人行道铺装平整程度的影响，与步速快慢几乎无关，表8-2为行人步幅的平均值。由表8-2可以看出，步幅随年龄的增长呈波峰状，即中青年的步幅是所有年龄段中最大的。

行人步幅平均值（m）　　**表8-2**

<table>
<tr><th colspan="2" rowspan="2">行人类型</th><th rowspan="2">步幅</th><th>全体</th></tr>
<tr><th>步幅</th></tr>
<tr><td rowspan="2">男</td><td>中青年</td><td>0.67</td><td rowspan="2">0.62</td></tr>
<tr><td>老年</td><td>0.57</td></tr>
</table>

续表

行人类型		步幅	全体 步幅
女	中青年	0.62	0.58
	老年	0.53	
儿童		—	0.59
中青年		—	0.66
老年		—	0.55
全体		—	0.64

4. 行人空间要求

行人空间要求可分为静态空间、动态空间和心理缓冲空间。

行人静态空间主要指行人的身体在静止状态下所占的空间范围，两肩的宽度和厚度是人行道空间和有关设施设计所必需的基本尺寸，设计中肩宽、肩厚一般取为 59.5cm 和 33cm。

行人动态空间需求可分为步幅区域、感应区域、行人视觉区域以及避让与反应区域等。观测所得步幅区域平均为 64cm；感应区域主要受行人知觉、心理和安全等因素影响；通常情况下行人视觉区域为 2.1m，在此距离下视觉感到舒服；正常速度下人的步行（后脚不易被人踩到)，步行者以常速行走时会在自己前面预留一个可见的区域，以保证有足够的反应时间以便采取避让行为，这个区域可通过反应时间和正常速度相乘得出，约为 0.48～0.60m。

心理学家所做的人类心理缓冲区域测量实验，确定了个人空间的较低要求范围，约为 0.22～0.26m^2。

5. 行人过街安全间隙与等待时间

（1）可穿越空档

行人穿过无信号控制的人行横道时要利用车辆的安全可穿越空档通过，行人过街必须以最近到达车辆（先头车）的距离与车速来判断是否通过。可穿越空档是计算人行横道通行能力需要用的参数之一，行人在穿越车辆空档时的步速会随到达车辆的车速而改变。

行人过街的车间安全间隙与车速、车头时距有关，然而车辆的速度和车头时距是由驾驶人感知的，过街行人只能从自身的角度来判断该间隔时间是否能通过。因此，行人过街的安全间隙需要从行人自身的判断能力出发。行人过街安全间隙的确定需要考虑行人穿越长度、行人群体穿越的特性、对向行人的干扰等因素。

行人过街的车间安全间隙应满足行人安全穿越一条车道的时间，穿越多车道需要加上行人穿越前面各条车道的时间。行人在穿越一条车道时一般不会与对向行人产生干扰，如果有对向行人干扰，则在判断间隙时会加以考虑。基于此，提出行人过街的安全间隙 τ 为：

$$\tau = D_0/S_p + R + L \tag{8-1}$$

式中 D_0——一条机动车道宽度，取 3.5m；

S_p——行人过街的步行速度，取 1.2m/s；

R——行人观察、判断时间，取 2s；

L——车身长度通过的时间，取标准车 0.72s。

由式（8-1），计算得 τ =5.64s。

（2）可接受等待时间

行人过街时为了等候安全的间隙穿越，往往需要有一个等待时间，称为行人过街等待时间。通常情况下行人过街需等待车流中可穿越空档的出现。为等候车流中可穿越空档的出现，行人常需有一个等待时间，可接受等待时间分布范围很广，对于同样的道路宽度和车流状况，不同年龄及性别的行人具有不同的等待时间。

过长的等待时间，往往会使信号灯前的行人感到不耐烦，甚至有些人会闯入车行道。根据观测，行人过街等待时间若超过 40s，就有人冒险穿越街道。设置行人信号灯时，应尽力缩短行人等待时间。

6. 步行出行高峰小时特征

居民步行出行在一天的 24h 内出行量变化很大，因此形成的道路断面流量或交叉口的步行过街流量也是变化的。每个城市或街道路口在一天的 24h 内各有其自身的变化规律，根据每天 24h 或白天 12h（7：00～19：00）的观测统计，可以发现在早上、中午与晚上某 1～2h 或半小时出现最大的小时流量，我们称之为高峰小时流量。所谓步行出行高峰小时特征，指高峰小时的出行时间、时长、高峰小时步行出行量占全天总的步行出行量的比重，这一特征对于行人通行能力分析，日常交通管理都具有重要的意义。

步行出行高峰小时的出现大致有以下几种类型。双峰型，即只有早高峰与晚高峰，中午峰值则不明显，如特大城市，上班路程远，中午往往回不了家，即早出晚归型，像北京市的早晚高峰就很突出；三峰型，即早、中、晚各有一个峰值，上午的下班和下午的上班时间交错相连，形成一个平峰，即早、晚峰值较高较陡，时间较短只有 1h，而中午时间却拉得很长，有 2～3h 的平缓峰值，如徐州市的观测资料呈现这种状况；四峰型，即除早、晚两高峰之外，上午下班和下午上班又各出现一次人流的小高峰，如南京、郑州、株洲的步行出行分布均呈这种形式，步行者早上上班、中午下班、下午上班、晚上回家形成四个人流峰值。另外在一些风景区或旅游区行人出行还呈现出一种单峰型分布，即全天的出行只有一个高峰。图 8-1 所示为郑州市一日的步行出行分布图。

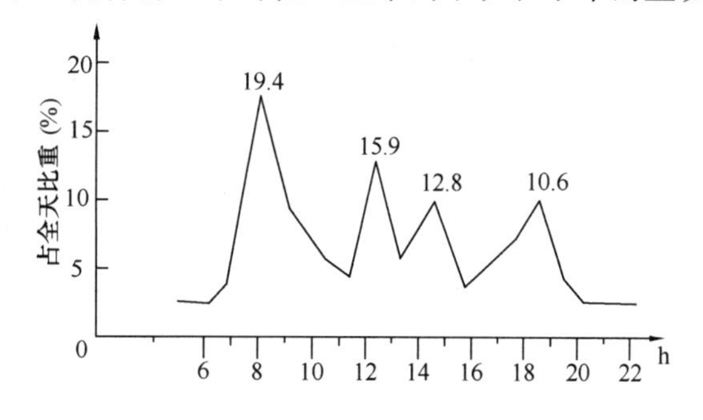

图 8-1　郑州市步行一日出行分布图

8.1.3　行人交通流宏观特性

行人交通流的宏观特性是指行人交通流的步行速度、行人流量、行人密度及行人空间之间的关系特性，其基本关系与机动车流类似。可用下式表示：

$$V_p = S_p \times D_p = S_p / A \tag{8-2}$$

式中　V_P——行人交通量，即单位时间、单位宽度内通过人行道某一断面的行人数量，p/(h·m)、p/(min·m)或 p/(s·m)；

D_P——行人密度，单位步行空间中的行人数量，p/m²；

S_P——行人流平均步行速度，某一时刻某一段步行道范围内，所有行人步速的平均值，m/min 或 m/s。

1. 步行速度—行人密度关系

如图 8-2 所示，当行人密度增加时，行人空间减小，单个行人的机动性降低，因此，行人步行速度会随密度的增大和人均步行面积的减小而降低，其关系为：

$$S_p = a - bD_p = a - b/A_p \tag{8-3}$$

式中 a、b——待定系数，由影响步速的因素决定，其取值范围为 $a=81\sim96$，$b=27\sim32$；

A_p——行人空间，即供给每位行人的平均面积，为行人密度的倒数，m^2/p。

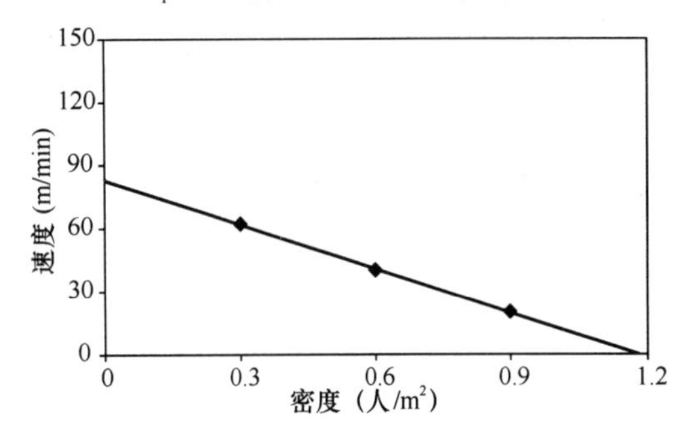

图 8-2 行人流速度—密度关系

当平均行人空间低于 1.5m^2/p 时，即使是速度最慢的行人也不能达到他们期望的速度。只有行人空间是 4.0m^2/p 或以上时，步行速度达到 1.8m/s 的快行者才能达到其期望速度。

2. 行人流量—行人密度关系

如图 8-3 所示，行人流量的最大值即为行人设施的通行能力，而行人流量的最大值集中在人均面积为 0.4～0.9m^2 的高密度的很窄范围内。据观测，当行人空间小于 0.4m^2/p 时，行人流率骤减；在最小空间为 0.2～0.3m^2/p 时，所有行人都停止不前。二者的关系式如下：

$$V_p = \frac{a}{A_p} - \frac{b}{A_p^2} = \frac{aA_p - b}{A_P^2} \tag{8-4}$$

同分析机动车交通相类似，可以用服务水平来评价行人交通的质量。当行人交通量接近通行能力时，每个行人需要的行走空间平均为 0.4～0.9m^2。然而，流量达到这种状态，有限的空间限制了行人的速度和自由。

3. 步行速度—行人流量关系

如图 8-4 所示，与机动车交通流曲线相似，当人行道上的行人较少时，有空间选用较高的步行速度。当行人流量增加时，由于行人之间的相互影响增大，步行速度下降。当拥挤度达到临界状态时，行走变得更加困难，流量和速度都会降低。

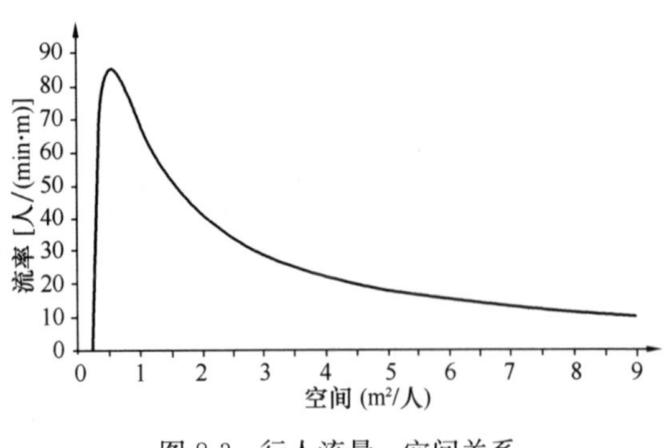

图 8-3 行人流量—空间关系

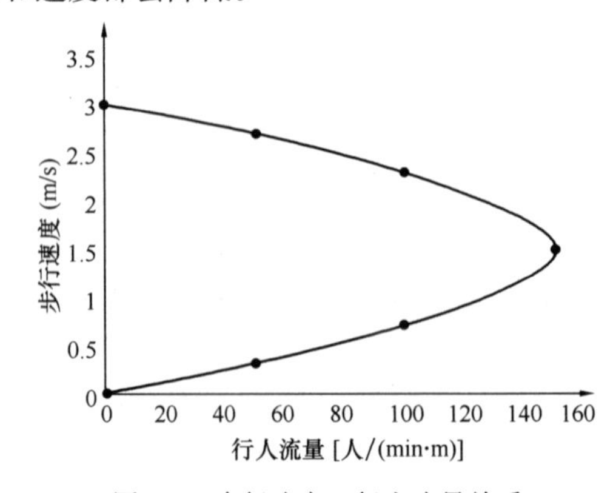

图 8-4 步行速度—行人流量关系

步行速度与行人流量的关系式如下：

$$S_p = \frac{a \pm \sqrt{a^2 - 4bV_p}}{2} \tag{8-5}$$

8.2　行人交通设施通行能力与服务水平

我国是一个人口大国，许多城市中心区房屋密集、人口集中，市中心区干道两侧的人行道上经常被拥挤的人群占满，有不少路段连自行车道也经常被行人占用，以致自行车占用机动车道。因此，研究行人交通设施的通行能力对于解决城市的交通问题具有十分重要的意义，而且也是发展以人为本的现代化交通所必须考虑的因素之一。

8.2.1　行人交通设施通行能力

行人交通设施通行能力是用以分析行人设施达到或接近其通行能力时通行质量状况，以及在规定的运行质量及服务水平要求下，交通设施所能适应的最大交通量。

行人交通设施通行能力常被定义为在良好气候与道路条件下，行人以某一速度匀速行走时，于单位时间内可能通过某一点或某一断面的最大行人数量，一般以 1h 通过 1m 宽道路的行人数［p/(h·m)］，或 1min 通过 1m 宽道路的行人数量［p/(s·m)］表示。在通行能力分析中，亦常用 15min 的流率作为稳定人流存在的最短时间间隔。

根据《城市道路工程设计规范》(CJJ 37—2012) 的规定，行人交通设施包括：人行道、人行横道、人行天桥、人行地道及车站码头的人行天桥、人行地道等。其通行能力又分为基本通行能力、可能通行能力和设计通行能力三类，其计算步骤是首先确定步行速度、步行带宽度及前后行人间距，然后按照通行能力基本原理进行计算。

1. 行人步行速度的确定

(1) 人行道步行速度

行人步行速度取决于老年行人（65 岁及以上）的比例，行人在人行道上的步行速度平均值一般为 0.55～1.7m/s，多数行人平均速度为 0.9～1.2m/s，规范采用 1.0m/s。

(2) 行人过街速度

过街行人速度平均值一般为 0.9～1.4m/s，规范采用 1～1.2m/s。

(3) 行人天桥、地道的步行速度

上台阶的步行速度与下台阶的步行速度有所不同，规范采用 1.0m/s。

(4) 车站、码头的人行天桥、地道

上台阶的步行速度与下台阶的步行速度有所不同，规范采用 0.50～0.80m/s。

2. 有效步行带宽度的确定

有效步行带宽度是行人交通设施可被行人有效使用的部分。有效步行带宽度计算公式为：

$$W_E = W_T - W_O \tag{8-6}$$

式中　W_E——有效步行带宽度，m；

W_T——行人交通设施总宽，m；

W_O——行人交通设施上的障碍物的宽度和避让距离的总和，m。

表 8-3 列出了典型障碍物和人行道估计宽度，图 8-5 示出了除去路缘、建筑物和固定

物体的人行道宽度。

障碍物占用人行道宽度　　表 8-3

障碍物	占用宽度（m）
街道装饰	
电线杆	0.8～1.1
交通信号杆和箱子	0.9～1.2
火警信号箱	0.8～1.1
消防栓	0.8～0.9
交通标志	0.6～0.8
停车计时表	0.6
邮箱	1.0～1.1
电话亭	1.2
垃圾篮	0.9
长凳	1.5
公共地下通道	
地铁楼梯	1.7～2.1
地铁通风炉（升高的）	1.8+
变压器地下室通风炉（升高的）	1.5+
美化景观	
树	0.6～1.2
园丁箱	1.5
商业用途	
报亭	1.2～4.0
流动摊	易变
广告牌	易变
商店	易变
人行道咖啡馆（两排桌子）	2.1
建造物伸出	
专栏	0.8～0.9
弯曲	0.6～1.8
地下通道门	1.5～2.1
调压管道接口	0.3
卡车码头	0.8
车库出入口	易变
行车道	易变

此外，在信号交叉口，如果由于右转车辆的影响使得人行横道重要部分没有被行人有效的使用，那么有效人行横道宽度在计算时要减去右转车辆所占用的部分。

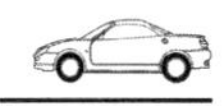

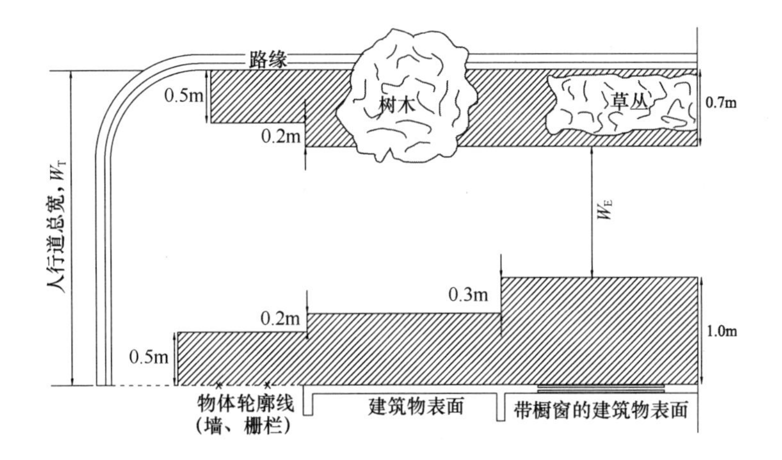

图 8-5　固定障碍物的宽度调整

3. 行人交通设施基本通行能力的确定

（1）人行道

人行道基本通行能力的计算公式如下：

$$C_{bs}=\frac{3600S_p}{l_p b_p} \tag{8-7}$$

式中　C_{bs}——人行道的基本通行能力，p/(h·m)；

S_p——人行道行人步行速度，采用 1m/s；

l_p——人行道行人行走时纵向间距，采用 1m；

b_p——行人道一队行人占用的横向宽度，采用 0.75m。

将上述数值代入式（8-7）得：C_{bs}＝4800p/(h·m)。

（2）人行横道

人行横道基本通行能力的计算公式如下：

$$C_{bc}=\frac{3600S_{pc}}{l_p b_p} \tag{8-8}$$

式中　C_{bc}——人行横道的基本通行能力，p/(hg·m)，hg 为允许行人过街的信号绿灯小时；

S_{pc}——行人过街步行速度，采用 1～1.2m/s。

将上述数值代入式（8-8）得：C_{bc}＝4800～5760p/(hg·m)，平均值为 5280p/(hg·m)。

（3）人行天桥、人行地道

人行天桥、地道基本通行能力的计算公式如下：

$$C_{bou}=\frac{3600S_{pou}}{l_p b_p} \tag{8-9}$$

式中　C_{bou}——人行天桥与人行地道的基本通行能力，p/(h·m)；

S_{pou}——人行天桥与地道的行人步行速度，采用 1m/s。

将上述数值代入式（8-9）得：C_{bou}＝4800p/（h·m）。

（4）车站码头的人行天桥与人行地道

$$C_{bs} = \frac{3600S_{ps}}{l_p b_t} \tag{8-10}$$

式中 C_{bs}——车站码头人行天桥与地道的基本通行能力，p/（h·m）；

S_{ps}——车站码头行人步行速度，采用0.5～0.8m/s；

b_t——车站码头天桥或地道上行人上、下台阶的横向宽度，采用0.9m。

将上述数值代入式(8-10)得：C_{bs}＝2000～3200p/(h·m)，取平均值为2600p/(h·m)。

4. 行人交通设施的可能通行能力

基本通行能力是按理想条件下计算所得，实际上人行道横向干扰不同，老年、中年、病残人员速度不同，携带重物不同，各地区季节气候不同，周围的环境、景物不同，商店橱窗吸引力不同，对行人步行速度均有很大的影响。同时作为规范也要留有余地，因此采用0.5～0.7的综合折减系数。由于车站码头的人行天桥、人行地道受外界干扰影响较少，采用0.7，其余采用0.5，基本通行能力乘以相应的综合折减系数即为可能通行能力数值。

5. 行人交通设施设计通行能力的确定

考虑到行人设施所处的地位和不同服务水平的要求，规范又作如下规定：

（1）全市性车站、码头、商场、剧院、影院、体育场馆、公园、展览馆及市中心区行人集中的人行道、人行横道、人行天桥、人行地道等设计通行能力的折减系数采用0.75。

（2）大商场、商店、公共文化中心及区中心等行人较多的人行道、人行横道、人行天桥、人行地道等设计通行能力的折减系数采用0.80。

（3）区域性文化商业中心地带行人多的人行道、人行横道、人行天桥、人行地道等设计通行能力的折减系数采用0.85。

（4）支路、住宅区周围道路的人行道及人行横道设计通行能力的折减系数采用0.90。

将上述人行道、人行横道、人行天桥（地道）的可能通行能力乘以上述相应折减系数得出其设计通行能力，列于表8-4。

人行道、人行横道、人行天桥、人行地道设计通行能力　　表8-4

类别 \ 折减系数	0.75	0.80	0.85	0.90
人行道	1800	1900	2000	2100
人行横道	2000	2100	2300	2400
人行天桥、人行地道	1800	1900	2000	
车站码头的人行天桥、人行地道	1400			

8.2.2 人行道服务水平

行人交通设施服务水平为描述行人步行所实际感受到的一种服务质量标准。《城市道路工程设计规范》采用人均占用面积、人均纵向间距、人均横向间距、步行速度作为行人人行道服务水平评价指标，将人行道服务水平分为四级，如表8-5所示。设计时宜采用三级服务水平。

行人交通服务水平划分　　表 8-5

评价指标	服务水平等级			
	一级	二级	三级	四级
人均占用面积（m²）	>2.0	(1.2，2.0]	[0.5，1.2]	<0.5
人均纵向间距（m）	>2.5	(1.8，2.5]	[1.4，1.8]	<1.4
人均横向间距（m）	>1.0	(0.8，1.0]	[0.7，0.8]	<0.7
步行速度（m/s）	>1.1	(1.0，1.1]	[0.8，1.0]	<0.8
最大服务交通量 [p/（h·m）]	1580	2500	2940	3600

8.3　自行车道设置

汽车、自行车、行人等各种交通方式均有各自的特性。从交通安全顺畅、行车与步行舒适要求等考虑，最好能各行其道，往往由于经济或用地与工程方面的考虑，在交通量不大时，常常共同使用一个断面或一条车道，当某一方式达到一定数量之后，应采用标志、标线或设置隔离设施，将道路划分成几个部分。一部分用于行人，一部分用于骑自行车，一部分用于通行汽车，即将多种交通方式共同行驶的混合交通流予以合理分离，以保证各交通方式均能安全顺畅地通行。

本节主要介绍自行车道设置标准和自行车专用道的设置。

8.3.1　自行车道设置标准

国内外的研究人员均认为分离的基准应当以汽车和自行车流量的大小、速度的快慢为依据，当然也要考虑到城市的用地与经济等因素。

据现有的研究成果，分离的基准大致如下：

1. 自行车与汽车的分离

日本、欧美等国家的自行车规划设计及有关标准中列出了一些条款，现将收集到的条款规定列于表 8-6。从表中可见，各个国家的规定标准很不一致，且相差很大，甚至有些规定中所列数据常相互矛盾。

建议自行车交通量超过 1000veh/d，汽车交通量超过 2000veh/d，或自行车机动车混合交通量大于 2200pcu/d（自行车按 0.2 折算为小汽车）时，即应设置专门的自行车道。

2. 自行车与行人的分离

我国的交通习惯是将自行车道与汽车道放在同一断面上考虑，而不像日本欧美等国将自行车道与行人道放在一起，所以这个问题并不突出，但随着自行车道上的拥挤，已有些城市利用人行道通行自行车，特别是早晚的两个高峰时间。如南京、杭州、郑州、沈阳、长春等城市已将部分人行道准许自行车通行，因此也必然要产生一个自行车与行人的分离和混合行驶条件问题。

日本自行车道规范中认为自行车交通量（veh/d）与行人交通量（p/d）的总和超过 3000 时，就应将行人与自行车分开。国内在未研究出合适的数据之前，也可参考此数值。

部分国家建立自行车道的标准水平　表 8-6

国　别	设置自行车道的标准
荷　兰	1. 自行车交通量大于 500veh/d； 2. 汽车交通量 170veh/d 以上，自行车交通量 400veh/d 以上，宽度为 6m 的道路。
丹　麦	1. 主要道路自行车交通量超过 300veh/d 以上； 2. 一般道路自行车交通量 500veh/d 以上，汽车交通量 300veh/d 以上。
瑞　士	1. 汽车交通量 700 辆/d 以上并有一定的自行车交通量； 2. 汽车流量每小时为 400～700veh，自行车每日流量 50veh 以上； 3. 汽车交通量不大，但每日自行车流量大于 500 辆。
挪　威	1. 自行车日通行 800veh 以上； 2. 汽车交通量大于 300veh/d，自行车交通量大于 500veh/d。
前联邦德国	1. 日通行汽车 2000 辆以上和自行车交通量达 200 辆的路段； 2. 每小时自行车通过量大于 100veh/h。
日　本	1. 自行车行驶平均时速 17～18 公里，日交通量达 500～700veh，汽车时速达 50km/h 以上的路段； 2. 汽车日交通量 2000veh 以上，自行车日交通量 700veh/d 以上。
美　国	1. 最外侧车道线的汽车交通量 5000veh/d 以上； 2. 外侧车道线的汽车交通量 1000veh/d 以上且有 85%百分位速度在 65km/h 以上，其中大型车混入率 5%以上。

8.3.2 自行车专用道的设置

1. 自行车专用道的类型、特点

目前，自行车专用道路的类型多为以下两种：独立的自行车专用路和自行车专用道。

（1）独立的自行车专用道

不允许机动车进入，专供自行车通行。这种自行车道可消除自行车与其他车辆的冲突，多用于自行车干道和各个交通区之间的主要通道。设计时，应将城市各级中心、大型游览设施及交通枢纽等端点连接。

（2）自行车专用道

1）实物分隔的自行车专用道：用绿化带或护栏与机动车道分开，不允许机动车进入，专供非机动车通行。这种自行车道在路段上消除了自行车与其他车辆的冲突，但在交叉口，自行车无法与机动车分开，多用于自行车干道和各交通区之间的主要联系通道。

2）划线分隔的自行车专用道：在单幅路上与机动车道用划线分隔，布置于机动车道两侧的自行车道。较为经济，但由于自行车与机动车未完全分开，安全性较差，相互干扰也较大，适用于交通量较小的各交通区之间及交通区内部的自行车道。

2. 国内外经验

（1）北欧经验

1）哥本哈根

哥本哈根因为长期以来一直保持着使用自行车的传统，而成为远近闻名的“自行车城市”。很久以来，沿道路修建的自行车道是哥本哈根市自行车交通的主要设施，其建设原则如下：

① 在还没有自行车行驶空间的地方，尽可能设置自行车道；

② 在受空间制约的地方，尽可能建设自行车道；

③ 在缺少自行车道的地区，优先建设联络线与自行车道网相连；

④ 在相同条件下，自行车交通量大的地区优先；

⑤ 重视自行车道的维护与清洁，保证自行车出行的舒适性。

2）荷兰

荷兰是享誉全球的自行车王国，其实施自行车专用道的经验如下：

① 自行车、行人、汽车各行其道；

② 无论是在路段上还是在交叉口处，自行车专用道标志显著；

③ 交通法规严格严密，违者重罚；

④ 立法确保骑车者的安全；

⑤ 无论是在城市内还是城市间都形成了快速网络；

⑥ 自行车专用道两旁相关服务设施完善。

（2）我国的现状

长期以来，由于我国道路系统功能不分明，交通性和生活性道路功能合一，不同动力性能的车辆混行成为我国城市交通的普遍问题，建立自行车专用道系统，目的是实行机非分流，提供安全、舒适、高效的自行车通行环境，然而自行车专用道的设置中还有很多问题值得我们去思考。

3. 我国目前存在的问题

目前，我国有一些大城市也设置了自行车专用道，然而存在一些问题，使得其在实际的使用中很难达到预期的效果。其原因很多，主要归为以下几种：

（1）自行车专用道与人行道、机动车道隔离不够彻底，机动车和行人很容易就可以占用自行车专用道；

（2）缺乏醒目明确的标志标线，不能充分体现自行车在专用道上行驶时的优先性；

（3）在路段上有建筑物出入口的地方和路口处交通组织不合理的地方，仍然是机非混行；

（4）交通管理力度不够；

（5）自行车专用道的设置缺乏连续性。

8.4　自行车交通特性

自行车交通特性包括自行车的行车速度特性、自行车交通流的密度特性、自行车的爬坡特性、自行车的延误特性及其他特性。

8.4.1　自行车流速度特性

自行车的行驶速度同骑车人的体力、心情和意志的控制有关，同线路纵坡度、平面线形的车道宽度、车道划分、路面状况、交通条件有关，同有无与机动车道的分隔设施、分隔方式、行人干扰情况及交通管理条件有关，也同车型、动力装置、风向、风速等有关。

美国规定的自行车道设计速度为 20mile/h（相当于 32.18km/h），大于 7%的下坡路段推荐采用 30mile/h（相当于 48km/h），大于 3%的上坡路段采用 15mile/h（相当于 24km/h）。

澳大利亚规定街道上自行车的正常行驶速度为±7.0km/h，并依此速度确定转弯半径和车道宽度。

目前我国对自行车道路设计速度尚无明确规定，《交通工程手册》建议独立的自行车专用道和有分隔带的专用自行车道设计速度采用 30km/h，划线分隔的自行车道采用 15km/h，完全混行的自行车道则采用 10km/h。

北京市对有分隔带的主干道上行驶的 8678 辆自行车进行了观测，其平均车速为 16.28km/h，对主要街道无分隔设施的 20918 辆自行车观测的平均速度为 14.21km/h，对于通过交叉路口停车线的自行车，其平均速度为 4.06km/h。密度最大时速很低，有时仅为 2～3157km/h。南京市的观测数据表明，自行车的速度变化范围在 5～40km/h 之间，在街道上多为 5～25 km/h。

随着骑车人年龄、性别不同，路段上自行车的骑行速度存在差异，总体而言女性骑行者的速度低于男性，随着年龄的增长骑行速度呈下降趋势，但差异不大。路口内个体自行车的骑行速度主要受车流总体影响。

8.4.2 自行车流密度特性

自行车的外廓最大尺寸为：长 1.9m，宽 0.6m，骑车时高为 2.5m，自行车静态停车面积为 1.2～1.8m²。则横向净空（B_0）应为横向安全间隔（0.6m）加车辆运行时两侧摆动值各 0.2m，$B_0=0.6+2\times0.2=1$m。纵向净空（$L_净$）应为纵向车头之间间隔加上车长。一般自行车在路段上占用道路面积约为 4～10m²/veh，但在交叉口停车线前拥挤堵塞时其密度很大，根据对北京市 8 个交叉口观测资料的分析研究表明，自行车的密度高达 0.56veh/m²。

据摆动计算与国外的实验资料，不同速度下自行车占用道路面积见表 8-7。

自行车不同速度下自行车占用道路面积表　　表 8-7

速度（km/h）	5	10	12	15	20	25	30
占用道路面积（m²）	4.1	5.2	6.2	8.1	10	12	16

同公交车运行时每人所占道路面积相比，自行车占用道路面积约为公交车占用道路面积的 5～10 倍。

8.4.3 自行车流交通量特性

1. 交叉口自行车交通量日变化特征

分析信号交叉口自行车在全天各时段的出行分布对于城市交通规划、交叉口设计特别是自行车道路的规划设计具有重要的指导意义。

根据对天津市信号交叉口的调查发现，交叉口自行车交通量全天呈现出明显的多峰性。以天津市六纬路——大直沽路交叉口为例，如图 8-6 所示，该交叉口全天自行车流量具有明显的四个峰值，自行车的高峰时段主要集中在早高峰，由此也可以看出现阶段自行车出行主要是用于居民上班和上学等通勤出行交通，而不像国外仅作为一种游览健身之用。故自行车流量的时间分布同居民的出行目的密切相关。

2. 信号周期内自行车释放流量变化特征

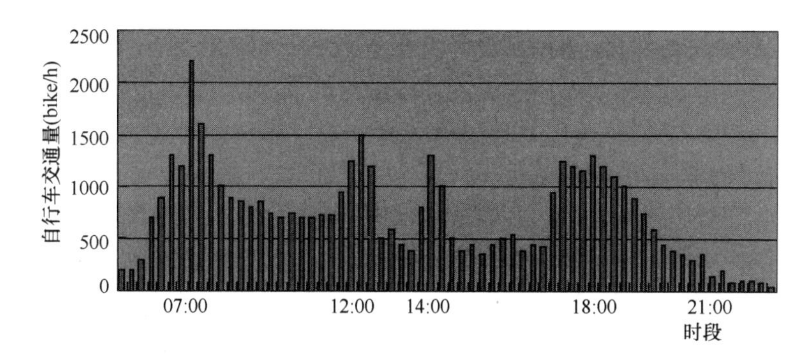

图 8-6　天津市六纬路—大直沽路交叉口自行车交通量分布图

根据对自行车释放过程的观测，发现自行车通过信号交叉口的过程一般是：红灯期间自行车在停车线排队等待；绿灯启亮后，排队自行车迅速起动、加速，以集群形式通过停车线；随着起动波向后传播，排队自行车继续增加，在某一时刻起动波追上停车波，排队自行车完全释放；此后到达的自行车可以不受阻碍的通过停车线，而通过停车线的自行车流密度逐渐减少，车速逐渐提高，最终密度趋向于与路段一致。

8.4.4　自行车爬坡特性

影响自行车爬坡能力的主要因素是骑车人的体力和耐力，当然，还与车辆特性等有关。日本资料认为骑无变速挡的普通自行车上坡时可爬 7%～8%的坡度，有三个变速挡的自行车可爬 12%的坡度，自行车赛车选手可爬 25%的坡度。

据观测，纵坡小于 2.5%时，对骑车者影响甚微。纵坡度为 1%时，青、壮年骑车者上坡速度约为 10～15km/h；纵坡度为 2%时，上坡速度约为 7～12km/h；纵坡度为 3%时，上坡速度约为 5km/h 。

《城市道路工程设计规范》CJJ 37—2012 中规定：非机动车道的纵坡宜小于 2.5%，当超过 2.5%，纵坡坡长应满足最大坡长规定，如表 8-8 所示。

非机动车道最大坡长　　　　**表 8-8**

纵坡（%）		3.5	3.0	2.5
最大坡长（m）	自行车	150	200	300
	三轮车	—	100	150

8.4.5　自行车流侧向膨胀特性

高峰期间自行车流在交叉口排队时常会形成密度较大的集群，排队自行车的横向间距一般很小，根据对调查数据的处理，每辆自行车排队时横向占用宽度在 0.6m 左右。当绿灯起亮后，排队车辆依次启动加速驶出停车线。自行车起动后，尤其是在加速过程中，横向间距会增大，这就是自行车流释放时的侧向膨胀现象。当膨胀宽度过大时，容易出现绿初先驶出停车线的自行车流挤占机动车道的现象，对机动车流产生较大的横向干扰。研究自行车的膨胀现象，建立膨胀关系模型，可以作为交通设计的依据，以降低自行车侧向膨胀对机动车的干扰。

自行车交通流的侧向膨胀现象可以用膨胀度 K_ρ 的概念来描述，即用自行车起动膨胀后的横向车流密度与自行车静态停车时的横向密度的比值来表征自行车的侧向膨胀程度。

$$K_\rho = \overline{D}_s / \overline{D}_0 \tag{8-11}$$

式中 $\overline{D}_s$ ——自行车起动后侧向膨胀时单车占用道路的横向平均宽度，m；

$\overline{D}_0$ ——自行车静态停车时单车占用道路的横向平均宽度，一般取 0.6m。

8.4.6 自行车延误特性

发生在交叉口处的自行车延误，其数值大小不仅同交叉口的流量大小、流向分布有关，而且同信号周期、相位、绿信比及管理水平有关。自行车延误包括停车线前的延误与过停车线后在路口内滞留的延迟，停车线前的延误为红灯信号所造成，路口滞留为各种车辆和行人相互干扰所造成。

调查数据显示，自行车通过停车线的平均反应时间为 2.08s（反应时间是指排除交通协管和其他车辆的影响，本向绿灯开始到第一辆自行车启动为止的时间）。

8.4.7 其他特性

1. 摇摆性

自行车车体小，转向灵活，无固定行驶轨道，易造成蛇行骑行，从而偏离原骑行车道线，特别是青少年，年轻气盛，骑车的摇摆幅度更大。

2. 成群性

有些骑车者喜欢成群结队而行，一边骑行，一边聊天。因此，自行车交通流往往不像机动车流那样严格保持有规则的队列行驶，这是自行车流的一个显著特点。

3. 单行性

与成群性相反，有些骑车者不愿在陌生人群中骑行，也不愿紧随别人之后，往往冲到前面个人单行，或滞后一段单行，女性尤为显著。

4. 多变性

自行车机动灵活，易于加减速，特别是对于放学的学生或上下班职工的人群等自行车流更容易出现互相竞逐，你追我赶等现象。

5. 遵章性差

自行车骑行人的心理是省力、抄近路和从众行为，在通过交叉口时易出现闯红灯和争道抢行等违章现象。

6. 机动车与自行车的不对等性

自行车的速度和强度与机动车有着明显的区别。在交叉口内部不同方向的机动车流与自行车流相遇时，通常是自行车寻找机动车流的可插车间隙通过，即自行车流经常被隔断。

8.5 自行车道通行能力和服务水平

我国现阶段道路上各非机动车主要是自行车，在许多城市，自行车已成为主要交通工具，且随着城市体制改革、经济的发展，城市交通将进一步发展，自行车交通在一定时期内也将有所增长。但是自行车已成为一些城市交通拥挤和混乱的重要原因之一。所以，研究自行车的通行能力和服务水平，可以为城市规划、街道网规划和设计提供理论数据和计算方法，在自行车专用道系统的规划设计和城市交通管理等方面都有着重要的作用。

8.5.1 自行车道的通行能力

1. 自行车道的理论通行能力

（1）按汽车行驶原理计算自行车道通行能力

根据交通流原理，一条自行车道的最大通行能力可由前后车辆之间的安全净空计算。

$$L=\frac{St}{3.6}+\frac{S^2}{254(\phi\pm i)}+l+l_0=\frac{St}{3.6}+\beta S^2+l+l_0 \tag{8-12}$$

式中　L——安全净空；

S——自行车车速，大多在 10～20km/h 之间；

t——反应时间，一般为 0.5～1.0s，取平均值为 0.7s，则$\frac{St}{3.6}=0.194S$；

ϕ——轮胎与路面之间的附着系数，多在 0.3～0.6 之间，取 0.5；

i——道路纵坡，在平原区城市可取 0；

l_0——安全间距，一般在 0～1m 之间；

l——自行车的车身长度，常用 1.9m。

则其理论通行能力计算值 C 为：

$$C=\frac{1000S}{l_0+1.9+0.194S+0.0079S^2}=\frac{1000S}{L} \tag{8-13}$$

求最大值，令 $x=1000S$，$y=l_0+1.9+0.194S+0.0079S^2$

$$\frac{dC}{dS}=\frac{y\left(\frac{dx}{dS}\right)-x\left(\frac{dy}{dS}\right)}{y^2}=\frac{1000y-x(0.194+0.0158S)}{y^2}$$

令 $\frac{dC}{dS}=0$，求得 S 的最大值，即：

$$1000y-x(0.194+0.0158S)=l_0+1.9-0.0079S^2=0$$

当 $l_0=0.5$ 时，通行能力最大的车速 $S=\left(\frac{2.4}{0.0079}\right)^{1/2}=17.43\text{km/h}$，通行能力 $C=2119\text{veh/h}$。

当 $l_0=1.0$ 时，通行能力最大的车速 $S=\left(\frac{2.9}{0.0079}\right)^{1/2}=19.16\text{km/h}$，通行能力 $C=2012\text{veh/h}$。

当 $l_0=0$ 时，通行能力最大的车速 $S=\left(\frac{1.9}{0.0079}\right)^{1/2}=15.51\text{km/h}$，通行能力 $C=2280\text{veh/h}$。

理论通行能力的计算结果汇于表 8-9。

一条自行车车道的理论通行能力　　**表 8-9**

S（km/h）	$\frac{St}{3.6}$	$\beta=\frac{1}{254\times0.5}$	βS^2	$L=l_0+1.9+0.194S+0.0079S^2$			$C=1000S/L$		
				$l_0=0$	$l_0=0.5$	$l_0=1$	$l_0=0$	$l_0=0.5$	$l_0=1$
5	0.97	0.0079	0.20	3.07	3.57	4.07	1629	1400	1229
10	1.94	0.0079	0.79	4.63	5.13	5.63	2160	1949	1776
15	2.91	0.0079	1.78	6.59	7.09	7.59	2276	2116	1976
20	3.88	0.0079	3.16	8.94	9.44	9.94	2237	2119	2012

续表

S（km/h）	$\frac{St}{3.6}$	$\beta=\frac{1}{254\times0.5}$	βS^2	$L=l_0+1.9+0.194S+0.0079S^2$			$C=1000S/L$		
				$l_0=0$	$l_0=0.5$	$l_0=1$	$l_0=0$	$l_0=0.5$	$l_0=1$
25	4.85	0.0079	4.93	11.68	12.18	12.68	2140	2052	1972
30	5.82	0.0079	7.11	14.83	15.33	15.83	2023	1957	1895

注：取 $\phi=0.5$；$l=1.9$；$t=0.7$；$i=0$。

【算例】已知某平原地区城市的一条自行车道上，自行车平均车速为15m/s，求其理论通行能力。（反应时间 t 取平均值为0.7s，轮胎与路面之间的粘着系数 ϕ 取0.5。）

解：在平原区城市道路纵坡 $i=0$；安全间距 l_0 取0.7m，自行车的车身长度 l 取1.9m。

则其安全净空 L 为：

$$L=\frac{St}{3.6}+\frac{S^2}{254(\phi\pm i)}+l+l_0=0.194\times15+\frac{15^2}{254\times0.5}+1.9+0.7=7.28(\text{m})$$

则其理论通行能力为：

$$C=\frac{1000\times15}{7.28}=2060(\text{veh/h})$$

（2）按车头时距原理计算自行车道的通行能力

按此原理，只要测得正常条件下连续行驶的自行车流中前后两车的最小车头时间间隔 t_i 值，即可用下式计算其通行能力：

$$C=3600/t_i \tag{8-14}$$

式中 t_i——连续行驶车流中两自行车的纵向最小时间间隔，s。

根据实际观测资料，t_i 最小值分别为1.24s和1.2s，平均最大值分别为2.41s和2.37s，总的平均值为1.8s，将最小、最大及平均的 t_i 值分别代入上式得 $C=1500\sim3000$veh/h，平均为2000veh/h。

2. 自行车道的可能通行能力

（1）高峰小时饱和流率

高峰小时饱和流率是选择路段高峰时期某一短时间内车流密集通过断面的最大交通量，可按下式计算：

$$N_{\max}=\frac{N'_{\text{t}}}{B-0.5}\times\frac{3600}{t'} \tag{8-15}$$

式中 $N_{\max}$——自行车单车道最大通过量，veh/h；

B——自行车道的宽度，m；

t'——密集车流通过观测断面的某一短时段，s；

N'_{t}——t'时段内通过观测断面的自行车数量，veh。

每条自行车道宽度定为1m，但考虑到路线两侧为进水口，需保留一定的安全间隙，每侧应减去0.25m，即 $B-0.5$m。

（2）平均通过量

实际有可能采用的不是高峰小时行车最为密集的短时间通过量，而是较长时间车辆连

续通过断面的自行车数量（此时车流不过分密集和拥挤）除以统计时间，再换算为单车道的通过量，称为路段平均通过量，以下式表示：

$$N_p = \frac{N_t}{B-0.5} \times \frac{3600}{t} \tag{8-16}$$

式中　N_p——每米宽度自行车道 1h 内连续车流的平均通过量，veh/h；

B——自行车道的宽度，m；

t——连续车流的通过时间，s；

N_t——t 时段内通过观测断面的自行车数量，有条件的城市或设计单位应自行测定，并选择符合实际的值，veh。

3. 设计通行能力的计算

（1）长路段设计通行能力

其计算公式为：

$$N_L = N_p \times C_1 \tag{8-17}$$

式中　N_L——长路段（一般认为 5km 左右）每 m 宽度自行车道（一条车道）的设计通行能力，它不考虑交叉口或其他纵横向干扰的影响，veh/h；

C_1——考虑到街道的性质、重要性和使用要求而规定的街道等级系数，根据城市道路规范编写组的研究，快速路、主干路的 C_1 取 0.8，次干路和支路的 C_1 取 0.9。

（2）短路段设计通行能力

考虑到城市道路路段通行能力与交叉口间距、行人过街及红绿灯周期的关系很大，路口的通行能力往往控制了路段的通行能力，故城市道路路段自行车道设计通行能力应考虑路口信号灯等影响因素。北京等地的观测分析认为交叉路口等综合影响的折减系数 C_2 的平均值约为 0.55，故得出有交叉口路段自行车道设计通行能力 N_d 的计算公式为：

$$N_d = C_1 \cdot C_2 \cdot N_p = C_1 \cdot C_2 \cdot \frac{N_t}{B-0.5} \cdot \frac{3600}{t} \tag{8-18}$$

对于不受平交路口影响路段、受平交路口影响路段的自行车道设计通行能力，《城市道路工程设计规范》的规定值列于表 8-10。

自行车道设计通行能力〔veh/（h·ln)〕　　**表 8-10**

路段分离情况	不受平交路口影响路段	受平交路口影响路段
有机非分隔设施	1600～1800	1000～1200
无机非分隔设施	1400～1600	800～1000

（3）信号交叉口设计通行能力

信号交叉口停车断面自行车通过量的研究表明，红灯后放行的前一段时间车辆比较密集，以后就逐渐减少，根据以 5s 为单位进行的大量观测，V_1 为全部放行时间（绿灯时间）通过量，V_2 为每次放行前 20s 的通过量，V_3 为每次放行时间段内最密集的 5s 的通过量，将此三项数值汇总列于表 8-11。

采用整个放行时间的平均通过量 V_1 作为路口设计通行能力似乎偏低，因为有时 20s 以后的车辆很少，甚至没有什么车辆通过。采用最为密集的 5s 的通过量 V_3，则过于密集、拥挤，可能给行车安全造成不利，故亦不宜选作设计通行能力。而前 20s 的通过量虽前半段较密集，后半段比较稀，平均来看还属正常，故以此时段的通过量作为交叉口的设计通行能力，较为安全、适中。

交叉口自行车放行特征交通量统计表 **表 8-11**

交叉口	观测断面宽度 (m)	放行时间平均通过量 V_1 veh/（5s·m）	放行的前 20s 通过量 V_2 veh/（5s·m）	放行最大 5s 通过量 V_3 veh/（5s·m）
西　单	8.00	2.214	3.285	3.630
东　单	3.75	2.006	3.210	3.400
崇文门	6.50	2.282	2.880	3.150
东　四	5.00	1.907	2.780	3.270
双　井	6.00	2.990	3.360	3.730
甘家口	4.50	2.332	2.803	3.330
地安门	3.20	2.264	3.073	3.800
珠市口	3.80	2.796	3.138	3.320
平均值		2.336	3.066	3.459

从表 7-11 知 8 个路口 V_2 的数值在 2.8～3.3 之间，平均值为 3.066veh/（5s·m），换算为单条自行车道为 $\frac{3.066\times3600}{5}=2208\text{veh/(h·m)}$，可取 2200veh/（h·m）。对于具体路口引道来说必须乘以绿信比，例如信号周期为 60s，而绿灯时间为 30s，则其通行能力为 $2200\times\frac{30}{60}=1100\text{veh/(h·m)}$。

《城市道路工程设计规范》(CJJ 37—2012）中规定：信号交叉口进口道一条自行车道的设计通行能力可取为 800～1000veh/h。

8.5.2 提高自行车道通行能力的措施

按照城市自行车交通规划应遵循的原则，科学组织、合理限制、均衡调控，充分挖掘道路交叉口、路段、网络的交通容量潜力，提高自行车道通行能力和服务水平的措施大体有如下几种：

1. 路口的改善

为提高自行车道路交叉口通行能力，可以实行针对自行车交通组织、交叉口局部改善的方案：

(1）在交叉口进口道停车线与人行横道线间，设自行车待转区，绿灯亮后，自行车优先通过交叉口，以减少机、非相互间的干扰；

(2）左转自行车 2 次过交叉口，即左转自行车在绿灯时只能直行，经过 2 次绿灯直行完成左转。

2. 路段的改善

城市主干道上，车道实施机动车专用，非机动车和行人共用人行道的办法来提高主干道机动车通行能力，减少机、非干扰。自行车、行人共用一条道路的方案虽然目的在于提高机动车的通行能力，但是也界定了自行车与行人的专用通行空间，有利于提高自行车道的通行能力。值得注意的是这种方案要求：

(1）自行车与行人交通量均很小，例如通行的城市主干路（两侧无大型公共建筑）、大型工业区内部道路等；

（2）对于人流量较大而自行车极少的路段，自行车必须在人行道上行驶。

3. 路网的改善

由于未来城市的主要出行方式仍以自行车为主，因此在道路网的建设上重视开辟自行车道路网，尤其是要完善城市次干路及支路网系统，为逐步实现机、非分流创造条件，将非机动车交通逐步从机动车交通走廊上分离出来。

8.5.3　自行车道的服务水平

1. 服务水平评价指标

根据我国自行车流的实际情况和交通流特性，自行车道服务水平标准，如级别分得太多，各指标的定性定量难以掌握，太少又不能反映自行车交通运行现实状况的差异。因此建议按 4 级划分，对路段和交叉口分别考虑，指标亦有所不同。

对路段的服务水平建议用骑行速度、占用道路面积、交通量负荷与车流状况。对交叉口服务水平标准增加了停车延误时间和路口停车率两个指标。通常我们用以下指标来描述自行车道的服务水平：

（1）负荷度 X

定义为所评定路段高峰小时自行车交通量与该路段通行能力的比值。

$$X = N/C \tag{8-19}$$

式中　N——路段上高峰小时自行车交通量，veh/h；

C——路段上自行车的通行能力，veh/h。

此值越大表明道路负荷愈重，越小负荷愈轻，运行条件越好。

（2）停车延误时间

主要是指车辆在通过路口处于红灯受阻情况下等待绿灯开放的时间延误，另外还包括过停车线后在路口内的二次延误。

对于自行车，根据北京 8 个交叉口高峰小时的观测资料，延误时间平均为 18.8～25.2s。南京市珠江路口与大行宫早上高峰小时的观测资料表明，延误时间长达三个周期，更多的是 1～2 个周期内将停车放完，即平均时间约为 70s 左右。在确定此项指标时下限采用 30s，而最大值采用 90s，即一个半周期的时间。

（3）路口停车率

这项指标主要说明通过路口时停车等候的车辆数占全部车流量的百分率。停车率大表示路口通过困难，停车率小表示易于通过，根据北京 10 多个路口高峰小时的观测，平均停车率为 35.9%～52.4%，即不停车通过交叉口的不到一半，这个数值比较高，但在南京观测的资料表明，高峰拥挤时停车率亦高达 50%。所以将这个指标定为 20% ～50%。

2. 服务水平划分标准

路段与交叉口自行车道服务水平分级标准列于表 8-12、表 8-13。

路段自行车道服务水平分级标准　　**表 8-12**

等级 指标	一	二	三	四
骑行速度（km/h）	＞20	20～15	15～10	10～5

续表

指标 \ 等级	一	二	三	四
占用道路面积（m^2/veh）	>7	7～5	5～3	<3
负荷度 X	<0.40	0.55～0.70	0.70～0.85	>0.85

交叉口自行车道服务水平分级标准 **表 8-13**

指标 \ 等级	一	二	三	四
过交叉口骑行速度（km/h）	>13	13～9	9～6	6～4
停车延误时间（s）	<40	40～60	60～90	>90
负荷度 X	<0.7	0.7～0.8	0.8～0.9	>0.9
路口停车率（%）	<30	30～40	40～50	>50
占用道路面积（m^2/veh）	8～6	6～4	4～2	<2

思考题

1. 行人交通流宏观特性的基本参数有哪些？他们之间的关系如何？
2. 人行道、人行横道、人行天桥、人行地道及车站码头的人行天桥与人行地道的基本通行能力、可能通行能力和设计通行能力如何确定？
3. 人行道的服务水平的评价指标又哪些？如何分级？设计服务水平为哪一级？
4. 自行车道的基本通行能力、可能通行能力和设计通行能力如何确定？
5. 自行车道服务水平的评价指标有哪些？如何分级？设计服务水平为哪一级？

习题

1. 已知某大型商场附近，行人行走时的纵向间距为 1m，每个行人占用的宽度为 0.75m；人行道上行人步行速度为 1m/s；行人过街设施包括人行横道与人行天桥，人行横道处均设有过街信号，步行速度为 1.2m/s；人行天桥处步行速度为 0.8m/s，试求该地区人行道、人行横道及人行天桥的设计通行能力。

2. 已知某城市的一条自行车道，自行车轮胎与路面间附着系数为 0.5，纵坡 $i=3\%$；根据实地观测，自行车的车身长度为 1.9m，平均速度为 18km/h，15min 内通过观测断面的自行车数量为 150veh，自行车道宽度为 1.0m，试求其理论通行能力与可能通行能力。（安全间距取 1.0m）

第9章　无信号交叉口通行能力

平面交叉口是道路网络的基本节点之一，也是网络交通流的瓶颈所在。在平面交叉口有限的空间内，汇集着几条各种不同流向的交通流道路，致使交叉口处错综复杂。这不仅影响整个道路网络的安全和畅通，而且严重影响整个道路网络的通行能力和运输效益的发挥，因此，道路平面交叉口通行能力的分析在道路网规划与评价、交叉口类型选择、规划与设计中占有举足轻重的地位。从有无交通控制方式来分，平面交叉口包括无信号交叉口和信号交叉口。相对于路段而言，无信号交叉口由于次要道路车流穿越主要道路车流而在交叉口范围内引起车流之间的冲突、交汇、分流等车流运行行为，使交叉口的交通特性趋于复杂，因此其通行能力的确定比路段更为困难。本章主要讨论无信号交叉口交通特性和通行能力分析方法。

9.1　概述

9.1.1　无信号交叉口几何特征

无信号交叉口具有以下几何特征：

（1）大部分无信号交叉口都是2/2相交。其中，公路主路宽度为9～15m，次要道路宽度为9～12m；城市道路主路宽度为13～19m，次要道路宽度为13～16m；

（2）一部分无信号交叉口是4/2相交。其中公路主路宽度为15～17m，次要道路宽度为9～12m；城市道路主路宽度为19～21m，次要道路宽度为13～16m；

（3）少部分无信号交叉口是4/4相交。其主路较宽，一般设有中间带，且机动车和非机动车分道行驶，次要道路也较宽，一般也设有中间带。

9.1.2　无信号交叉口车辆组成和速度特征

无信号交叉口具有如下交通特征：

（1）大部分交叉口具有明显的主路优先特征，主路交通量明显大于次要道路，车速也要高于次要道路；

（2）大部分交叉口交通量都不大；

（3）交通流中小型车占有较大比例；

（4）2/2相交无信号交叉口，各向车速较低，一般主路为20～40km/h，次要道路为20～30km/h；

（5）4/2相交无信号交叉口，主路车流的速度与支路车流的速度有一定的差别，一般主路为40～50km/h，次要道路为20～35km/h；

（6）4/4相交无信号交叉口，主路车流的速度与支路车流的速度有较大差别，一般主路为50～70km/h，次要道路为30～40km/h。

9.1.3 无信号交叉口的控制方式

在国外，无信号交叉口一般有两种控制方式：停车标志控制和让路标志控制，统称为主路优先控制。在我国，无信号交叉口过去均未采取任何交通管理措施，只是按照惯例，主要道路上的车辆优先通行，通过路口不用停车；次要道路行驶的车辆，应让主要道路上的车辆先行，再寻找机会，穿越主要道路上车流的空档，通过路口。随着国人对交通安全重视程度的提高，以及交通管理观念和意识的更新，交通管理条例的规范和完善，越来越多的无信号交叉口均采用上述两种交通控制方式。

1. 让车标志和停车标志

减速让行标志表示车辆应减速让行（图 9-1），告示车辆驾驶人必须慢行，观察主路行车情况，在确保主道车辆优先的前提下，认为安全时方可续行。此标志设在视线良好交叉道路的次要路口，在进入交叉口前 200～300m。

停车让行标志表示车辆必须在次要道路停止线以外停车瞭望（图 9-2），确认安全后，才准许通行。此标志设在视线良好交叉道路的次要路口，在进入交叉口前 200～300m，对驶入无信号交叉口的驾驶人进行提示，进入交叉口前应先停车。

图 9-1 减速让车标志

图 9-2 停车标志

2. 无信号交叉口通行能力影响因素

无信号交叉口的通行能力应为主要道路上的交通量加上次要道路上车辆穿越空档所能通过的车辆数。主要道路上的车辆通过量按路段计算。

次要道路的最大通过量（即通行能力）受下列因素影响：主要道路上车流的车头间隔分布、次要道路上车辆穿越主要道路所需时间、次要道路上车辆跟驰的车头时距大小、主要道路上车辆的流向分布、交叉口类型、大中型车混入率、主要道路车流速度等。若主要道路上的车流已经饱和，则次要道路上的车辆一辆也通不过。因此，无信号交叉口的最大通行能力等于主要道路路段的通行能力。事实上，在无信号交叉口，主要道路上的交通量不大，车辆呈随机到达，有一定空档供次要道路的车辆穿越，相交车流无过大阻滞。否则，需加设信号灯，分配行驶权。

9.2 无信号交叉口交通特性

9.2.1 交通流向分析

在无信号交叉口，次要道路上的车流，每一流向都面临与其他流向的交通流发生冲突的可能性。如图 9-3 所示，可以看出次要道路上的右转车流与主路右侧车道的直行车流合流；直行车流与主路直行车流、左转车流冲突，与主路左转车流、右转车流合流；左转车

流与主路左转车流、直行车流有冲突，与主路直行车流有合流。

9.2.2 车流运行特性

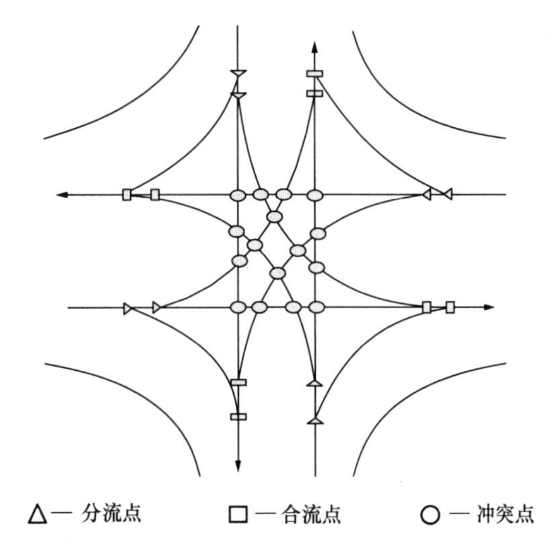

图 9-3 无信号交叉口的交通流向图

无信号交叉口的车流运行特性受无信号交叉口的类别影响较大。根据交叉口相交道路的等级，无信号交叉口包括主、次道路相交及两条等级相当的道路相交两种类型交叉口。对于主次两条道路相交的交叉口，不管是在次要道路进口道上采用停、让车标志，还是全无控制形式，主要道路上的车流一般都不太受影响，即多车道车流的车头时距分布符合负指数分布规律，而次要道路上的车流遵循停、让车次序，并利用主路的车头间隙穿过交叉口。如果主次路上都有左、右转车流，则一般各向车流遵循以下的优先规则通过交叉口，即：次要道路上的右转车流、主要道路上的左转车流、次要道路上的直行车流、次要道路上的左转车流。

下面以实例分析进一步说明其车流运行特性。图 9-4 为从“A”到“B”——有代表性的 T 型交叉口平面示意图。表 9-1 和表 9-2 为该 T 型交叉口的交通状况。

通过对此交叉口的车辆运行状况观测发现：

(1) 次要道路的车辆左转穿过主要道路车队时，一般发生两次停车。第一次是与主要道路上车队交叉时，第二次是越过中间带与主要道路上车队合流时。

(2) 当主要道路上交通量较大时，次要道路上车辆在此交叉口冲突点处排队。数量一般不超过 3 辆。

(3) 次要道路上右转车辆一般不发生停车现象，但车速降低较大。

(4) 主要道路上左转车辆通过交叉口一般仅发生一次停车。

(5) 主要道路上右转车辆通过交叉口车速降低较少。

T 形交叉口主要道路交通量（veh/h） **表 9-1**

车型 方向	摩托车	小型车	中型车	大型车	拖挂车	当量小型车
A 至 B	550	187	210	97	4	1117
B 至 A	450	160	210	154	6	1112

T 形交叉口次要道路交通量（veh/h） **表 9-2**

车型 方向	摩托车	小型车	中型车	大型车	拖挂车	当量小型车
主线方向至 C	无记录	40	25	17	0	106
C 至主线方向	无记录	40	31	15	0	112

分析主次路的交通量可知：

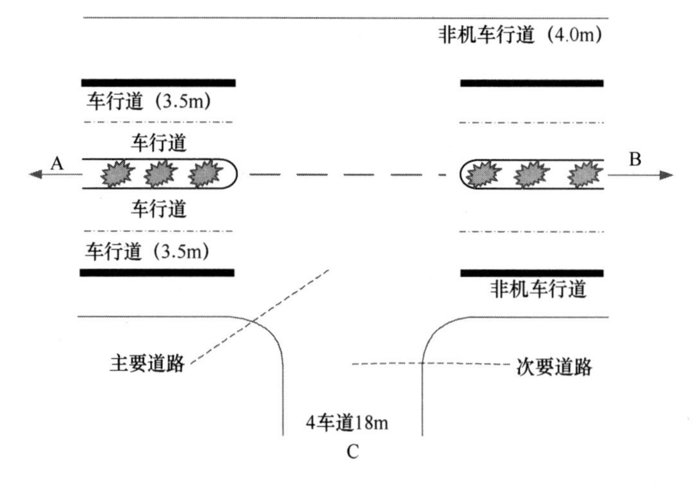

图 9-4　某 T 形交叉口平面示意图

（1）主要道路上交通量较大是造成次要道路上车辆停车的主要原因，而主要道路上有中间带使得次要道路穿越车辆在与主路车队合流前有足够的安全地带可以停车。

（2）次要道路上交通量较少及次要道路车道数多使得主路右转车流能自由进入次要道路。

对于两条等级相当的公路相交而成的交叉口，有的国家采用设置四路停车标志的方式进行管理。该方式是所有到达交叉口的车辆都要停车，驾驶人不遵章即造成交叉口混乱。

9.2.3　车头时距及其分布形式

车头时距是交通流的重要参数。它是进行交通流模拟，通行能力分析及交通控制方法选择的基本参数。常用的车头时距分布模型包括：负指数分布、移位负指数分布、爱尔朗分布、M3 分布和改进的 M3 分布。

1. 负指数分布

负指数分布模型是经典的车头时距分布模型，其概率密度函数为：

$$f(t)=\lambda e^{-\lambda t} \tag{9-1}$$

式中　t——车头时距，s；

λ——车流量，veh/s。

负指数分布模型特点是：车头时距越接近零其出现的概率越大，适用于自由流，车辆可以自由超车；对于车流量较大，运行受到一定限制的车流不太适合。

2. 以为负指数分布

鉴于负指数分布不适用于交通量较大的情况，需对车头时距模型进行修正，负指数分布通常被修正为位移负指数分布，其概率密度函数如下：

$$f(t)=\begin{cases}\dfrac{1}{T-\Delta}e^{-\frac{t-\Delta}{T-\Delta}} & t\geqslant\Delta \\ 0 & t<\Delta\end{cases} \tag{9-2}$$

式中　Δ——最小车头时距，s；

T——平均车头时距，s。

移位负指数分布的特点是：假设车头时距不能小于一个最小值，解决了车头时距越接近零出现概率越大的问题；令 $\Delta=0$，即为负指数分布。

3. 爱尔朗分布

负指数分布另一种修正形式为爱而朗（Erlang）分布。当爱而朗的阶数为一时，即为负指数分布，因此爱而朗分布是负指数分布的更一般的表达形式，其概率密度函数如下：

$$f(t)=\frac{\lambda(\lambda t)^{r-1}}{(r-1)!}e^{-\lambda t},r=1,2,3\cdots \tag{9-3}$$

式中　r——爱尔朗分布的阶。

4. M3 分布

1975 年科恩（Cowan）在位移负指数分布的基础上进一步提出了 M3 分布。M3 分布假定车流是由两部分组成的，一部分车辆以车队状态行驶，另一部分按自由流状态行驶。其概率密度函数如下：

$$f(t)=\begin{cases}\alpha e^{-\lambda(t-\Delta)} & t\geqslant 0\\ 0 & t<\Delta\end{cases} \tag{9-4}$$

式中　α——排队车流的概率。

M3 分布较为客观地描述了公路上运行车辆的状态，其特点是：当车辆按车队状态行驶时，车辆之间保持均一的车头时距 Δ；当车辆以自由流状态行驶时，其车头时距大于 Δ；对于不允许超车的单车道情况比较适合。

5. 改进的 M3 分布

实际上，道路上运行车辆由于性能不同，经常出现超车现象，因此 M3 分布也不能完全地描述车辆的运动行为。根据单车道车辆的实际运行情况，在 M3 的基础上进行改进，又有学者提出了改进的 M3 分布，使其数学表达式对车头时距的描述更趋合理，其概率密度如下：

$$f(t)=\begin{cases}\alpha_1 & 0\leqslant t<\Delta_1\\ \alpha_2 & \Delta_1\leqslant t<\Delta_2\\ \alpha_3\lambda_e^{-\lambda(t-\Delta_2)} & t\geqslant\Delta_2\end{cases} \tag{9-5}$$

式中，Δ_1 为最小车头时距，当车辆处于超车状态时，车头时距服从 $[0, \Delta_1]$ 上的均匀分布，分布密度为 α_1；当车辆处于车队行驶状态时，车头时距服从 $[\Delta_1, \Delta_2]$ 上的均匀分布，分布密度为 α_2；当车辆以自由流状态行驶时，其车头时距大于 Δ_2，其分布密度服从移位负指数分布。

上述几种分布各有各的优点：负指数、位移负指数分布形式简单、计算方便；爱而朗分布更详细地描述不同车辆到达状态；M3 分布以及改进的 M3 分布进一步地将车辆实际运行状态用数学方式表达出来。同样它是负指数和位移负指数分布的更一般表达形式。

在交叉口处，由于安全原因、几何条件限制、车辆交汇等因素的影响，车辆一般不会超车，因而交叉口车辆到达分布采用 M3 分布描述更加适合。

9.2.4　临界间隙与随车时距

1. 基本概念

不管是主次公路相交的交叉口，还是等级相当公路相交的交叉口，在无信号控制条件下或仅用停、让车标志条件下确定这类交叉口的通行能力，都离不开交叉口各流向相互穿越的间隙（也叫临界间隙 t_c）。临界间隙 t_c (Critical gap) 是指交叉口一股车流需要穿越另一股车流时，等待的穿越车辆能够通过被穿越车流所需要的最小间隙。一般条件下，驾驶人会拒绝小于临界间隙的时间间隔而接受大于临界间隙的时间间隔。

随车时距 t_f 是指穿越车流连续通过被穿越车流时前后两车之间的时间间隙，即次要道路车流在无其他车辆冲突影响下以饱和车流通过交叉口的车头时距。

就穿越间隙来说，它的大小与交叉口车流的流向及车型有关。如左转车流比直行车流需要更大的临界间隙。同时，临界间隙的大小还与被穿越车流的速度及穿越车流自身在进口道是否停车有关。一般来说，被穿越车流的速度越大，所需临界间隙就越大；穿越车流如需在进口道处停车，则所需的临界间隙比不停车的要大。

随车时距与穿越车流的车型及车速有关，而与被穿越车流的速度无多大关系。一般来说，穿越车流的车型大车比小车的随车时距要大，穿越车流速度小比穿越车流速度大所需随车时距要大。

临界间隙的大小对交叉口的通行能力影响很大。例如，当主要道路上的交通量为900veh/h时，次要道路上车辆的临界间隙为7秒时，其通行能力为400veh/h；临界间隙若为5s，则其通行能力为620veh/h。也就是说，如果临界间隙应该是5s而错误地认为是7s时，次要道路的通行能力被减低了35%，可见通行能力的准确性很大程度上依靠临界间隙的精度。

在负指数分布和M3分布中，引用位移值和最小车头时距，因此引入最小车头时距的概念 t_m（Move-up time），它是指主路运行车流中两相邻车辆间的最小车头时距。

临界间隙 t_c 与车头时距 t_f 是间隙接受理论的两个重要参数，两个参数值的大小对通行能力的计算有很大影响，因此，在一定的几何、交通条件下，正确测量两个参数是非常重要的。20世纪80年代，美国曾采用了德国在通行能力研究中的临界间隙和随车时距的成果，但美国研究人员发现，这些值对于美国交通条件并不适用，后来他们根据实际条件观测了交叉口处的临界间隙和随车时距。中国的道路、车辆、交通状况与美国和德国有很大的不同，国外有关该方面的研究成果并不能完全适合我国道路实际情况，必须进行基于中国国情的调查、观测，才能得出我国公路交叉口处临界间隙和随车时距的参考值。

2. 临界间隙的估算方法

(1) Greenshields 方法

做出在相应间隙大小的次路车流接受或拒绝频数分布直方图，接受频数和拒绝频数相等时所对应的间隙值即为所求。

此法适于大样本观测。

(2) Raff 方法

也就是通常所说的“临界值”法。认为临界间隙应该比接受的间隙要短且比拒绝的间隙要长。如果作出对应间隙与接受频数或拒绝频数的累计频率曲线，两线的交点即为所求。

此法的主要缺点是容易遗漏许多有用的数据，从而造成统计上的浪费。

(3) Acceptance Curve 方法

做出驾驶人接受间隙大小与接受间隙的累计频率这样一个“S”形曲线，累计频率为50%所对应的间隙值即为临界间隙。

此法的主要缺点是对样本要求较高。

(4) Logit 方法

是对间隙与驾驶人接受间隙的频数作加权平均。其数学表达式为：

$$p=\frac{1}{1+e^{-(\beta_0+\beta_1 x)}} \tag{9-6}$$

式中　p——接受间隙的概率；

β_0、β_1——回归参数。

此法的主要缺点是事先要求知道方差的大小或方差在某一定的区间内变化。

（5）Siegloch 方法

该方法认为排队交叉口的临界间隙与接受间隙呈线性关系：

$$t_c=t_0+0.5t_a \tag{9-7}$$

式中　t_c——临界间隙，s；

t_a——接受间隙，s；

t_0——所作直线对应的截距。

此法仅仅适于交通量很大的交叉口。

（6）Ashworth 方法

观测不饱和条件下的临界间隙是非常复杂的，这主要是因为临界间隙不能直接观测。在一般情况下，对于次要道路车辆驾驶人，可以假设其临界间隙是大于最大的拒绝间隙且小于接受间隙，这个假设与实际情况基本接近。

大量的接受间隙数据可以用一个统一函数来描述，因此，临界间隙必然定位于接受间隙分布曲线的左侧（如图 9-5 所示），即小于接受间隙。

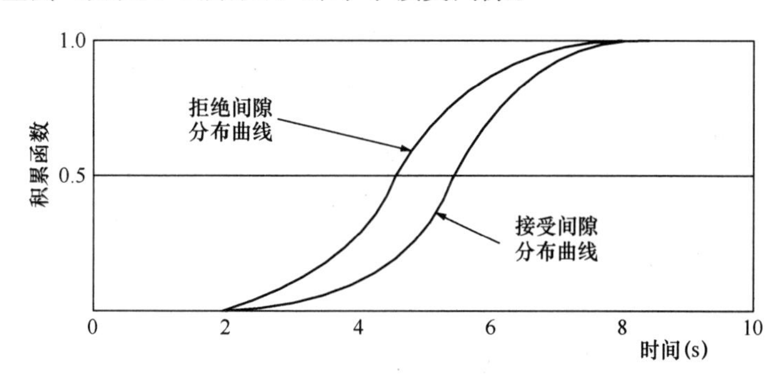

图 9-5　Ashworth 方法的基本原理

假定主路优先车流的车头时距是服从指数分布，或是服从正态分布的。Ashworth 得出了如下的结论：

$$t_c=\bar{t}_a-qS_a^2 \tag{9-8}$$

式中　$\bar{t}_a$——次路车流接受主路车流间隔的均值，s；

q——主路车流量，veh/s；

S_a^2——接受间隙的方差，s^2。

此法适用性较好，且简单易于操作，对样本数量的要求也不是很高。

3. 随车时距的估算方法

随车时距的获取不像临界间隙那样困难，它可以直接观测到。在一个连续排队的车流中，利用同一个间隙穿越交叉口车队的相邻两车之间的车头时距即为随车时距。在实际的观测中，为保证数据的精度和可靠性，观测数据的样本量应满足最小值要求，根据数理统计原理可得如下公式：

$$n_f = \alpha_f \frac{1}{r_f^2} \tag{9-9}$$

式中 n_f ——观测样本量最小值；

r_f ——相对误差，与置信水平有关；

α_f ——置信概率的函数，可以参照表 9-3 确定。

相对误差表 表 9-3

置信水平	90%	95%	99%
α_f	0.4	0.6	1.0

若取误差为 r_f =0.10，则 α_f =0.4，为保证此准确度，至少应有 n_f =40 个观测值。然后取 40 次观测的随车时距的平均值即为随车时距的估计值。

4. 临界间隙与随车时距的关系

临界间隙与随车时距存在着一定的关系。如前所述，随车时距可以直接从现场观测得到，通过临界间隙与随车时距的关系，研究人员可以很方便地将临界间隙计算出来，从而节省调查费用，节约调查时间．而结果一样令人信服。

临界间隙与随车时距的关系可以通过随车时距与临界间隙之比来表达，两者的比值具有相当的稳定性。如表 9-4 所示，两者的比值在 0.4～0.9 之间，大部分都集中在 0.5～0.6 附近。

随车时距与临界时距之比的均值 表 9-4

车辆类型	小客车	中型车	大型车	拖挂车
左转	0.45	0.46	0.50	0.60
直行	0.41	0.47	0.39	0.59
右转	0.55	0.60	0.65	0.67

从表 9-4 可以看出，车辆类型对其比值有一定的影响，小车的比值相对较小，大车的比值相对较大；不同转向对其比值亦有影响，左转车的比值较小，右转车的比值较大，这说明不同转向车辆的临界间隙有一定的变化，左转、直行、右转的临界间隙依次增大。

如表 9-5 所示，从标准差看，其数据同样具有相当的稳定性，其标准差的变化很小，最大幅度只有 0.19。

随车时距与临界时距之比的标准差 表 9-5

车辆类型	小客车	中型车	大型车	拖挂车
左传	0.06	0.06	0.09	0.13
直行	0.14	0.13	0.10	0.08
右转	0.19	0.07	0.06	0.10

5. 临界间隙与随车时距的影响因素

影响临界间隙与随车时距的主要因素包括：

（1）主路车流量和次要道路的车辆延误。随着主路车流量或次要道路车辆延误的增加，临界间隙和随车时距趋于减小，但临界间隙不可能小于随车时距或最小的可接受间隙值。

（2）交叉口的几何特征，主要包括主路车道数和交叉口的类型。随着主路车道数的增加及交叉口次要道路数的增加，临界间隙增加，因为它增加了穿越的难度。

（3）主路的右转车流量所占比例。由于右转车流量与直行车流量相比，前者的冲突量较少。因此，随着右转车流量增加，临界间隙变小。

（4）次要道路进口道的坡度。如果次要道路进口道有坡度，临界间隙会增大。

（5）车辆转向角度的大小。交叉口的相交角度也影响临界间隙值，同直角与大角度冲突相比，小角度下相交的车辆运动（可以认为是合流）更方便容易，在此种情况下，临界间隙会变小。

6. 临界间隙与随车时距的建议值

根据理论计算及其他方法得出的参考值，考虑工程的实际需要，将数据经过整理后，临界间隙和随车时距的推荐值如表9-6和表9-7所示。这些数据适用于两车道与两车道相交的无信号交叉口。

t_c 的建议值（2/2相交）（单位：s）　　**表9-6**

车辆类型	小客车	中型车	大型车	拖挂车
主路左转	5.0	6.0	7.0	7.0
次要道路左转	5.5	6.5	7.5	8.0
次要道路直行	5.0	6.0	7.0	7.0
次要道路右转	3.0	3.5	4.0	4.5

t_f 的建议值（单位：s）　　**表9-7**

车辆类型	小客车	中型车	大型车	拖挂车
主路左转	2.0	2.5	3.0	4.0
次要道路左转	2.5	3.0	3.5	4.0
次要道路直行	2.0	2.5	3.0	4.0
次要道路右转	1.6	2.5	2.5	3.0

对于两车道与四车道相交的交叉口，可以根据车辆穿越双车道的临界间隙值及车辆穿越交叉口时的速度来计算车辆穿越四车道的临界间隙值，即将原临界值加上增加道路宽度所消耗的时间。

一般情况下，车辆的穿越速度为20～25km/h，一个车道的标准宽度为3.5m，这样增加的时间近似取为1s。对于两车道与四车道相交的交叉口，其临界间隙推荐值如表9-8所示。

t_c 的建议值（2/4相交）（单位：s）　　**表9-8**

车辆类型	小客车	中型车	大型车	拖挂车
主路左转	6.0	7.0	8.0	8.0

续表

车辆类型	小客车	中型车	大型车	拖挂车
次要道路左转	6.5	7.5	8.5	9.0
次要道路直行	6.0	7.0	8.5	8.0
次要道路右转	4.0	4.5	5.0	5.5

对于两车道与四车道相交情况，车辆穿越交叉口的随车时距，由于车辆性能没有变化其值保持不变，参见表 9-7。

在通行能力的计算中，最小跟车时距也是一个非常重要的参数，它与随车时距一样，可以直接观测到，相应的推荐值见表 9-9。

t_m 的建议值（单位：s） **表 9-9**

车辆类型	小客车	中型车	大型车	拖挂车
次要道路直行	2.0	2.5	3.0	3.0

下面以两个有代表性的无信号交叉口为例加以分析说明。一个在广东省佛山市顺德区容奇镇，为 T 形交叉口，一个在顺德郊区，为十字形交叉口。表 9-10 为调查资料统计汇总结果。

T 形交叉口接受间隙调查表 **表 9-10**

时间（s）	小型车（辆）		中型车（辆）		大型车（辆）	
	左转	右转	左转	右转	左转	右转
1～2	0	0	0	0	0	0
2～3	1	0	0	1	0	0
3～4	1	0	2	2	1	1
4～5	4	1	6	3	1	1
5～6	8	0	5	4	0	1
6～7	2	2	7	5	3	1
7～8	4	0	9	3	4	1
8～9	3	1	5	3	2	2
9～10	3	0	3	2	2	1
10～11	3	0	4	2	2	1
11～12	5	0	4	1	2	1
12～13	1	0	2	1	1	
13～14	2	0	1	1	0	
14～15	1	0	4	1	2	
15～16	2	0	1		0	

对调查数据进行重新分组统计，以 2s 作为组距，分别统计频数、累计频数与累计频率，做出它们相应的频数分布直方图、频数分布曲线图、累计频率分布曲线图。图 9-6 为左转小型车可接受间隙分布直方图。

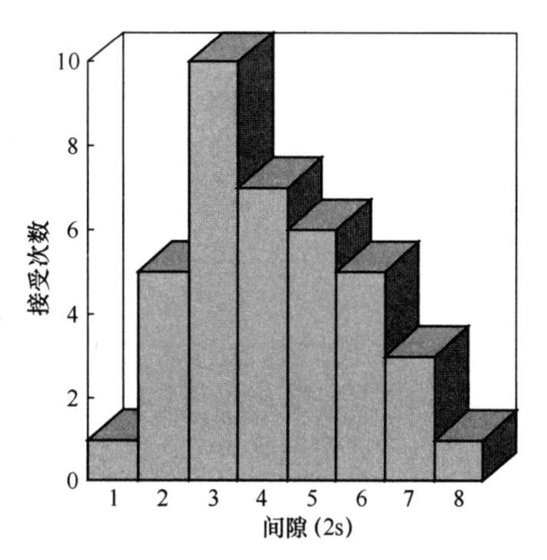

图 9-6　左转小型车可接受间隙分布直方图

观测数据表明，次要道路车流通过交叉口接受间隙基本服从正态分布，而主要道路的车头时距分布服从负指数分布，所以观测结果符合 Ashworth 方法计算临界间隙值的计算条件。表 9-11 和表 9-12 为根据式（9-9）计算得到的 T 形交叉口和十字形交叉口的临界间隙统计结果。

国内其他有关部门对主次路相交的无信号交叉口也进行了调查分析，得到了按车流流向和车型分类的临界间隙和随车时距统计数据，见表 9-13～表 9-16。

容奇镇 T 形交叉口观测统计结果　　表 9-11

运行方向	临界间隙（s）				随车时距（s）			
	小型车	中型车	大型车	拖挂车	小型车	中型车	大型车	拖挂车
左转	6.34	6.92	7.42	—	3	3.75	4.31	—
直行	—	—	—	—	—	—	—	—
右转	5.88	6.28	6.49	—	1.95	2.13	2.79	—

顺德区十字形交叉口观测统计结果　　表 9-12

运行方向	临界间隙（s）				随车时距（s）			
	小型车	中型车	大型车	拖挂车	小型车	中型车	大型车	拖挂车
左转	6.74	7.18	8.64	—	—	—	—	—
直行	6.30	7.09	8.11	—	2.15	2.92	3.11	—
右转	5.32	—	—	—	—	—	—	—

四川省的观测统计结果　　表 9-13

运行方向	临界间隙（s）				随车时距（s）			
	小型车	中型车	大型车	拖挂车	小型车	中型车	大型车	拖挂车
左转	6.05	6.84	7.26	8.14	2.70	2.87	3.02	3.64
直行	5.43	6.12	7.46	7.60	1.44	2.05	2.37	3.87
右转	3.24	4.10	4.26	4.87	1.46	2.12	2.50	2.68

河北省的观测统计结果　　表 9-14

运行方向	临界间隙（s）				随车时距（s）			
	小型车	中型车	大型车	拖挂车	小型车	中型车	大型车	拖挂车
左转	6.05	6.87	7.06	7.24	3.05	3.65	4.22	4.78

续表

运行方向	临界间隙（s）				随车时距（s）			
	小型车	中型车	大型车	拖挂车	小型车	中型车	大型车	拖挂车
直行	4.99	4.78	6.07	5.75	2.07	2.87	3.04	3.52
右转	2.46	3.12	3.87	4.01	1.89	2.06	2.56	2.99

河南省的观测统计结果 **表 9-15**

运行方向	临界间隙（s）				随车时距（s）			
	小型车	中型车	大型车	拖挂车	小型车	中型车	大型车	拖挂车
左转	5.20	7.02	8.12	8.76	2.00	3.00	4.00	6.00
直行	4.00	6.40	7.80	8.20	2.15	3.07	2.74	5.43
右转	3.12	3.86	4.32	4.98	1.33	2.42	3.00	3.30

辽宁省的观测统计结果 **表 9-16**

运行方向	临界间隙（s）				随车时距（s）			
	小型车	中型车	大型车	拖挂车	小型车	中型车	大型车	拖挂车
左转	6.92	7.89	7.96	9.10	3.01	3.84	4.05	4.72
直行	6.41	7.24	7.40	8.90	2.20	3.64	3.89	4.45
右转	5.90	6.12	6.20	7.82	2.01	3.40	3.24	3.89

注：上述各表数据引自文献［14］。

9.2.5 无信号交叉口延误分析

1. 无信号交叉口延误的基本概念

延误是指运行车辆不能以期望的速度运行而产生的时间损失。由于交叉口的存在，使得过往车辆产生延误。按国际通常的研究方法，在具有明显主路优先条件下的无信号交叉口处，假定主路的优先权不受其他车辆的影响而不产生延误，只计算次要道路车辆的延误。事实上，由于交叉口的存在，所有的车辆都会受到交叉口的影响而产生一定的延误，考虑所有车辆延误与车流量的关系，构成了延误分析的基本思想。

2. 车辆延误的分析计算

交叉口延误有两种描述方法，一是所有进入交叉口车辆的延误，二是主路优先条件下的次要道路车辆延误是所有进入交叉口车辆的延误。以下分两部分讨论。

车辆通过交叉口时，由于交叉口存在车辆交汇及行人、视距、坡度等因素的影响，会使驾驶人产生安全预防的心理反应，这直接影响到车辆通过交叉口的速度。延误就是指实际运行时间与理想条件下运行时间的差值。

交叉口的延误是由几何延误和交通延误组成的，几何延误是由交叉口的几何尺寸和交通控制条件引起的，即使车辆自由通过交叉口，也存在这个延误。交通延误则是由交叉口车辆之间相互影响引起的，它可导致车辆排队或在冲突区内降低速度。一般情况下，两种延误很难准确区分。

计算进入交叉口车辆延误的主要问题是确定车辆的理想通过时间，该数值因车、人、交叉口而异。在实际的计算过程中，设交叉口不存在时车辆通过此路段的时间为理想通过

时间，通常采用下面两种方法计算车辆在交叉口的延误时间。

（1）全部车辆延误的分析计算

1）单车运行时间计算法

单车运行时间计算法利用观测到的每辆车在进口和出口的速度来计算各辆车的理想运行时间 TT_1：

$$TT_1 = L_{in}/S_{in} + L_{out}/S_{out} \tag{9-10}$$

式中　L_{in} ——进口观测点距交叉口中心的距离，m；

S_{in} ——在进口观测点测定的单车运行点速度，m/s；

L_{out} ——出口观测点距交叉口中心的距离，m；

S_{out} ——在出口观测点测定的单车运行点速度，m/s。

单车延误 D_1 的计算公式如下：

$$D_1 = TT_i - TT_1 \tag{9-11}$$

式中　TT_i ——为第 i 辆车实际运行时间，s。

2）车型平均运动时间计算法

某车型的理想运行时间 TT_2 可通过进口、出口观测得到的每个时段内各车型的平均速度计算：

$$TT_2 = L_{in}/\overline{S}_{in} + L_{out}/\overline{S}_{out} \tag{9-12}$$

式中　$\overline{S}_{in}$ ——进口观测点观测到的某车型平均速度，m/s；

$\overline{S}_{out}$ ——出口断面观测点观测到的某车型平均速度，m/s。

因此，延误 D_2 计算如下：

$$D_2 = TT_i - TT_2 \tag{9-13}$$

式中　TT_i ——第 i 辆车实际运行时间，s。

（2）主路优先条件下的次要道路车辆延误

无信号交叉口中次要道路车辆通过交叉口的数量取决于具有优先等级车流的车头时距分布，若车头时距发生变化，其通行能力也会发生变化。

车辆被假定都是停在停车线前，随时都有加速和减速的可能。延误是由于车辆不能以正常的运行速度通过而造成的时间损失。排队延误包括排队等待和一些加速过程，如驾驶人的跟车过程，延误的其他部分是几何延误。几何延误和排队延误之和就是总延误。

Kimber 研究了延误规律和几何延误的情况。纯粹的几何延误是由于交叉口的几何条件引起的。几何延误主要包括以下三个方面：

1）纯几何延误；

2）由于出现其他车辆而产生的额外延误；

3）由于停车或加减速造成的延误。

图 9-7 是说明几何延误的一个例子。t_1 和 t_2 是车辆理想穿越交叉口的时间，由于交叉口的存在，造成了速度的降低或停车等待，车辆的延误为 d_1、d_2。

间隙理论中，若存在一个精确的可穿越间隙，则只有一辆且只能有一辆车在某一时刻进入交叉口。若此时刻定为 t_1 点，并且交叉口前没有排队，那么次要道路车辆在此刻到达并通过交叉口不引起延误，即次要道路车辆在 t_1 时刻到达交叉口停车线并以进入引道的速度驶入交叉口。如果到达的车辆是提前或迟后于 t_1 时刻，都将造成一定的延误。实

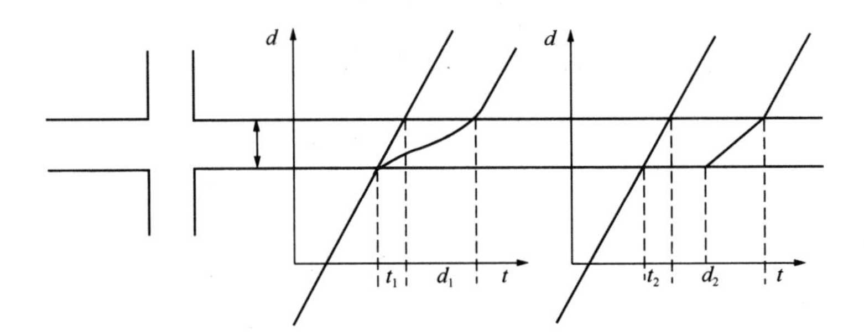

图 9-7　车辆通过交叉口的两种延误情况

际上，进入交叉口的驾驶人都会自动降低车速，由此产生三部分延误，减速延误 d_{dec}、低于正常行驶速度穿越交叉口的延误 d_{neg} 和加速延误 d_{acc}。

安全通过速度取决于运行方式和临界间隙，安全通过速度是在主路有一个较长的间隙时次要道路车辆通过交叉口的最大速度。若一个间隙等于临界间隙且驾驶人在特定的时刻到达，就会出现"减速一通过一加速"这种驾驶行为。

不同的车辆到达类型存在着不同的几何延误。排队延误是由于车辆在交叉口前的排队而产生的，可通过实地观测（摄像和测量）来测定。

（3）交叉口的延误一流量曲线

交叉口延误一流量曲线的确定一般有下列三种方法：

1）现场观测法

通过交叉口现场观测获得各类交叉口的延误一流量曲线是一种最基本的方法。该法通过在交叉口布设交通流数据采集仪及摄像机，采集车辆通过交叉口进口及出口时的通过时间、车速、车型及车牌号，经过车号配对识别及软件运算，可确定各类交叉口的延误一流量关系曲线及同类交叉口在不同交通条件与道路条件下的延误一流量曲线族。

2）数学模型法

数学模型法是通过建立交叉口平均车辆延误与交通负荷的关系模型，来确定各类交叉口的延误一流量关系曲线。目前，用于信号交叉口及无信号交叉口延误分析的模型较多，如韦伯斯特模型、HCM 模型及同轴转换模型等，但这些数学模型中仍有许多参数需要通过实地观测来确定。

3）计算机模拟法

计算机模拟法是通过计算机自动产生与交通流具有同样分布特征的伪随机数，并经过伪随机数的排序形成随机变量，通过数值计算及逻辑检验来模拟车辆在通过交叉口时的各种行驶行为及其产生的排队延误，由此形成延误一流量曲线。用计算机模拟法建立的延误一流量关系曲线比数学模型要"真实"，但模拟模型中仍有许多参数需要通过现场观测来确定。

9.3　无信号交叉口通行能力计算方法

9.3.1　概述

无信号交叉口通行能力的计算方法从总体上分为两大类：一类是理论法，另一类是经

验法。理论法是假设目标条件，从理论上推算交叉口通行能力的方法，而经验法则是完全利用实际观测数据。分类分析与各类因素的关系，进而确定修正系数。

理论法条理清晰，易于解析分解，可以很精确地进行定量分析，但可能过于理想，不太符合实际；经验法就是从实际得出的结论，它使用更方便，但使用范围小，精度低，不太符合精确分析。

理论法主要有间隙接受理论、车队分析法；经验法主要有延误分析法、综合计算法。一般情况下，间隙接受模型适用于主次分明的交叉口，车队分析法适用于主次不太分明的交叉口，此种交叉口类似于国外的四路停车交叉口。

9.3.2　间隙接受理论

间隙接受理论最早由 Drew 和 Harders 相继提出，它的基本思想是：主次两条相交的道路交叉口，假设主路车流通过交叉口时不受影响，而次路车流必须利用主路车流的间隙通过。在此假设下，若已知主路车流的流率及车流中车头间隙分布规律，则能求出次路直行车流在一定时段内通过交叉口的车辆数。研究表明，多车道车流中车头间隙的出现一般比较符合负指数分布规律：

$$P(h > t) = e^{-qt} \tag{9-14}$$

式中　q——主路车流的流率，veh/s；

t——车流的车头间隙，s。

若设次要道路车流穿越主要道路车流的最小车头间隙（临界间隙）为 t_c（s），次要道路车流连续通过交叉口的随车时距为 t_f（s），则能推导出出次要道路车流的理论通行能力计算模型：

$$C = \frac{qe^{-qt_c}}{1-e^{-qt_f}} \quad (\text{veh/s}) \tag{9-15}$$

该模型是在假定次要道路只有直行车流且车流中都是小客车车型的条件下得出的。实际上，次要道路上通过交叉口的车流，既有直行车，也有左、右转弯车；既有小客车，也有其他车型。下面着重分析次要道路上有左、右转车流、有不同车型及主要道路上车流速度变化时如何影响次要道路车流通过交叉口的通行能力。

1. 次要道路进口道通行能力

假设主次路相交交叉口的实际情况，次要道路进口道上最常见的形式是：一条在进口道拓宽的右转车道，一条直行、左转车共用的车道。

（1）右转车道理论通行能力

因为次要道路右转车有固定的车道，它不影响直行车和左转车，而且右转车不需要通过整个主要车流，而仅仅是与主要道路右侧车道上的车流合流，所以次要道路上右转车所需的临界间隙小于直行车和左转车。则右转车可在下列两种情况下与主要道路右侧车道上的车流合流：

1）主要道路上有可供次要道路直行、左转车穿越的空隙时，次要道路右转车可同时转弯而不影响次要道路直行、左转车穿越。

2）主要道路右侧车道上的车流在间隙大于或等于 t_{cr}，但没有可供次要道路直行、左转车穿越的空隙时，次要道路上右转车可转弯合流。

若假定主路各车道交通量相同，上述两种情况下右转车总的转弯合流流率或通行能力由式（9-16）可得：

$$C_{\mathrm{r}}=\frac{\frac{q}{n}e^{-\frac{q}{a}t_{\mathrm{cr}}}}{1-e^{-\frac{q}{n}t_{\mathrm{fr}}}} \tag{9-16}$$

式中　n——主路车道数，条；

t_{cr}——右转车合流所需临界间隙，s；

t_{fr}——次要道路右转车的随车时距，s。

右转弯车流的通行能力 C_{r}远大于次要道路进口道上右转车数，而根据次要道路进口道处车流实际到达情况，右转车所占比例一般远小于直行车，所以计算次要道路通行能力时，不必计算 C_{r}，而只需知道右转车的比例即可。

（2）直行、左转共行车道的理论通行能力

因为主次道路相交的无信号交叉口，次要道路进口道直行车与左转车常共用一条车道，而两条车流穿越主要道路车流时所需的临界间隙不同，所以计算该车道等待车辆的穿越流率时，应根据概率论原理按直行、左转车各占的比例来分析。

设该车道车流中左转车与直行车的比例分别为 β 和 $1-\beta$，则每一时刻左转车位于穿越车流对应的概率为 β，直行车对应的概率为 $1-\beta$。鉴于交叉口车流的实际情况，为了简化修正后的通行能力模型，在此假设下列四种情况时随车时距相等：

1）左转车在队首其后为直行车；

2）左转车在队首其后为左转车；

3）直行车在队首其后为直行车；

4）直行车在队首其后为左转车。

则直左共行车道的通行能力为：

$$C_{\mathrm{sl}}=(1-\beta)q\frac{e^{-qt_{\mathrm{cs}}}}{1-e^{-qt_{\mathrm{f}}}}+\beta\frac{qe^{-qt_{\mathrm{cl}}}}{1-e^{-qt_{\mathrm{f}}}}=\frac{q}{1-e^{-qt_{\mathrm{f}}}}[(1-\beta)e^{-qt_{\mathrm{cs}}}+\beta e^{-qt_{\mathrm{cl}}}] \tag{9-17}$$

式中　C_{sl}——直行、左转共行车道的通行能力，veh/h；

t_{cs}、t_{cl}——直行、左转车的临界间隙，s。

（3）进口道理论通行能力

设次要道路右转车流占次要道路进口道车流的比例为 β_{r}，又设单位时间（s）内右转车通过的车辆数为 X_{r}，则

$$\beta_{\mathrm{r}}=\frac{X_{\mathrm{r}}}{C_{\mathrm{sl}}+X_{\mathrm{r}}} \tag{9-18}$$

即

$$X_{\mathrm{r}}=\frac{\beta_{\mathrm{r}}C_{\mathrm{sl}}}{1-\beta_{\mathrm{r}}} \tag{9-19}$$

所以次要道路进口道的通行能力 C 为：

$$C=X_{\mathrm{r}}+C_{\mathrm{sl}}=\frac{\beta_{\mathrm{r}}C_{\mathrm{sl}}}{1-\beta_{\mathrm{r}}}+C_{\mathrm{sl}}=\frac{C_{\mathrm{sl}}}{1-\beta_{\mathrm{r}}}(1+\beta_{\mathrm{r}})=\frac{q(1+\beta_{\mathrm{r}})}{(1-\beta_{\mathrm{r}})(1-e^{-qt_{\mathrm{f}}})}[(1-\beta)e^{-qt_{\mathrm{cs}}}+\beta e^{-qt_{\mathrm{cl}}}] \tag{9-20}$$

2. 混合车流修正

以上分析都是理想条件下（通过交叉口的车型均为小型车）得出的结论，但实际情况是通过交叉口的车流都是各种车型的混合车流。所以，很有必要对无信号交叉口通行能力

进行混合车流的修正。

假设次要道路上有 m 种车型，各车型的构成比例为 p_1、p_2、$\cdots p_m$，且 $p_1+p_2+\cdots+p_m=1$。驾驶同类车辆的驾驶人假设为一致的，其通过无信号交叉口冲突区时遵循可接受间隙理论，各型车的临界间隙为 t_{c1}、t_{c2}、$\cdots t_m$，且 t_{c1}、t_{c2}、$\cdots t_m$是递增的，随车时距为 t_{f1}、t_{f2}、$\cdots t_m$且 t_{f1}、t_m、$\cdots t_m$是递增的。不同类型车辆到达交叉口是随机的，次路有充分多的车辆在等待且可容纳无限多的车辆排队。由此通过对次路车辆可能出现的排队构形及其概率进行研究后得出次路混合车流通过无信号交叉口的通行能力模型为：

$$C_{\mathrm{n}}=\frac{q\sum_{k=1}^{m}p_k e^{-q t_{ck}}}{1-\sum_{k=1}^{m}p_k e^{-q t_{fk}}} \tag{9-21}$$

式中　C_{n}——次路混合车流通过无信号控制交叉口的通行能力，veh/s；

　　q——主路交通量，veh/s。

3. 主要道路车流速度修正

主要道路车流到达无信号交叉口时，因受次要道路排队等候穿越车流的影响，车流平均速度回趋于降低。公式（9-20）中，q、t_{cs}、t_{cl}三个参数受主要道路车流速度的影响，其他参数则与主要道路车流速度无多大关系。

首先分析 q。q 是交通流三参数之一，它与车流速度之间有着内在的联系，即 $q=f(v)$。从定性上分析，车流在稳定流范围内，v 越小，q 越大。要想得到 q 与 v 的定量关系式，可对交叉口所在路段的交通流进行观测，然后用统计回归方法得到 q、v 之间的关系式。如不能取得具体的交通流观测资料，也可套用相似道路已有的交通流三参数之间的关系式。例如比较通用的由美国 Greenshields 提出的速度-密度关系基础上推出的流量-速度关系式，即：

$$q=K_{\mathrm{j}}\left(s-\frac{s^2}{s_{\mathrm{f}}}\right) \tag{9-22}$$

式中　K_{j}——车流最大密度，veh/m；

　　s_{f}——车流最大速度或自由流速度，m/s。

再分析 t_{cs}、t_{cl}。t_{cs}、t_{cl}是次要道路进口道上直行车、左转车穿越主要道路车流的临界间隙，它们随主要发“道路车流速度的降低而减少。根据国内外已有的研究结果，各种车型和流向的车辆穿越主要道路车流的临界间隙与主要道路车流的速度之间大致成线性关系。具体的关系式可对所研究的交叉口调查确定，也可应用相关的文献资料近似地确定。

于是，如果考虑到受主要道路车流速度影响的因素后，则式（9-20）可修正为：

$$\mathrm{C}=\frac{q(v)(1+\beta_{\mathrm{r}})}{(1-\beta_{\mathrm{r}})(1-e^{-q(v)t_{\mathrm{f}}(v)})}\left[(1-\beta)e^{-q(v)t_{\mathrm{cs}}(v)}+\beta e^{-q(v)t_{\mathrm{cl}}(v)}\right] \tag{9-23}$$

可接受间隙理论模型经过上述考虑次要道路车流流向、混合车流、主要道路车流速度影响因素修正后，用修正后的模型计算主次相交的无信号控制的交叉口的通行能力更符合交叉口车流的客观实际。

综合式（9-21）、式（9-23），得到修正后的无信号控制的交叉口的通行能力计算式：

$$C=\frac{q(v)(1+\beta_{\mathrm{r}})}{(1-\beta_{\mathrm{r}})(1-\sum_{k=1}^{m}e^{-q(v)t_{fk}})}\left[(1-\beta)\sum_{i=1}^{k}p_k e^{-q(v)t_{csk}(v)}+\beta\sum_{i=1}^{k}p_k e^{-q(v)t_{clk}(v)}\right] \tag{9-24}$$

式中 $q(v)$——主要道路交通量对速度的函数，veh/s；

$t_{csk}(v)$——第 k 种直行车型的临界间隙对速度的函数，s；

$t_{clk}(v)$——第 k 种左转车型的临界间隙对速度的函数，s。

9.3.3 车队分析法

车队理论分析法主要用于两条等级相当的道路相交的无信号交叉口通行能力分析。

车队分析法认为，车流通过交叉口时具有车队特征，即当一路车流通行时，另一路到达车辆需要排队。当正在通行的一路车流中（设为 A 车流）出现可接受间隙时，另一路车流（设为 B 车流）便横穿，并通过一队车辆，直到 B 车队中出现可横穿的空档，A 路车流再横穿。这样循环往复，A、B 两车流以车队形式交替穿行。设 A、B 两车流分别通过一个车队所需时间为 T_A、T_B，把 A、B 两路各通过一个车队当作一个小“周期”，则“周期”长度为 $T=T_A+T_B$。

这里的车队是广义的，它可以是以相同的车头时距或以不同的车头时距通行的一组车辆，也可以是单辆车辆（此时车队长度为 1）。车流要以车队形式通过交叉口，必须满足如下条件：

在一路车流通行期间（T_A或 T_B），另一路上必须有一辆以上车辆到达，并等候通过。在通常的交通状况下，这个条件是能满足的。

通过交叉口的车队由两部分组成：先通过部分为受延误的排队车辆，以饱和流率通过，称为饱和流部分，随之通过部分为不受延误的车辆，以非饱和率通过，称之为随机流部分。若已知饱和流、随机流车队车辆的期望值分别为 N_S、N_U 和相应的通行时间 T_S、T_U，则

$$N_A = N_{SA} + N_{UA} \tag{9-25}$$

$$N_B = N_{SB} + N_{UB} \tag{9-26}$$

$$T_A = T_{SA} + T_{UA} \tag{9-27}$$

$$T_B = T_{SB} + T_{UB} \tag{9-28}$$

式中 N_A、N_B——A、B 路车流中一个周期内的车辆期望值，veh；

N_{SA}、N_{UA}——A 路饱和流、随机流车队一个周期内的期望值，veh；

N_{UB}、N_{SB}——分别是 B 路饱和流、随机流车队一个周期的内期望值，veh。

当 A、B 两车流以车队形式通过时，两相交道路的通行能力可按每小时通行车队数计算，即：

$$Q_A = N_A 3600/\mathrm{T} = 3600N_A/(T_A + T_B) \tag{9-29}$$

$$Q_B = 3600N_B/(T_A + T_B) \tag{9-30}$$

交叉口总的通行能力 C 为：

$$C = Q_A + Q_B = 3600(N_A + N_B)/(T_A + T_B) \tag{9-31}$$

9.4 无信号交叉口服务水平

9.4.1 服务水平的评价指标

如前所述，服务水平是描述交通流内的运行条件及其对驾驶人与乘客感受的一种质量标准，一般用下述因素来描述运行条件及驾驶人与乘客感受，诸如：速度和行驶时间，驾

驶自由度，交通间断，舒适，方便，安全。

美国的《道路通行能力手册》确定无信号交叉口服务水平的评价指标是车辆平均延误，德国的《通行能力手册》规定无信号交叉口服务水平的评价指标为平均等待时间，其他国家也有使用车辆的平均延误来作为评价指标。

我国的《建设项目交通影响评价技术标准》(CJJ/T 141—2010）采用主要道路双向高峰小时交通量、流量较大次要道路单向高峰小时交通量、行人过街双向高峰小时流量作为评价指标。

9.4.2　服务水平分级标准

目前，国际上常用车辆在无信号交叉口处的延误来描述交叉口处交通设施对车辆的服务水平。表 9-17 和表 9-18 分别为美国和德国无信号控制交叉口服务水平分级标准。

无信号交叉口服务水平的标准（美 HCM）　　**表 9-17**

服务水平等级	A	B	C	D	E	F
车辆平均延误（s/veh)	(0，10]	(10，15]	(15，25]	(25，35]	(35，50]	>50

无信号交叉口服务水平的标准（德 HCM）　　**表 9-18**

服务水平	平均等待时间（s)	含　义
A	≤10	大多数车辆不需等待，没有多少延误通过交叉口
B	≤15	等待车流的行驶能力只受先行交通影响
C	≤25	等待时间间断地增加，并会产生排队
D	≤45	交叉口的交通流量增加到实际允许的交通量附近
E	>45	交通状况从稳定向不稳定过渡
F	—	交通运行不稳定

我国的《建设项目交通影响评价技术标准》(CJJ/T 141—2010）将无信号交叉口划分为三级，服务水平划分标准如表 9-19 所示。

我国无信号控制交叉口服务水平分级标准　　**表 9-19**

服务水平等级	流　率
一	未达到增设停车控制标志与行人过街标线的流率要求，见表 9-20 与表 9-21
二	符合增设停车控制标志或行人过街标线的流率要求，见表 9-20 和表 9-21
三	符合增设信号灯的流率要求，见表 9-22

需增设停车控制标志的无信号交叉口高峰小时流率　　**表 9-20**

主要道路单向车道数（条）	次要道路单向车道数（条）	主要道路双向高峰小时流率（pcu/h）	流量较大次要道路单向高峰小时流率（pcu/h）
1	1	500	90
		1000	30
1	≥2	500	170
		1000	60
		1500	10

续表

主要道路单向车道数（条）	次要道路单向车道数（条）	主要道路双向高峰小时流率（pcu/h）	流量较大次要道路单向高峰小时流率（pcu/h）
≥2	1	500	120
		1000	40
		1500	20
≥2	≥2	500	240
		1000	110
		1500	40

注：1. 主要道路指两条相交道路中交通量较大者，次要道路指两条相交道路中交通量较小者。
2. 双向停车控制标志应设置于次要道路进口道。
3. 流量较大次要道路单向高峰小时交通量为次要道路两个流向中高峰小时交通量较大者。

需增设行人过街标线的高峰小时流率　　表 9-21

标线设置要求	道路双向机动车高峰小时流率（pcu/h）	行人过街双向高峰小时流绿（p/h）
需要增设行人过街标线	≥300	≥50

需增设信号灯的无信号交叉口高峰小时流量　　表 9-22

主要道路单向车道数（条）	次要道路单向车道数（条）	主要道路双向高峰小时流率（pcu/h）	流量较大次要道路单向高峰小时流率（pcu/h）
1	1	750	300
		900	230
		1200	140
1	≥2	750	400
		900	340
		1200	220
≥2	1	900	340
		1050	280
		1400	160
≥2	≥2	900	420
		1050	350
		1400	200

9.5　无信号交叉口实际通行能力及影响因素

9.5.1　无信号交叉口基本通行能力的确定

理想条件下，交叉口的基本通行能力即为三级服务水平时的交叉口适应交通量，此值是根据间隙接受理论得出的。

通过计算机模型得出的不同交叉口基本通行能力与理论计算稍有不同，但其值差别不大。实际交叉口观测过程中，交通量达到交叉口通行能力的情况几乎没有，根据实际观测值的趋势分析，此计算值时基本正确的，两者比较结果如表 9-23 所示。

不同类型交叉口的通行能力计算值比较（pcu/h）　　**表 9-23**

交叉口类型	422	442	322	342
间隙理论计算值	2600	3100	2000	2500
计算模拟值	2508	3277	2103	2775

通过比较，得出不同交叉口的基本通行能力如表 9-24 所示。

不同类型交叉口的基本通行能力（pcu/h）　　**表 9-24**

交叉口类型	422	442	322	342
基本通行能力	2600	3100	2000	2500

9.5.2　无信号交叉口通行能力影响因素

确定了基本通行能力后，不同交叉口的实际通行能力为：

$$C_p = C_b \cdot \prod_i F_i \tag{9-32}$$

式中　C_p——无信号交叉口的实际通行能力，pcu/h；

C_b——无信号交叉口的基本通行能力，pcu/h；

F_i——第 i 种影响因素的修正系数。

1. 主支路流量不平衡影响系数

交叉口的各路车流对交叉口的通行能力有着不同的影响，一般情况下主路和次路两路车流处于平衡时，通行能力最大，不平衡时，通行能力有所下降，如图 9-8 所示。

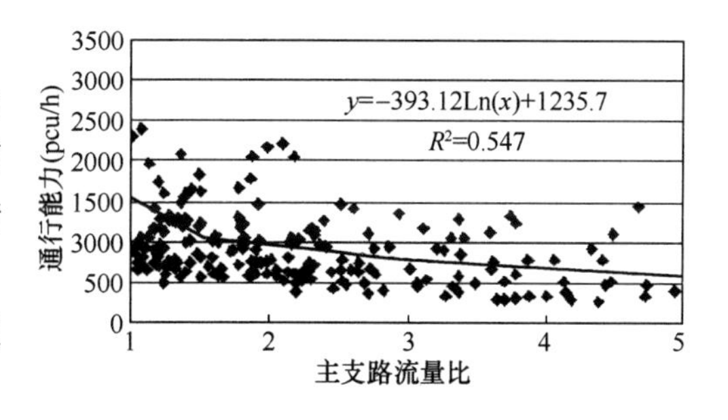

图 9-8　主支路流量比讨通行能力的影响

主支路流量不平衡影响系数与主支路流量比的关系为：

$$F_{EQ} = 1 - 0.32\ln x_{EQ} \tag{9-33}$$

式中　F_{EQ}——主支路流量不平衡影响系数；

x_{EQ}——主支路流量比。

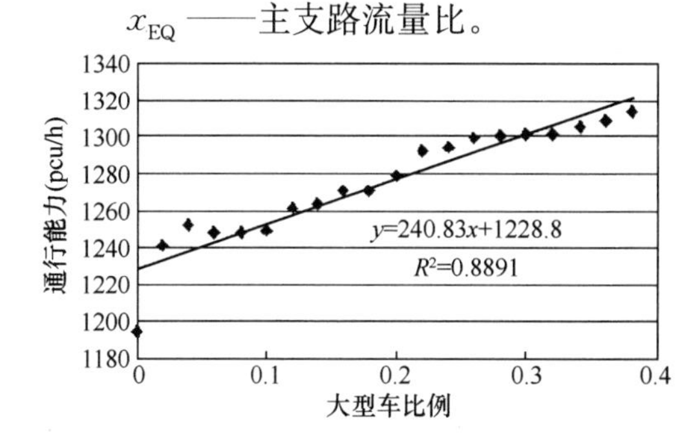

图 9-9　大型车混入率对通行能力的影响

2. 大型车混入率修正系数

大型车和拖挂车的动力性能较差，但体积较大、车速较低，对交叉口的通行能力有一定的影响。随着大型车比例的增加，由于通过一辆大型车相当于通过若干辆小客车，交叉口通行能力有所增加。但从对通行能力影响的总体趋势上看．其影响幅度不大，如图 9-9 所示。

大型车混入率修正系数与大型车比例的

关系为：

$$F_{LA} = 1 + 0.02x_{LA} \tag{9-34}$$

式中 F_{LA} ——大型车混入率修正系数；

x_{LA} ——大型车比例。

3. 左转车影响修正系数

与直行车相比，左转车辆需要的临界间隙更大，因此左转车比例与无信号交叉口通行能力呈负相关，如图 9-10 所示。

左转车影响修正系数与左转车比例的关系为：

$$F_{LT} = 1 - 0.4x_{LT} \tag{9-35}$$

式中 F_{LT} ——左转车影响修正系数；

x_{LT} ——左转车比例。

4. 右转车影响修正系数

右转车与主路车流的关系为合流，其需要的临界间隙较小，此右转车比例与无信号交叉口通行能力呈正相关，如图 9-11 所示。

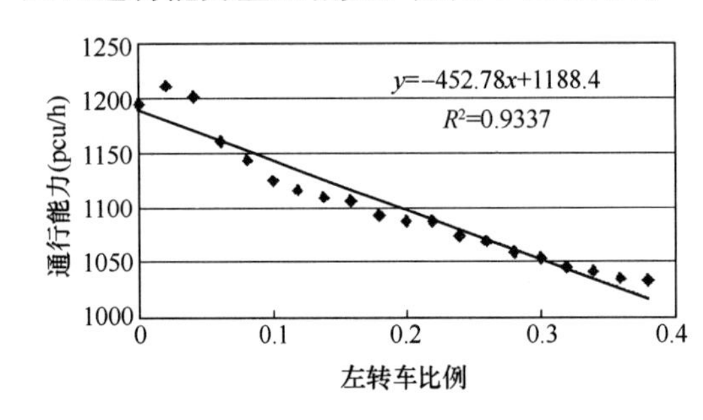

图 9-10 左转车比例对通行能力的影响

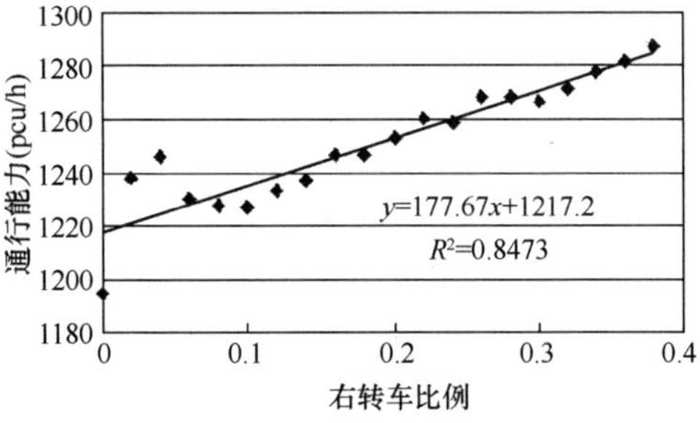

图 9-11 右转车比例对通行能力的影响

右转车影响修正系数与右转车比例的关系为：

$$F_{RT} = 1 + 0.1x_{RT} \tag{9-36}$$

式中 F_{RT} ——右转车影响修正系数；

x_{RT} ——右转车比例。

5. 横向干扰修正系数

横向干扰对交叉口通行能力影响很大。根据不同地区交叉口的情况不同，考虑行人、非机动车及慢行机动车等对机动车速度造成的影响，对交叉口通行能力进行修正。根据实际观察情况，横向干扰修正系数 F_{TI} 如表 9-25 所示。

横向干扰修正系数 F_{TI} **表 9-25**

横向干扰系数等级	相应地区及非机动车。慢行车的影响	修正系数
低	乡村：路边有少许建筑物和出行，慢行车比例小于 1%。	0.95～1.00
中	居住区：如村庄小镇，慢行车比例小于 4%。	0.80～0.95
高	商业区：如城镇的小集市面上，慢行车比例小于 7%。	0.6～0.80

9.5.3 无信号交叉口实际通行能力计算

实际通行能力即为基本通行能力与各个影响系数的连乘积：

$$C_p = C_b \prod_i F_i = C_b \times F_{EQ} \times F_{LA} \times F_{LT} \times F_{RT} \times F_{TI} \tag{9-37}$$

1. 计算步骤

无信号交叉口通行能力通过确定不同影响因素的修正系数，最终确定其实际通行能力。计算步骤如下：

(1) 确定交叉口类型及基本通行能力；

(2) 确定交叉口各流向交通量、各类车型数量及总的交通量；

(3) 确定交叉口所处地区类型；

(4) 确定各影响因素的修正系数，计算交叉口的实际通行能力。

2. 计算示例

已知位于某居住区的无信号十字交叉口，相交道路的车道数均为双向两车道。主路高峰小时交通量为 800veh/h，其中左转车 200veh/h、直行车 450veh/h、右转车 150veh/h；次路高峰小时交通量为 600veh/h，双向流量相等，其中，左转车 180veh/h、直行车 300veh/h、右转车 120veh/h。交通组成为：小客车 90%，大客车 10%；高峰小时系数 PHF=0.95。试计算该交叉口的实际通行能力并评价其服务水平。(横向干扰中等时对应的修正系数为 0.80～0.95；车辆折算系数为小客车：1.00，大客车：2.0)

解：交叉口类型为 422 型，其基本通行能力 C_0=2600pcu/h。

主支路流量不平衡系数 $F_{EQ}=1-0.32\times\ln(800/600)=0.908$；

大型车混入率修正系数 $F_{LA}=1+0.02\times0.1=1.002$；

左转车修正系数 $F_{LT}=1-0.4\times[(200+180)/(800+600)]=0.891$；

右转车修正系数 $F_{RT}=1+0.1\times[(150+120)/(800+600)]=1.019$；

交叉口位于居住区，横向干扰中等，取 $F_{TI}=0.90$

实际通行能力 $C_p=2600\times0.908\times1.002\times0.891\times1.019\times0.9=1933(\text{pcu/h})$

高峰小时交通量折算：

$$Q_{主}=800\times0.9+800\times0.1\times2=880(\text{pcu/h})；$$

$$Q_{次}=600\times0.9+600\times0.1\times2=660(\text{pcu/h})；$$

高峰小时流率计算：

$$SF_{主}=Q_{主}/\text{PHF}=880/0.95=926(\text{pcu/h})；$$

$$SF_{次}=Q_{次}/\text{PHF}=660/0.95=695(\text{pcu/h})。$$

查表 9-19，确定该无信号交叉口的服务水平为三级。

思考题

1. 无信号交叉口的交通控制方式有哪些?
2. 临界间隙、随车时距的概念?
3. 临界间隙的计算和估算方法?
4. 无信号交叉口延误的基本概念和计算方法?
5. 间隙接受理论计算的方法步骤?
6. 无信号交叉口服务水平的评价指标和评价标准?

7. 无信号交叉口实际通行能力如何计算？

习题

已知位于某商业区的无信号十字交叉口，相交道路的车道数主路为双向 4 车道，次路为双向 2 车道。主路高峰小时交通量为 1200veh/h，其中左转车 300veh/h、直行车 650veh/h、右转车 250veh/h；次路高峰小时交通量为 500 辆/h，双向流量相等，其中，左转车 150veh/h、直行车 200veh/h、右转车 150veh/h。交通组成为：小客车 85%，大客车 15%；高峰小时系数 PHF=0.92。试计算该交叉口的实际通行能力并评价其服务水平。（横向干扰高时对应的修正系数为 0.60～0.80）

第10章　信号交叉口通行能力

当交叉口的交通流量不大时，交叉口的通行秩序可以由交通主体的自组织来维持，即无信号交叉口。但是，当交通量超过其一限度时，作为交叉口的另一种交通组织管理方式，可通过设置外在的交通信号加以指挥，使得交叉口能够正常运行，即信号交叉口。信号交叉口是交通系统中最为复杂的环节，对它的分析要考虑诸多因素，包括交通条件、几何尺寸和信号配时等。本章在描述交通信号控制的基本方式、设置的一般依据和方法及交叉口的几何特征的基础上，详细介绍国内外信号交叉口通行能力计算及服务水平分析方法。

10.1　交通信号

10.1.1　交通信号灯

在道路上用来传递具有法定意义指挥交通流通行或停止的光、声、手势等都是交通信号。交通信号是在空间上无法实现分离原则的地方，主要在平面交叉口上，用来在时间上给交通流分配通行权的一种交通指挥措施。道路上常用的交通信号有灯光信号和手势信号。灯光信号通过交通信号灯的灯色来指挥交通；手势信号则由交通管理人员通过法定的手势动作姿势或指挥棒的指向来指挥交通。交通信号灯用轮流显示不同灯色来指挥交通的通行或停止。手势信号现在仅在交通信号灯出现故障或在无交通信号灯的地方使用。

1. 交通信号灯的种类

（1）普通非闪灯

即常见的红、黄、绿三色信号灯。

（2）箭头信号灯

在灯头上加上一个指示方向的箭头，可有左、右、直三个方向。它是专门为分离各种不同方向的交通流，并对其提供专门通行时间的信号灯。这种信号灯在设有专用车道的交叉口上使用才能有效。

（3）闪烁灯

普通红、黄和绿色箭头灯在启亮时，按一定的频率闪烁，以补充其灯色所不能表达的交通指挥意义。此外，我国有些城市安装了附有随灯色显示时间倒计时的一种信号灯，可以告知驾驶人正在显示的色灯所余留的时间，以便驾驶人做出合理的判断。

2. 信号灯的含义

1968年，联合国对各式各样交通信号灯含义做过一个基本统一的规定。在这一规定的基础上，1974年，欧洲18个国家加上美国、加拿大、澳大利亚、日本等国召开联席会议，协议商订了《欧洲道路交通标志和信号协定》，并要求各国在协议生效后10年内，逐步统一使用上述信号规定。

国际上规定的各种信号灯的含义如下：

（1）非闪灯

1）绿灯表示车辆可以通行，在平面交叉口，面对绿灯的车辆可以直行、左转或右转。左右转弯车辆必须让合法通行的其他车辆和人行横道线内的行人先行。但是如果在该绿灯所允许的通行方向上，交通非常拥挤，以至进入进口的车辆在色灯改变之后还是通不过，这时，即使亮绿灯，车辆也不得通行。

2）红灯表示不允许车辆通行，面对红灯的车辆不能超过停车线。

3）黄灯表示即将亮红灯车辆应该停止。除非黄灯刚亮时，已经通过停车线、无法安全制动的车辆。

（2）闪灯

1）红灯闪表示警告车辆不能通行。

2）黄灯闪或者两个黄灯交替闪表示所车辆可以通行，但必须特别小心。

（3）箭头灯

1）绿色箭头灯表示车辆只允许沿箭头所指的方向通行。

2）红色或黄色箭头表示仅对箭头所指方向起红灯或黄灯的作用。

（4）其他特殊信号灯

目前，世界各国信号灯的含义基本是在上述协定的基础上进行统一规定，另外加上一些独特的补充规定：

1）俄罗斯

在黄灯之前，有绿闪灯，预告即将亮黄灯；左转箭头灯亮时，允许车辆就地调头；箭头灯与红灯同时亮时，可按箭头方向通行，但应给其他方向的车辆让路。另外还规定有公交车辆专用信号。

2）英国

在红灯末尾，有一小段红、黄灯同时亮的时间，即通知面对红黄灯的车辆，红灯即将结束，预先作起动准备，可以节省起动损失时间。

3）美国

各方向车流，分别有各自的红、黄、绿色箭头灯，含义明确不易混淆，但灯具比较复杂。

4）日本

自行车使用机动车信号灯时，有特殊规定，如绿灯时，规定自行车只可直行和左转，而右转车必须直行到对面街角处，待另向绿灯亮时，再次直行通行。

5）中国

我国《交通管理条例》对信号灯的定义基本与国际规定一致，另外还有一条是：右转弯车辆和T形交叉口右边无人行道的直行车辆，遇黄灯或红灯时，在不妨碍被放行的车辆和行人通行的情况下可以通行，这条规定当然只在不用箭头灯时才适用。

10.1.2 交通信号的控制方式

根据所采用的控制装置的不同，交通信号一般有两种控制方式：定时控制与感应控制。

1. 定时控制

这种信号的周期长、相位、绿灯时间及转换间隔等都是事先确定的。信号按规定的周

期以不变的形式运行，每个周期的周期长和相位恒定不变。依靠所提供的设备，可用几种预定配时方案，每种方案都自动在一天规定的时间中交替使用。

2. 感应控制

(1) 半感应式信号

这种信号控制保证主要道路总保持绿灯，直至设在次要道路上的检测器探测出有车辆到达，这时信号经过一个适当的转换间隔后，为次要道路显示绿灯，该绿灯时间将维持到次要道路上车辆全部通过交叉口或持续到预定的最大绿灯时间为止。该系统的周期长和绿灯时间可根据需要随时进行调整；当次要道路没有车辆时，主要道路道总保持绿灯。事实上，分配到次要道路的绿灯时间可充分利用，所有“多余”的绿灯时间则都分配给主要道路。

(2) 全感应式信号

该信号的所有相位全由检测器来控制，一般每个相位都规定最小与最大绿灯时间。这种控制形式的周期时长和绿灯时间可根据要求作很大的变动，周期中的某些相位是可以任意选择使用的，当检测器未测出交通量时，该时刻的相位可自动取消。

随着计算机技术的发展和普及应用，目前，国内许多城市，特别是大中型城市的信号系统基本都实现了计算机控制，其信号一般采用预定周期式控制，由计算机选择和控制相位方案及信号联动。

交叉口通行能力在很大程度上取决于现有信号配时，事实上，信号配时千变万化，它在很大程度上影响交叉口的实际通行能力。

10.1.3　交通信号设置的依据

一般地，当交通量发展到超过交叉口自行组织所能处理的能力时，才在这种交叉口上加设交通信号。由于停车或让路标志交叉口和采用信号灯控制的交叉口各有利弊，各有其适用的条件，所以，信号灯设置得合理、正确，就能够发挥交通信号灯的交通效益；设置不当时，非但浪费设备及安装费用，且还会对交通造成不良后果。实践表明，设置不当的信号控制，不但消除了原有停车让路标志交叉口的优点，而且使得交通事故和停车延误增加。

由于世界各国的交通条件各有差异，所以各国制定的交通信号设置依据各不相同，其中，美网《统一交通实施细则》所制定的依据较为详细。

1. 美国设置信号灯的依据

(1) 最小车流量

主、次道路上同一日第 8 小时（一天内小时交通量按从大到小排列的第 8 小时交通量）达到表 10-1 中所列的最小交通量，即可设置信号灯。

最小车流量依据　　**表 10-1**

进口车道数		主要道路车辆数（pcu/h）（双向进口道的总和）		次要道路车辆数（pcu/h）（单向进口道的总和）	
主要道路	次要道路	市区	郊区	市区	郊区
1	1	500	350	150	105
≥2	1	600	420	150	105
≥2	≥2	600	420	200	140
1	≥2	500	350	200	140

（2）中断主要道路连续车流的最小流量

对于主次干路交通量相差过大、造成次干路阻车 30s 时，按中断道路交通流量的连续时间考虑，此时第 8 小时流量达到表 10-2 的数值，即应设置信号灯。

中断主要通路连续车流的最小流量 **表 10-2**

进口普通车道数		主要道路车辆数（pcu/h）（双向进口道的总和）		次要道路车辆数（pcu/h）（单向进口道的总和）	
主要道路	次要道路	市区	郊区	市区	郊区
1	1	750	525	75	52
≥2	1	900	650	75	52
≥2	≥2	900	630	100	70
1	≥2	750	525	100	70

（3）最小过街行人流量

行人过街数量大时，为确保行人安全，应考虑设置人行横道信号灯。最小过街行人流量也以同一日第 8 小时的车流量和过街行人流量为准。郊区按列表数字的 70%计算，如表 10-3 所示。

最小过街行人流量依据 **表 10-3**

主要道路车辆数（pcu/h）（双向进口道的总和）		人行道上行人的最高流量（人/h）
有中央分隔带	无中央分隔带	
1000	600	150

（4）依据学生过街

学生往返学校通过主要道路的地方，特别是在学校附近的人行横道，要考虑装设人行横道信号灯。此依据可认为是安装人行横道的一种特殊情况。

（5）交通事故记录

一年中发生 5 次或更多人身伤害或财产损失在 100 美元以上的交通事故，这类事故可通过交通信号控制来避免，而且车辆交通量不少于第 1、2、3 条依据的 80%，如果信号装置不至于严重干扰车流的连续通行，可以考虑设置信号灯。

（6）其他依据

在上述各条依据没有一条符合的情况下，但在第 1、2、3 条依据中有两条或更多条满足规定值的 80%及以上时，也可考虑设置信号灯。

按此依据设置信号灯之前，应充分考虑可以减少延误和交通不便的其他弥补性措施。如上述几条流量数据，都与交叉口进口数量有关，通过迁移路边存车处或拓宽车道增加车通条数，可能比装信号灯更为实用。总之，在论证设置信号灯依据时，应考虑任何类似增加进口道的方案。

2. 我国设置交通信号灯的依据

（1）机动车信号灯

我国《道路交通信号灯设置与安装规范》（GB 14886—2006）对设置信号灯的交通量条件包括：高峰小时流率、任意 8h 机动车平均小时流量。其中设置信号灯的高峰小时流

率条件在第 9 章中已有所介绍，见表 9-22。设置信号灯的任意 8h 机动车平均小时流量条件如表 10-4 所示。

路口任意连续 8h 机动车平均小时流量　　表 10-4

主要道路单向车道数（条）	次要道路单向车道数（条）	主要道路双向高峰小时流率（pcu/h）	流量较大次要道路单向高峰小时流率（pcu/h）
1	1	750	75
		500	150
1	≥2	750	100
		500	200
≥2	1	900	75
		600	150
≥2	≥2	900	100
		600	200

交叉口设置信号灯的事故条件为：3 年内平均每年发生 5 起以上交通事故的路口，从事故原因分析通过设置信号灯可避免发生事故的；3 年内平均每年发生 1 起以上死亡事故的路口。

交叉口设置信号灯的综合条件：上述条件中有 2 个或 2 个以上条件达到 80%时，交叉口应设置信号灯；对不具备上述条件但有特殊要求的交叉口，如常用警卫工作路线上的路口、交通信号控制系统协调控制范围内的路口等，可设置信号灯。

（2）非机动车信号灯

对于机动车单行线上的交叉口，在于机动车交通流相对的进口应设置非机动车信号灯。

非机动车驾驶人在距停车线 25m 范围内不能清晰视认机动车信号灯的显示状态时，应设置非机动车信号灯。

其他特殊情况下，如通过交通组织仍无法解决机动车与非机动车冲突时，宜设置非机动车信号灯。

（3）路口人行横道信号灯

在采用信号控制的交叉口，已施划人行横道标线的，应相应设置人行横道信号灯。

10.1.4　交通信号设计参数

现代交通信号在配时上有多种方法，从最简单的两相位定时周期式到多相位感应式。信号的各项配时参数，对交叉口的通行能力有非常大的影响，比如，信号的周期过长会导致停车延误增加，过短又会导致一周期内的车辆不能完全通过，形成二次停车的恶性循环，两者都会使交叉口的实际通行能力减小。下面具体介绍信号配时的各项参数

（1）周期：信号显示的一个完整循环过程。

（2）周期长度：信号完成一个周期所需总时间，它是决定单点控制定时信号交通效益的关键控制参数，是信号配时设计的主要对象，用 T_C 表示，s。

（3）间隔：所有信号显示持续不变的时间，s。

（4）相位：一组交通流同时获得通行权所对应的信号显示状态。

（5）绿灯间隔时间：一个相位绿灯结束到下一相位绿灯开始之间的时间，这是为了避免下一相位头车同上一相位尾车在交叉口内相撞所设，也叫交叉口清车时间，等于黄灯时

间与全红时间之和，用 I 表示，s。

（6）绿灯时间：绿灯相位所持续时间，用 G_i 表示（第 i 相位），s。

（7）损失时间：未能供车辆有效利用的时间，它包括：转换间隔时间（当交叉口的车辆已清除时）、每次绿灯开始时前排车辆起动延误时间，s。

（8）有效绿灯时间：在给定的相位中，获得通行权的车流所能够有效利用的时间；它等于绿灯时间加上转换间隔时间再减去损失时间，用 g_i 表示（对 i 相位），s。

（9）绿信比：有效绿灯时间与周期长之比，用百分比表示，亦即一个周期内可用于车辆通行时间的比例，用 $\lambda_i = g_i / T_C$ 表示（第 i 相位）。

（10）有效红灯时间：有效地禁止车辆行驶所持续的时间，它等于周期长减去规定相位的有效绿灯时间，用 r_i 表示（第 i 相位），s。

有些国家还应用全红时间，其全红时间约占周期长的 2%，用以清除交叉口内的车辆。

10.1.5 交通信号相位

信号相位方案，是对信号轮流给某些方向的车辆或行人分配通行权顺序。即相位是在一个周期内，安排了若干种控制状态（每一种控制状态对某一方向的车辆或者行人分配给通行权），并合理地安排了这些控制状态的显示顺序。信号控制机按设定的显示方案，轮流对各方向的车流分配通行权。把每一种控制状态，即对各进口道不同方向所显示的不同色灯的组合，称为一个信号相位。

交通信号的相位一般分为：两相位、三相位、四相位及多相位。

1. 两相位

信号配时方案一般用信号配时图表达。如图 10-1 所示是一种最基本的两相位信号配时图。

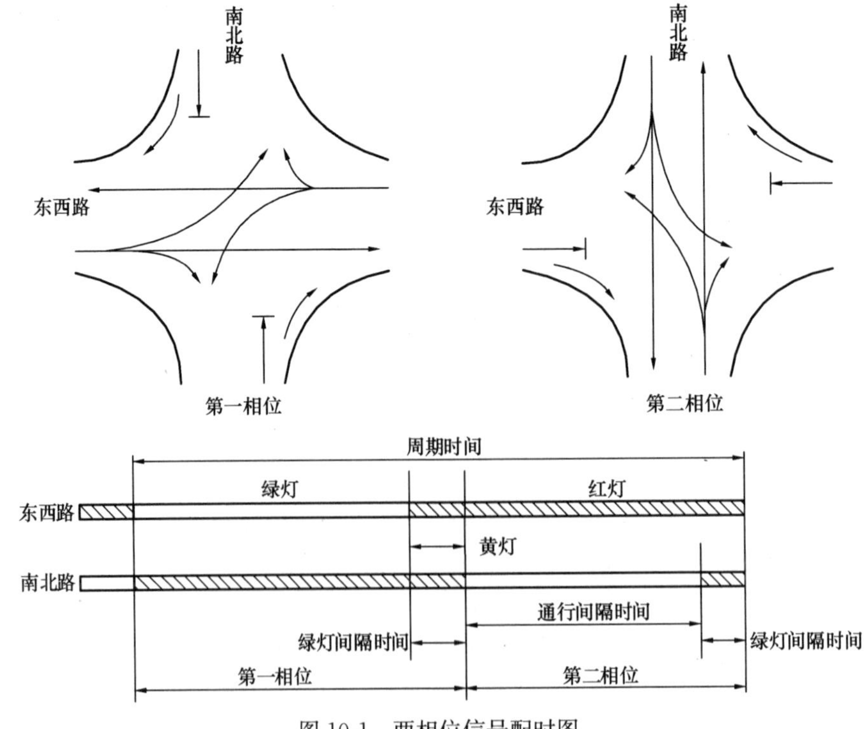

图 10-1 两相位信号配时图

图中第一相位对不同方向显示的色灯组合是：东西向道路放绿灯，南北向道路放红灯。控制状态是给东西向车流以通行权，南北向车流不准通行，但南北向右转车辆不受限制，在周期内任何时段均可通行。

第二相位改东西向道路放红灯，南北向道路放绿灯，即给南北向车流以通行权，但东西向右转车辆不受限制，在周期内任何时段均可通行。

2. 三相位

信号控制一般采用两相位配时方案。在东西两侧进口道左转车相当多、而交叉口进口道上又设有左转专用车道的情况下，可以考虑采用三相仿信号配时方案，如图10-2所示。

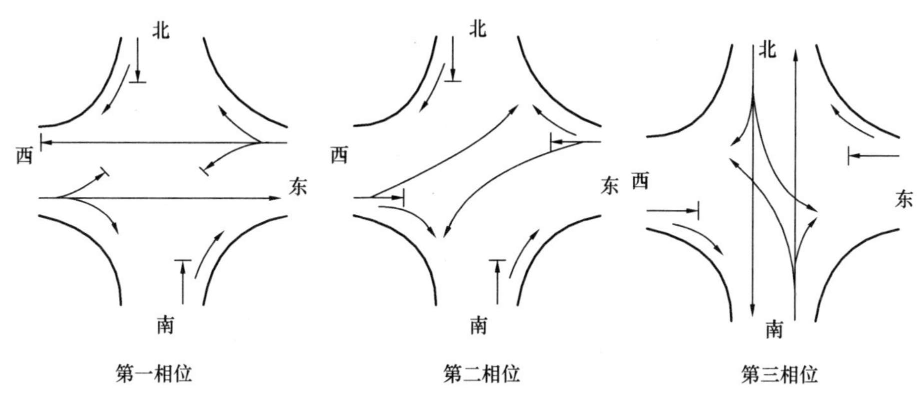

图10-2　三相位信号控制方案

三相位配时方案中，专用左转相位需要用绿色左转箭头。三相位配时方案各进口道不同方向的信号灯色组合为：对东向南和西向北左转车放绿色左转箭头灯，东、西及南、北直行车辆均放红灯；另外两个相位就是基本的两相位信号组合。这三个相位按照图10-2顺序排列就是一个三相位的配时控制方案。

若只是西侧进口道左转车辆较多，则可选用另一种单侧左转相位。这种相位的信号组合是对西侧进口道放绿灯，其他方向均放红灯。控制状态是西侧左、直、右转车辆有通行权，其他各向车辆均不准通行；再加上两个基本的两相位信号，就形成另一种三相位配时方案。若这个单侧左转相位放在东西通车相位之前，称之为前导左转相或早启左转相。若是在东西相之后，则称为延迟左转相或迟断左转相。也有人把这种相位看成单独的相位，而把它看成是东西相位的早启或迟断的一个附加信号时段。

3. 多相位

现代信号控制机配合箭头灯具，仅对机动车就可安排八个相位（见图10-3）。如要加上为行人或自行车配的专用相位，那配时方案的形式就更多了。根据交叉口交通流向流量的特征，视设计需要选择合适的相位，并作不同秩序的安排，就可形成多种多样的信号配时方案。合理选择与组合相位，是决定控制定时

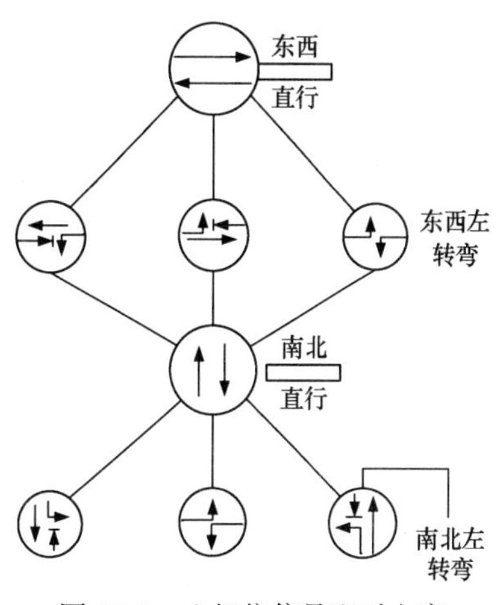

图10-3　八相位信号配时方案

信号交叉口交通效率的主要因素之一。

10.1.6 交通信号的作用

交叉口是两条以上道路相交的区域。车流经过交叉口时，形成了合流点、冲突点和分流点（统称交错点），以往的事故统计及交通管理经验表明：交错点是交通事故发生及影响交叉口通行能力的焦点所在。因此，在考虑了设置信号交叉口的依据后，满足条件的交叉口可设置交通控制信号，以减少交叉口交错点，达到改善交叉口通行条件、减少交通事故发生和提高交叉口通行能力的目的。下面的图 10-4 和图 10-5 分别描述了车流在典型的十字形交叉口有、无信号灯的情况下行驶轨迹交错情况。通过比较可以看出，信号灯对于减少交叉口各种交错点（合流点、冲突点、分流点）的作用明显。

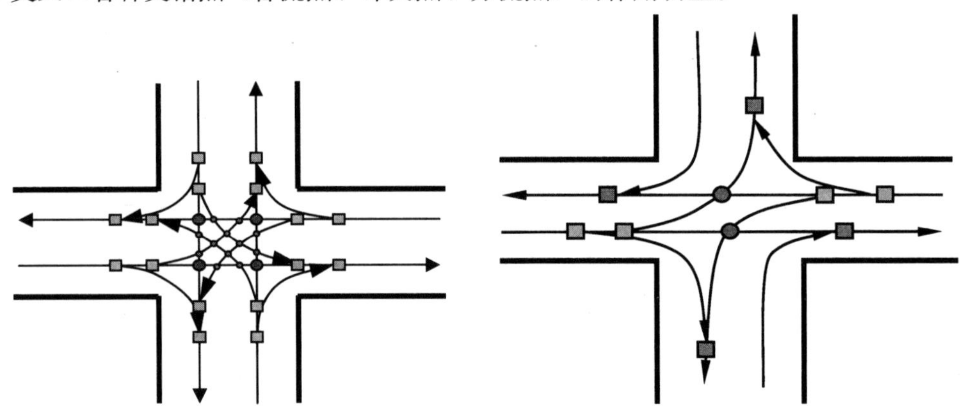

图 10-4　无信号十字形交叉口交错点情况　　图 10-5　两相位信号控制十字形交叉口交错点情况

表 10-5 则具体列出了交叉口有、无信号条件下的交错点数目的对比，从表中可以看出：通过设置交通信号，可以大幅度减少交叉口的交错点数量。

交叉口有、无信号条件下的交错点数目的对比表　　表 10-5

项目 / 交错点类型	无信号控制			有信号控制		
	相交道路条数			相交道路条数		
	3 条	4 条	5 条	3 条	4 条	5 条
分叉点	3	8	15	2 或 1	4	6
汇流点	3	8	15	2 或 1	4	6
左转车冲突点	3	12	45	1 或 0	2	4
交错点总数	9	32	80	5 或 2	10	16

10.2 信号交叉口交通特性

10.2.1 信号交叉口车流运行特性

信号交叉口车流的运行特性及其通行能力，直接取决于信号配时的情况。为便于研究，主要分析采用固定式配时的单点信号交叉口。

1. 饱和流量和有效绿灯时间

当一个交叉口的相位安排确定之后，车流通过交叉口时的基本运动特性如图 10-6 所

示。这一基本模式是由克莱顿于 1940～1941 年提出的，后来沃德洛尔、韦伯斯特和柯布等学者沿用并发展了克莱顿的模式。这一模式一直作为研究信号交叉口车流运行特性的主要依据。

图 10-6 所示的车流运动图示表明，当信号灯转为绿灯显示时，原先等候在停车线后面的车流便开始向前运动。车辆鱼贯地越过停车线，其流率由零很快增至一个稳定的数值，即饱和流量 S（或称饱和流率）。此后，越过停车线的后续车流将保持与饱和流量 S 相等，直到停车线后面积存的车辆全部放行完毕，或者虽末放行完毕但绿灯时间已经截止。从图 10-6 可以看出，在绿灯启亮的最初几秒，流率变化很快，车辆从原来的静止状态开始加速，速度逐步由零变为正常行驶速度。在此期间，车辆通过交叉口（停车线）的车流量要比饱和流量低些。同理，在绿灯结束后的黄灯时间（许多国家的交通法规允许车辆在黄灯时间越过停车线）或者在绿灯开始闪烁后，由于部分车辆因采取制动措施而已经停止前进了，部分车辆虽未停止但也已经开始减速，因此通过交叉口（停车线）的流量便由原来保持的饱和流量水平逐渐地降下来。当然这里主要是指直行车流而言的，左转车流在黄灯期间通过交叉口的流量反而会变得更大一些，这是因为由于对向直行车的存在，使得左转车在绿灯期间只能聚集在路口中央等候区待机通行。这样在绿灯结束时便积存下一些左转车，它们只能利用黄灯时间迅速驶出路口。为了研究问题方便，在以后的讨论中仍采用图 10-6 的模式，只是对左转车流另做些特殊考虑。右转车流若不受信号灯控制，其运动特性也应另做考虑。

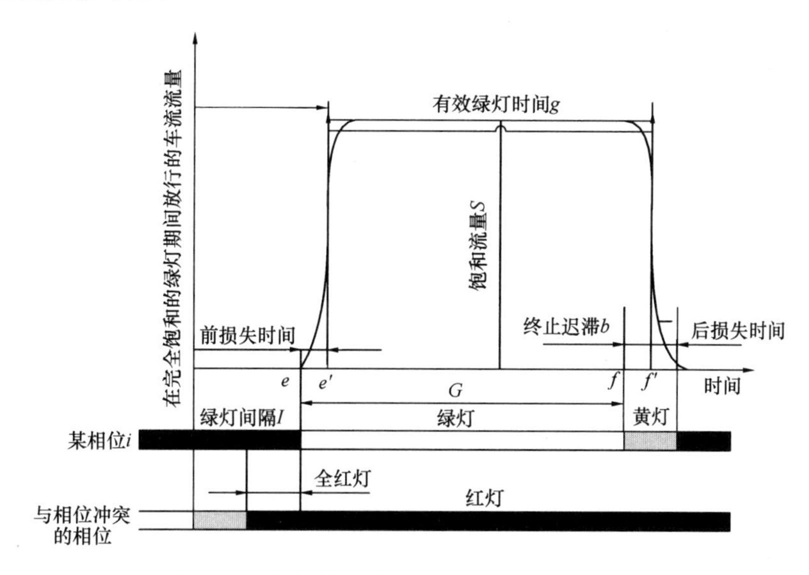

图 10-6 绿灯期间车流通过交叉口的流量图示

必须注意的是，只有当绿灯期间停车线后始终保持有连续的车队时，车流通过停车线的流率才能稳定在饱和流量的水平上。图 10-6 所示的正是一个完全饱和的实例，即在绿灯结束之前，始终都有车辆连续不断地通过停车线。

为便于研究起见，我们用虚折线取代图 10-6 中实曲线所代表的实际流量过程线。虚线与横坐标轴所包围的矩形面积与实曲线所包围的面积相等。这样矩形的高就代表饱和流量 S 的值，而矩形的宽则代表有效绿灯时间 g。而矩形的面积 $S \cdot g$ 恰好等于一个平均周期内实际通过交叉口的车辆数。

从图 10-6 可以看出，绿灯信号的实际显示时段与有效绿灯时段是错开的。有效绿灯时间的起点滞后于绿灯实际起点。我们将这一段滞后的时间差称为“绿灯前损失”。同样，有效绿灯时间的终止点也滞后于绿灯实际结束点（这当然指黄灯期间允许车辆继续通行的情况），将这一段滞后时间差称作“绿灯的后补偿”。由此可得到有效绿灯时间的下述计算公式：

$$g = G + ff' - ee' \tag{10-1}$$

式中 G——实际绿灯显示时间，s；

ff'——绿灯后补偿时间，等于黄灯时间减去后损失时间，s；

ee'——绿灯前损失时间，s。

2. 相位损失时间和关键相位

先介绍一下“起始迟滞”与“终止迟滞”的概念。有效绿灯的“起始迟滞”时间 a 等于该相位与上一相位的绿灯间隔时间与绿灯的前损失时间之和，有效绿灯的“终止迟滞”时间 b 恰好等于绿灯的后补偿时间，用公式表示如下：

$$a = I + ee' \tag{10-2}$$

$$b = ff' \tag{10-3}$$

式中 I——绿灯间隔时间，即交叉口清车时间，s；

ee'——绿灯前损失时间，s；

ff'——绿灯后补偿时间，等于黄灯时间减去后损失时间，s。

根据起始迟滞和终止迟滞的概念. 我们可以定义相位损失时间（l）为起始迟滞与终止迟滞之差，即：

$$l = a - b \tag{10-4}$$

由式（10-2）、式（10-3）得：

$$l = I + ee' - ff' \tag{10-5}$$

如果假定绿灯的前损失时间恰好等于后补偿时间，那么相位损失时间便等于绿灯间隔时间 I。正是由于绿灯间隔时间包含于损失时间之内，信号交叉口的通行能力和配时问题就只与车流的运动特性有关了。

根据绿灯损失时间的定义，可以得出实际绿灯显示时间 G 与相位有效绿灯时间 g 之间存在如下关系

$$g + l = G + I \tag{10-6}$$

信号周期时长 T_C 可以用有效绿灯时间和相位损失时间来表示：

$$T_C = \Sigma(g + l) \tag{10-7}$$

此式右边并不是对全部相位的有效绿灯时间和损失时间求和，而只是对“关键相位”求和。所谓关键相位，是指那些能够对整个交叉口的通行能力和信号配时起决定性作用的相位。一个交叉口可能有多个相位，但是对于整个交叉口的通行能力和信号配时而言，并不是所有相位都起决定性作用，只是其中的几个相位能起到这种作用，它们即被称作“关键相位”。在信号配时过程中，只要给予关键相位足够的绿灯时间，满足其在通行能力上的要求，那么所有其他相位的通行能力要求自然就都能满足了。

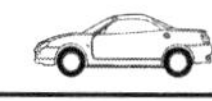

3. 信号周期的总损失时间

信号交叉口的信号显示是周期性运行的，在一个信号周期内所有相位都要显示一次。由于每个相位都有确定的损失时间，那么对于整个交叉口而言，每一信号周期中都包含一个总的损失时间 L，也就是说，在信号周期的这部分时间里，所有相位均为非绿灯显示，这一部分时间被“浪费”掉了。这里的“浪费”，并非是真正的浪费，因为周期损失时间并非真正无用，它对于信号显示的安全更迭、确保绿灯阶段通过停车线的尾车真正通过交叉口（潜在冲突点）是必不可少的。信号周期的总损失时间为各关键相位的损失时间之和：

$$L = \Sigma l \tag{10-8}$$

10.2.2 车辆在信号交叉口的延误

在分析了信号交叉口车流运动特性及一些相关参数后，本部分将具体分析信号交叉口对车流的阻滞过程。一般来说，车辆到达交叉口的时间间隔和单位时间内到达停车线的车辆数都是随机变化的，所以在每个周期内总有一部分车辆在到达停车线之前会受到红灯阻滞。即便有些车辆原本可以在绿灯期间到达停车线，但由于前面有上一次红灯阻滞而积存下来的车辆阻挡，也不得不减速甚至停车。实际上，这些车辆的延误也是红灯阻滞的结果，可以用图 10-7 来描述车辆的受阻过程，图 10-7 中给出了某辆车在通过停车线前后一段时间内的“行驶时间—距离曲线”。图中所示车辆由于受到红灯阻滞，在到达停车线之前就已制动减速，车速由原来的正常行驶速度降至 0。等候一段时间后，又重新起动，加速至原正常行驶速度。

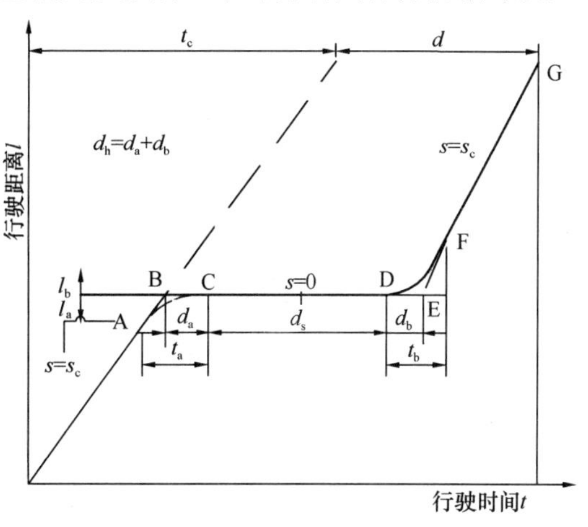

图 10-7　受阻滞车辆的行驶时间—距离曲线

图 10-7 中所用符号含义如下：

s_c ——正常行驶车速，m/s；

l ——正常行驶距离，m；

t_c ——若不受红灯阻滞，以正常行驶速度完成行程 l 所需要的时间，s，即：

$$t_c = \frac{l}{s_c} \tag{10-9}$$

d——车辆受阻的总延误时间，s；

t——实际完成行程 l 所花费的时间，s；

$$t = t_c + d \tag{10-10}$$

t_a 、t_b ——分别为车辆在减速阶段和加速阶段所花费的时间，s；

l_a 、l_b ——分别为车辆在减速阶段和加速阶段所驶过的距离，m；

d_s ——车辆完全停车（怠速状态）的时间，也即“停车延误”，s；

d_a 、d_b ——分别为车辆在减速阶段和加速阶段的延误，s；

d_h ——车辆在加速和减速两个阶段产生的延误时间之和，即：

$$d_h = d_a + d_b \tag{10-11}$$

由图 10-8 可以看出，车辆受阻延误时间就是车辆在受阻情况下通过交叉口所需时间 t 与正常行驶同样距离所需时间 t_c之差。

1. “停车延误”与“减速—加速延误”

由图 10-8 可知，车辆在停车线处受阻总延误时间为 BE，而减速和加速阶段产生的延误时间为 d_h。因此，车辆真正处于停车（怠速）状态的时间 d_s应为总延误时间 d 与 d_h之差。相应地，我们把上述差值 d_s称作“停车延误时间”，而形 d_h称作“减速—加速延误时间”。车辆的总延误时间就是由这两部分构成的。

2. 完全停车与不完全停车

观察交叉口的实际交通状况我们会发现，并非所有的车辆受到信号阻滞时都完全停车，而是有部分车辆仅仅减速，在车速尚未降到 0 之前又加速至原正常速度，图 10-8 表示了三种不同的行驶情况。

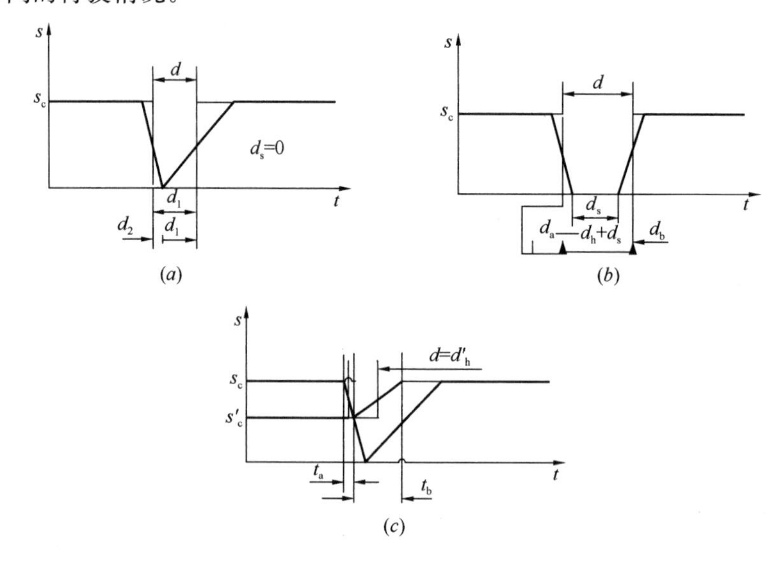

图 10-8 完全停车与不完全停车

图 10-8（a）中，车辆受阻后车速由正常速度 u_c降至 0，然后立即加速，直至重新恢复原来车速。此种情况下停车延误时间 $d_s=0$，而总延误时间 $d=d_h$。图 10-8（b）中，车辆行驶速度减至 0 后没有立即加速，而是有一段完全停驶的时间，即 $d_s\neq 0$，此时总延误时间 $d>d_h$。图 10-8（c）中，速度由 s_c降至 s'_c（$s'_c\neq 0$）后便立即加速，重新恢复至原速度 s_c，这种情况下总延误时间 d 虽然与减速—加速延误时间 d'_h相等，但这时的 d'_h显然小于 d_h。

我们把图 10-8（a）、图 10-8（b）两种情况称作“完全停车”，而把图 10-8（c）所代表的情况称作“不完全停车”。显然，所谓“完全停车”，就是指车速一度减至 0，然后从 0 开始重新加速。而“不完全停车”是指减速阶段与加速阶段的转折点车速不为 0 的情况。

在图 10-8（c）中，车辆受阻后车速由 s_c降至 s'_c（$s'_c\neq 0$），然后再恢复至 s_c，这一过

程所需的时间为：

$$t_a + t_b = (s_c - s'_c)\left(\frac{1}{a_1} + \frac{1}{a_2}\right) \tag{10-12}$$

式中　a_1 ——减速过程中的加速度（设为常数，取正值）；

a_2 ——加速过程中的加速度（设为常数，取正值）。

此间行驶的距离为：

$$l = \frac{(s_c^2 - s'^2_c)}{2}\left(\frac{1}{a_1} + \frac{1}{a_2}\right) \tag{10-13}$$

如按正常速度行驶所需时间 t 为：

$$t = \frac{(s_c^2 - s'^2_c)}{2s_c}\left(\frac{1}{a_1} + \frac{1}{a_2}\right) \tag{10-14}$$

因此，此间的延误时间为：

$$d'_h = (t_a + t_b) - t = (s_c - s'_c)\left(\frac{1}{a_1} + \frac{1}{a_2}\right)\left[1 - \frac{(s_c - s'_c)}{2s_c}\right] \tag{10-15}$$

对于构成一次完全停车的情况，如图 10-8（c）虚线所示，$s'_c = 0$，则：

$$d_h = \frac{s_c}{2}\left(\frac{1}{a_1} + \frac{1}{a_2}\right) \tag{10-16}$$

若 $a_1 = a_2 = a$（常数），则：

$$d_h = \frac{s_c}{a} \tag{10-17}$$

在式（10-17）中，若 s_c 值一定，则 d_h 为一定值。这就是说，只要原车速 s_c 相同，不管实际受阻情况属于图 10-8 中的哪一种，d_h 值都只有一个。于是，可以根据式（10-17）给出的 d_h 值与实际总延误时间 d 的比较来判断是否构成“完全停车”，即只有满足：$d \geqslant d_h$ 才构成“完全停车”。

有了“完全停车”与“不完全停车”的概念之后，我们就可以方便地建立车辆延误时间与停车次数的相关关系了。因为任何大小的延误时间都包含至少一次停车：“完全停车”或“不完全停车”，视延误时间长短及原始车速而定。若用延误时间 d 和 d_h 的比值来反映这种关系，该比值称为停车率，记为 k，显然只要满足 $k = d/d_h \neq 0$ 就说明这当中包含着“一定程度”的停车。

根据停车率的概念，在研究整个交叉口某一时间段内通过的全部车辆，可以建立如下的关系式：

$$\overline{d} = \overline{d}_s + \overline{k}\,\overline{d}_h \tag{10-18}$$

式中　$\overline{d}$ ——一个周期内通过停车线的全部车辆平均延误时间，s；

$\overline{d}_s$ ——上述全部车辆的平均停车延误时间（怠速时间），s；

$\overline{k}$ ——上述全部车辆的平均停车率；

$\overline{d}_h$ ——在上述车辆中有过一次完全停车的那部分车辆，它们减速—加速延误时间的平均值，s。

3. 车辆在信号交叉口的延误模型

(1) 稳态延误模型

车辆在信号交叉口的延误时间和排队长度，主要取决于车辆的到达率和交叉口的通行能力。在一般情况下，车辆的到达率和交叉口的通行能力都是随时间而变化的。但在一个较长的时间段内，总的交通状况（车辆的平均到达率和各进口的通行能力）是基本稳定不变的。出现这种情况的前提是交叉口未达到饱和，即通行能力有足够的富余量。稳态延误模型就是基于上述这样一种分析，稳态延误模型的基本假定如下：

1）信号配时为定时配时（或称定周期配时），且初始时刻车辆排队长度为0；

2）车辆平均到达率在所取的时间段内是稳定不变的；

3）车辆受信号阻滞所产生的延误时间与车辆到达率的相关关系在所取的整个时间段内不变；

4）交叉口进口断面的通行能力在所研究时段内为常数，且到达率不能超过通行能力；

5）在考察的时间段内，各个信号周期车辆的到达率变化是随机的，因此在某些信号周期内可能会出现车辆的到达不平衡，产生过剩排队车辆，但若干周期后排队车辆将消失，即对整个时段而言，车辆到达和离去保持平衡。

信号交叉口的通行能力是指某一信号相位的车流通过交叉口的最大允许能力，这取决于这些车流所能获得的最大通行流率，即饱和流量（S）以及所能获得的有效绿灯时间占整个信号周期时间的比例（g/c）。有效绿灯时间的定义是相位显示绿灯时间减去车辆起动损失时间加上黄灯时间。

根据上述假定，用稳态理论计算车辆延误时间可简化为如下过程：

1）将车流到达率视为常数，计算车辆的“均衡延误”；

2）计算由于各信号周期内车辆到达率不一致而产生的附加延误时间；

3）将上述两部分叠加，得到车辆平均总延误时间。

根据上述假设和分析得出车辆在信号交叉口的稳态延误模型为：

$$d=\frac{T_C\,(1-g/T_C)^2}{2[1-(q/S)]}+\frac{x^2}{2q(1-x)}-0.65\left(\frac{T_C}{q^2}\right)^{\frac{1}{3}}x^{2+5(g/T_C)} \tag{10-19}$$

式中 d——每辆车的平均延误，s/veh；

T_C——周期时长，s；

g——有效绿灯时间，s；

x——饱和度；

q——到达率，pcu/h。

米勒也给出了类似的延误模型：

$$d=\frac{(1-g/T_C)}{2[1-(q/S)]}\left[T_C(1-g/T_C)+\frac{2Q_0}{q}\right] \tag{10-20}$$

式中 Q_0——平均过饱和排队车辆数（即在整个计算时间内由于个别周期过饱和以致绿灯时间结束时仍然滞留在停车线后的车辆数），可以由下面公式计算：

$$Q_0=\frac{e^{-[1-1.33\sqrt{Sg(1-x)x}]}}{2(1-x)} \tag{10-21}$$

阿克赛立科给出的延误模型为：

$$d=\frac{T_C\ (1-g/T_C)^2}{2[1-(q/S)]}+\frac{Q_0 x}{q} \tag{10-22}$$

$$D=\frac{qT_C\ (1-g/T_C)^2}{2[1-(q/S)]}+Q_0 x \tag{10-23}$$

式中　D——全部车辆延误时间总和，s。

其中 Q_0 的计算公式为：

$$Q_0=\begin{cases}\dfrac{1.5(x-x_0)}{1-x}\quad, & x>x_0\\ 0\quad, & x\leqslant x_0\end{cases} \tag{10-24}$$

其中 x_0 的计算公式为：

$$x_0=0.67+\frac{Sg}{600} \tag{10-25}$$

式中　S——饱和流率，pcu/h。

阿克赛立科比较了维伯斯特、米勒和他自己的公式，发现这些公式计算出来的结果相差甚微，最多相差 1s 左右；但是从形式来看，阿克赛立科的公式计算起来比较简单，应用也就更普遍一些。

(2) 定数延误模型

稳态模型要求在一段长时间内有稳定的交通状况，这在流量比较小的情况下是可以满足的，此时模型的结果符合实际情况。但当交通量达到或超过通行能力时，稳态模型的假设条件不再满足。

为了解决这种情况，许多学者研究了过饱和交叉口车辆延误时间和排队长度的计算方法，其中有代表性的为 May 在《交通流理论》中提出的定数延误模型。定数延误模型的建立基于以下几条基本假定：

1) 车辆到达率在一段时间内为一恒定值，且大于交叉口通行能力；

2) 在绿灯初始时刻车辆排队长度为 0；

3) 采用固定信号配时，故在观察时间段内通行能力为一常数；

4) 过饱和排队长度随着时间的增长而直线增加。

根据上述假设得出车辆在信号交叉口的定数延误模型为：

$$D=\frac{Crt}{2}+Q_0 t \tag{10-26}$$

式中　D——全部车辆延误时间总和，s；

r——红灯时长，s；

t——整个观测时段，h，

C——进口道通行能力，pcu/h；

Q_0——平均过饱和排队车辆数，即某进口道方向上所有车道排队车辆总和，veh。

其中 Q_0 的计算公式如下：

$$Q_0=\frac{(q-C)t}{2} \tag{10-27}$$

式中　q——车辆到达率，一般为一恒值，pcu/h。

每个车辆的平均延误时间为：

$$d=\frac{D}{qt}=\frac{Cr}{2q}+\frac{Q_0}{q} \tag{10-28}$$

10.3 信号交叉口通行能力计算

10.3.1 概述

信号交叉口的通行能力首先是对信号交叉口进口道规定的。它是在一定的交通、车行道和信号设计条件下，某一指定入口引道单位时间内所能通过的最大交通流量。因为交叉口很少发生所有流向在同一天同一时刻达到饱和的情况，所以交叉口单个流向的通行能力往往比整个交叉口的通行能力更重要。然而，我们在研究交叉口的通行能力时，特别在规划设计阶段，考虑的是整个交叉口的通行能力，以使其能够满足所有流向到来的车辆都能实现继续直行或转换方向的要求。因此规定，信号交叉口的通行能力等于各入口引道通行能力之和。

在分析信号交叉口通行能力时，又可把它分为规划设计通行能力和实际运行状况通行能力。前者由于在规划设计阶段，不考虑信号设置的细节，只是概略性地评价交叉口通行能力。对于一组已知需求流量和几何设计的交叉口，能够提供通行能力是否足够的基本估计。这种分析是初步的和粗略的：后者是对正在运行的某一具体交叉口进行分析，要考虑交通、车行道和信号设计的诸多细节，而且一般和交叉口的服务水平一起考虑，以评价该交叉口的各项性能，提出治理或改造的建议。由于交通信号强制使车流由连续交通流变成间断流，并按照预定的相位和绿灯时间分配给不同方向车流通行权，这就使得各个方向车流的有效通行时间减少，因此各引道通行能力也随之下降（与路段上车流连续运行作比较而言）。国内外有多种用来分析和计算信号交叉口通行能力的方法，本节将对几种常用的方法进行介绍。

10.3.2 信号交叉口通行能力影响因素

影响信号交叉口通行能力的主要因素有包括：几何条件，即交叉口的基本几何特征；信号条件，包括信号配时和信号相位；交通条件，即交叉口交通流的各项特性。

1. 几何条件

包括交叉口区域类型、形式、车道数、车道宽度、坡度和车道功能划分（包括停放车道）。

（1）交叉口区域类型

根据它们所处位置不同分为：商业区交叉口、非商业区交叉口，在商业区交叉口内由于行人比较多，行人对交叉口车辆运行影响较大；在非商业区交叉口内由于行人比较少或者无行人通过（部分公路交叉口）。

（2）交叉口形式

城市道路中，常见的信号交叉口为“T”形交叉口和“十”字形交叉口。如图 10-9（*a*）所示，“T”形交叉口一般出现在不同等级道路的衔接处，如城市主干路与次干路相交处。当城市路网结构为棋盘形时，会形成较多的“十”字形交叉口，如图 10-9（*b*）所示。当交叉口相交道路大于两条时，一般用渠化交通或者立体交叉加以解决。

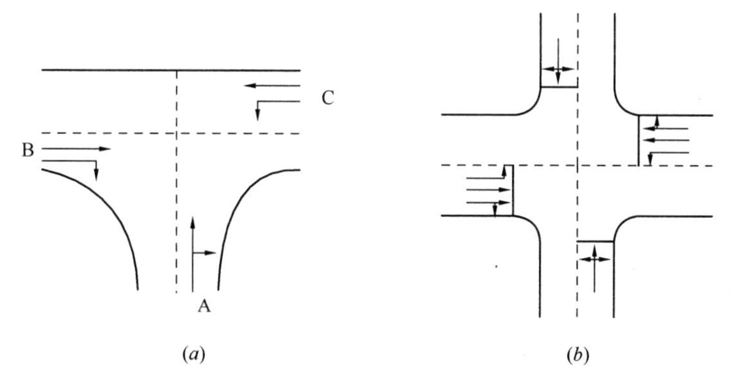

图 10-9　典型信号控制交叉口

（3）入口断面的车道数及车道功能

交叉口的车道数一般要比路段上多一条，而且进行交叉口拓宽处理。为了分离各方向的车流，常进行车道功能的划分，设置左、右转专用车道。如图 10-10 所示，常见的交叉口人口横断面车道有下列几种布置方式：

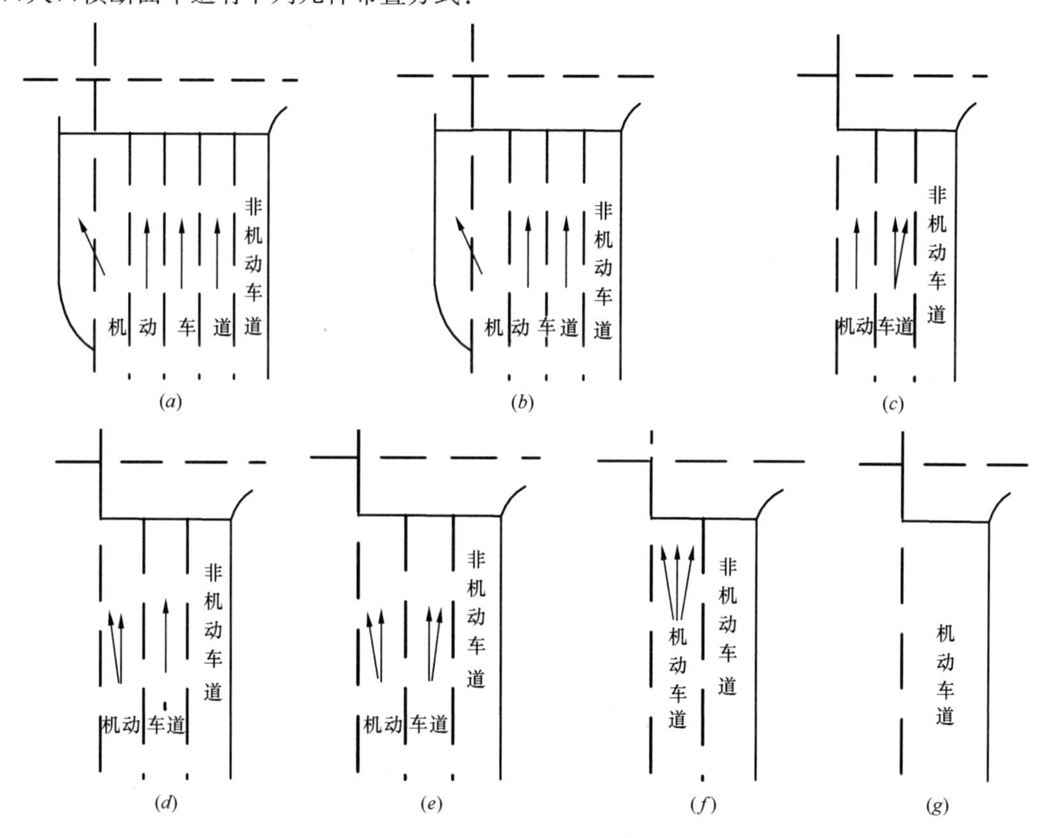

图 10-10　交叉口车道分布及划分形式

1）设两条直行车道和左、右转各一条专用车道；

2）左、中、右方向车流均匀，各设一条专用车道；

3）左转车多而右转车少时．设一条左转专用车道，直行和右转共用一条车道；

4）右转车多而左转车少时，设一条右转专用车道，直行和左转共用一条车道；

5）左右转车辆都很少时，分别与直行车共用一条车道；

6）行车道宽度较窄，不设专用车道．只划快慢车通分界线，机动车道不分直行，左转和右转，共用一条车道；

7）行车道很窄时，不划快慢车道。

（4）入口车道宽度和坡度

标准的机动车道宽度为3.5m，当入口断面车道宽度小于此值时，会增加各种车流之间的摩阻，从而减小车道的通行能力，因此在计算信号交叉口通行能力时，应该根据实际车道宽度，进行折减。

入口车道纵坡度对交叉口通行能力也有较大影响，由于在进行平面交叉口规划设计时，对纵坡度已经有所限制，而且城市交叉口地势一般都较平坦，所以一般可认为纵坡度值为0，当纵坡度较大时，则应该对通行能力进行折减。

2．信号条件

现代交通信号在配时上有多种方法，从最简单的双相位预定周期式到多相位感应式。信号的各项配时参数，对交叉口的通行能力有非常大的影响：比如，信号的周期过长会导致停车延误增加，过短又会导致一个周期内车辆不能完全通过，形成二次停车的恶性循环，两者都会使交叉口的实际通行能力减小。信号配时条件包括：信号周期长、绿灯时间、绿信比、行人最小绿灯时间、相位等。

3．交通条件

包括每条引道的交通量、各流向（左转、直行、右转）车辆的分布、每一流向内的车型分布、在交叉口范围内公共汽车停靠、交叉口范围内停车、行人过街等情况。

（1）引道交通量

指高峰小时交通量。在规划设计阶段时，一般根据历史交通量预测一个值。对现状信号交叉口评价时，对其进行交通量调查后获得。交通量的大小决定了左转车辆可利用对向直行交通的可穿越间隙，从而影响左转通行能力。

（2）流向车辆的分布

指某一引道车流内各方向车流组成的百分比。如果各方向车流组成与信号灯各方向的时间分配存在较大矛盾，那么将使得某一方向的车流形成滞留，从而影响其他方向车流的通行，减小交叉口的通行能力。

（3）流向内的车型分布

由于各种车型的机动性能、几何尺寸的不同，导致它们的时空消耗存在差别。比如起动时间的不同影响了起动延误、车头时距等参数。在非机动车很多的情况下，机非混行严重，通行能力形成很大折减。在实际计算时，我们一般根据各种车型的机动性能和几何尺寸把各种车型折算为某一标准车型。

（4）交叉口范围内公共汽车停靠及交叉口范围内停放车情况

一般在进行公交车停靠位置的选址时，应充分估计其对交叉口通行能力的影响。交叉口范围内的公共汽车停靠位置及其他停放车情况直接挤占了交叉口的空间，增加通行车辆的摩阻，从而减小信号交叉口的通行能力，在计算时要考虑折减。

（5）行人过街

城市道路交叉口若位于商业、娱乐中心或办公地点，吸引的行人流量会很大，过街行人对信号交叉口通行能力影响很大。据交通心理分析，交通信号对各种不同性格、教育背景的人群具有不同约束力，而且随其出行目的有较大改变。

10.3.3 国外信号交叉口通行能力计算方法

1. 美国的 HCM（道路通行能力手册）方法

（1）饱和流率模型

饱和流率是假定引道在全绿灯条件下，即绿信比 g/T_C 为 1.0 的情况下，所能通过的最大流量。在实际计算中，先选用理想的饱和流率，然后对该值作各种修正。其修正计算公式如下：

$$S = S_0 \cdot N \cdot f_w \cdot f_{HV} \cdot f_g \cdot f_p \cdot f_{bb} \cdot f_a \cdot f_{LU} \cdot f_{RT} \cdot f_{LT} \cdot f_{Lpb} \cdot f_{Rpb} \quad (10\text{-}29)$$

式中 S——所讨论车道组的饱和流率，是指在通常条件下，车道组中所有车道，veh/h；

S_0——每车道理想条件下的饱和流率，一般取 1900veh/（h·ln）；

N——车道组中的车道数，条；

f_w——车道宽度修正系数；

f_{HV}——交通流中重型车辆修正系数；

f_g——进口坡度修正系数；

f_p——车道组停车及停车次数修正系数；

f_{bb}——公共汽车停在交叉口范围内阻挡影响作用修正系数；

f_a——地区类型修正系数；

f_{LU}——车道利用修正系数；

f_{RT}——车道组中右转车的修正系数；

f_{LT}——车道组中左转车的修正系数；

f_{Lpb}——对于左转流向的行人、自行车修正系数；

f_{Rpb}——对于左转流向的行人、自行车修正系数。

（2）修正系数

本章所用的修正系数与无信号交叉口修正系数相似，每一项说明一种或几种条件的影响，这些条件与采用的 1900veh/（h·ln）来作为理想饱和流率的理想条件不一样。

1）车道宽度修正系数 f_w

说明狭窄的车道对饱和流率有不利影响，标准的车道宽度是 3.6m。车道宽度修正系数 f_w 按以下公式计算：

$$f_w = 1 + \frac{(W - 3.6)}{9} \quad (10\text{-}30)$$

式中 W——车道宽度，一般 W 大于 2.4m，当车道大于 4.8m 时最好采用两车道比较合适。

2）重型车修正系数 f_{HV}

重型车占用更多的空间，且与中型车和小汽车相比在运行能力上有很大的区别，因此重型车对交叉口车辆运行有很大影响，重型车修正系数 f_{HV} 按以下公式计算：

$$f_{HV} = \frac{1}{1 + P_{HV}(PCE_{HV} - 1)} \quad (10\text{-}31)$$

式中　PCE_{HV}——重型车折算系数；

P_{HV}——重型车交通量占总交通量的比例。

3）坡度修正系数 f_g

无论大型车还是小汽车，都会受到引道坡度的影响，因此坡度会对车辆运行有影响，坡度修正系数 f_g 按以下公式计算：

$$f_g = 1 - \frac{G}{2} \tag{10-32}$$

式中　G——引道坡度，一般 $G \in [-0.06, 0.10]$。

4）车道组停车及停车次数修正系数 f_p

说明了停车车道对附近车道的摩阻影响，以及由于车辆出入停放区偶尔会对相邻车道有阻塞的影响，车道组停车及停车次数校正系数 f_p 按以下公式计算：

$$f_p = \begin{cases} \dfrac{N - 0.1 - \dfrac{18N_m}{3600}}{N} & 0 < N_m \leqslant 180 \\ 1 & N_m = 0 \end{cases} \tag{10-33}$$

式中　N——车道数；

N_m——1h 内的停车数，veh；

5）公共交通阻塞系数 f_{bb}

说明了该地区公共交通车辆因乘客上下车而停靠在设置于靠近交叉口前后公交汽车站而对交叉口的影响。公共交通阻塞系数 f_{bb} 按以下公式计算：

$$f_{bb} = \frac{N - \dfrac{14.4N_B}{3600}}{N} \tag{10-34}$$

式中　N——车道数

N_B——1h 内公共车辆的停车数，一般 $0 \leqslant N_B \leqslant 250$。

6）地区类型系数 f_a

商业区对交叉口的影响相对非商业区对交叉口影响大，这主要是商业区环境复杂和交通拥挤造成的，地区类型系数 f_a 按以下公式计算：

$$f_a = \begin{cases} 0.90 & \text{商业区} \\ 1.00 & \text{其他} \end{cases} \tag{10-35}$$

7）车道利用修正系数 f_{LU}

入口引道上的各车道交通量分布情况将影响信号交叉口进口通行能力，交通量分布越不均匀，其影响越大，车道利用修正系数 f_{LU} 按以下公式计算：

$$f_{LU} = \frac{\nu_g}{\nu_{g1} \cdot N} \tag{10-36}$$

式中　ν_g——车道组的流量，veh/h；

ν_{g1}——车道组中最大的一个车道流量，veh/h。

8）右转修正系数 f_{RT}

右转车修正系数取决于以下因素：

① 右转车是来自专用道还是共用车道；

② 信号相位类型（专用右转信号相位、许可信号相位或两者的结合），专用右转信号相位不会产生车辆和行人冲突；

③ 产生冲突的人行横道上行人的数量；

④ 共用车道上右转车的比例；

⑤ 专用右转信号和许可信号相位中专用右转信号的比例。

上面的 5 项应在现场确定，也可以根据配时来粗略估计，右转修正系数 f_{RT} 按以下公式计算：

$$f_{RT}=\begin{cases}0.85 & \text{专用右转车道}\\ 1-0.15P_{RT} & \text{共用车道}\\ 1-0.135P_{RT} & \text{进口道是单车道}\end{cases}\tag{10-37}$$

式中　P_{RT}——左转车占进口道总交通量的比例。

9）左转车修正系数 f_{LT}

左转车修正系数取决于以下因素：

① 左转车是来自左转专用道还是来自共用车道；

② 信号相位类型（专用左转信号相位、许可信号相位或两者的结合），专用左转信号相位不会产生车辆冲突；

③ 共用车道上左转车的比例；

④ 许可左转信号相位时对向交通流率。

使用左转弯修正系数是考虑转弯车会占用更多的有效绿灯时间，因而降低了交叉口的通行能力。左转车修正系数 f_{LT} 按以下公式计算：

$$f_{LT}=\begin{cases}0.95 & \text{设有左转专用道}\\ \dfrac{1}{1+0.05P_{LT}} & \text{共用车道}\end{cases}\tag{10-38}$$

式中　P_{LT}——左转车占进口道总交通量的比例。

10）左、右转流向的行人、自行车修正系数 f_{Lpb} 、f_{Rpb} ，交叉口进道口中由于行人或自行车的左右转对交叉口车辆运行的影响，行人自行车阻塞修正系数 f_{Lpb} 、f_{Rpb} 按以下公式计算：

$$f_{Lpb}=1-P_{LT}(1-A_{PBT})(1-P_{LTA})\tag{10-39}$$

$$f_{Rpb}=1-P_{RT}(1-A_{PBT})(1-P_{RTA})\tag{10-40}$$

式中　f_{Lpb}——左转流向的行人、自行车修正系数；

P_{LT}——车道组中左转车的百分比；

A_{PBT}——许可相位行人和自行车转向修正系数，可参照美国 HCM 计算；

P_{LTA}——总的左转绿灯中，保护左转绿灯时间的百分比；

f_{Rpb}——右转流向的行人、自行车修正系数；

P_{RT}——车道组中右转交通量百分比；

P_{RTA}——总的右转绿灯中，保护右转绿灯时间的百分比。

（3）通行能力分析模型

信号交叉口的通行能力是以饱和流量或饱和流率为基础进行分析的。交叉口总通行能力通过对各进口车道组通行能力求和获得。每一个车道组通行能力按下式计算：

$$C_i = S_i \cdot \lambda_i \tag{10-41}$$

$$\lambda_i = (g/T_C)_i \tag{10-42}$$

式中　C_i——车道组 i 或引道 i 的通行能力，veh/h；

λ_i——车道组 i 或引道 i 的绿信比（有效绿灯时间/周期时间）；

S_i——车道组 i 或引道 i 的饱和流率，veh/h。

交叉口的实际通行能力等于每个进口道通行能力之和：

$$C_s = \sum_{i=1}^{n} C_i \tag{10-43}$$

式中　C_s——交叉口的通行能力，veh/h；

n——交叉口的进口道数。

2. 英国 TRRL 方法

英国 TRRL（Transport and Road Research Lab）对信号交叉口车辆延误进行过深入的调查分析和研究，并由韦伯斯特（Webster）建立了延误模型，提出了信号配时和通行能力计算方法。

（1）饱和流量

TRRL 通过观测和试验得到不准停放车辆的进口道的饱和流量为：

$$S = 525W \ (\text{pcu/h}) \quad W \geqslant 5.5\text{m} \tag{10-44}$$

式中　W——进口道宽度，m。

（2）延误计算

$$d = \frac{T_C(1-\lambda)^2}{2(1-\lambda x)} + \frac{x^2}{2q(1-x)} - 0.65\left(\frac{T_C}{q^2}\right)^{\frac{1}{3}} x^{(2+5x)} \tag{10-45}$$

式中　d——每辆车的延误，s/veh；

T_C——周期时间，s；

λ——绿信比；

q——进口道实际到达的交通流量，pcu/s；

x——饱和度。

（3）最佳周期时间

当韦伯斯特（Webster）延误即式（10-45）为最小时，可得到定时信号最佳周期时间：

$$T_{C0} = \frac{1.5T_{CL} + 5}{1 - Y} \tag{10-46}$$

式中　T_{C0}——最佳周期时间，s；

T_{CL}——每个周期的总损失时间，s；

Y——组成周期的全部信号相的最大流量比 $y=q/S$ 值之和，即：

$$Y = \Sigma \max(y_1, y_2, \cdots, y_i, \cdots) \tag{10-47}$$

每个周期总损失时间按下式计算：

$$T_{CL} = \Sigma t_l + \Sigma(t_i - t_y) \tag{10-48}$$

式中　t_l——起动损失时间，s；

t_i——绿灯间隔时间，s；

t_y——黄灯时间，s。

 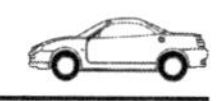

（4）信号配时

根据式（10-46）确定的周期时间，可得每周期的有效绿灯时间：

$$g = T_{C0} - T_{CL} \tag{10-49}$$

把有效绿灯时间 g 在所有信号相之间按各相位的 y_{max} 值之比进行分配，得各相位的有效绿灯时间 g_i，然后算得各相位的实际显示绿灯时间：

$$G_i = g_i - t_y + t_l \tag{10-50}$$

（5）通行能力

在信号交叉口，车辆只能在有效绿灯时间内通过交叉口，因此信号灯交叉口进口道上的通行能力为：

$$C_s = \frac{S_g}{T_C} = \lambda S \tag{10-51}$$

3. 澳大利亚 ARRB 方法

该方法是由澳大利亚 ARRB（Astralia Road Research Board）的 Akcelik 对韦伯斯特延误公式进行了改进后提出的。

在韦伯斯特延误公式中，当饱和度 $x \to 1$ 时，延误 $d \to \infty$，即 x 愈趋近于 1，计算得到的延误愈不准确，更无法计算超饱和交通情况下的延误。于是，Akcelik 在考虑了超饱和交通情况后，将延误公式改进为：

$$D = \frac{qT_C(1-\lambda)^2}{2(1-y)} + N_0 x \tag{10-52}$$

式中　D——总延误，s；

N_0——平均溢流排队车辆数，veh；

其他符号意义同前。

考虑停车等因素后，其最佳周期时间按下式计算：

$$T_{C0} = \frac{(1.4 + k)T_{CL} + 6}{1 - Y} \tag{10-53}$$

式中　k——停车损失参数，可按不同优化要求，取不同的值，要求油耗最小时，$k=0.4$；费用最小时，$k=0.2$；仅要求延误最小时，$k=0$。

通行能力计算过程同英国 TRRL 方法。

10.3.4　国内信号交叉口通行能力计算方法

1. 停车线断面法

（1）一条右转车道的通行能力

$$C_r = \frac{3600}{t_r} \tag{10-54}$$

式中　C_r——一条右转车道的通行能力，pcu/h。

t_r——前后两辆右转弯车辆连续通过某一停车线断面的平均车头时距，s。

据观测，右转车辆连续通过交叉口的平均车头时距为 2.5～3.0s，也就是说在无行人过街阻滞的情况下，一条右转弯车道的通行能力最大为 1200～1440pcu/h。实际上，由于受到行人过街的影响，一条右转弯车道的通行能力达不到上述数值，其影响程度与过街行人流量有关。在过街行人流量很大时，能通过交叉口的右转弯车辆的最大数值约为 320

pcu/h。

(2) 一条左转弯车道的通行能力

1) 设有左转弯专用信号

当进入交叉口的左转弯车辆较多时，为保证交叉口具有较大的通行能力，一般需设置左转弯专用信号。这时一条左转弯车道的通行能力为：

$$C_l = \frac{3600}{T_C} \cdot \frac{t_l - \frac{s_l}{2a}}{t_0} \tag{10-55}$$

式中 C_l——左转弯车道的通行能力，pcu/h；

T_C——信号周期长，s；

t_l——一个信号周期内左转弯信号时长，s；

s_l——左转弯车辆通过交叉口的行车速度，m/s；

a——车辆起动时的平均加速度，m/s²；

t_0——左转弯车辆连续通过交叉口的平均车头时距，s，一般取为 2.5s。

2) 无左转弯专用信号

当有左转弯车道而无左转弯信号时，驶入左转弯车道的车辆，只能利用绿灯时间内对向直行车流中出现的可穿越空档实现左转弯。据实测，可穿越时距约为 6.0 s。假设平均每两个直行车位的空档可供一辆左转弯车辆通过，则一辆左转弯车辆可换算为两辆直行车，而不再计算左转弯车道通行能力，此时左转弯车道仅为停候左转弯车辆和改善直行车道通行能力条件而设置。

(3) 一条直行车道的通行能力

基于停车线法的一条直行车道通行能力计算公式如下：

$$C_s = \frac{3600}{T_C} \cdot \frac{g_i - \frac{s_s}{2a}}{t_s} \tag{10-56}$$

式中 C_s——直行车道的通行能力，pcu/h；

g_i——在一个周期内开放绿灯的时间，s；

s_s——直行车辆通过交叉口的速度，m/s

t_s——直行车辆连续通过交叉口的平均车头时距，一般取为 2.5s。

交叉口某一入口的通行能力应是左转弯、右转弯和直行车道的通行能力之和，它必须大于交通量的需求。整个交叉口的通行能力则为各入口通行能力的总和。采用停车线断面法计算信号交叉口的通行能力，需先假定信号周期及配时。一般情况下，根据交通量的大小，周期长可在 45～120s 之间选择。当周期长未达上限时，若计算的通行能力不能满足交通量，可延长周期长后再进行计算。为避免交叉口延误过大，周期长不可大于 180s。

2. 冲突点法

上述停车线法是以停车线断面为考虑的出发点，研究信号配时及通行能力计算。但在两相位信号的情况下，车辆通过交叉口的实际运行情况是本向直行车（右转车）和对向左转车在同一绿灯时间内交错通过这两向车流的冲突点。也就是说，对信号交叉口通行能力（尤其是两相位信号控制交叉口）真正起决定作用的地点是在交叉口中的冲突点而非停车线。因此，停车线断面法在这种情况下不适用。鉴于此，我国学者根据对车辆通过信号交

叉口的实际运行状态的分析，提出了计算车辆通过冲突点的信号交叉口通行能力分析方法。

3.《城市道路设计规范》CJJ 37—2012 推荐方法

（1）十字形交叉口的设计通行能力

对于十字形信号控制交叉口，其设计通行能力等于各进口道设计通行能力之和。

1）车道设计通行能力

① 直行车道的设计通行能力

$$C_s = \frac{3600}{T_C}\left(\frac{g_i - t_1}{t_i} + 1\right)\delta \quad (10\text{-}57)$$

式中　C_s——一条直行车道的设计通行能力，pcu/h；

T_C——信号灯周期，s；

g_i——每个信号周期内的绿灯时间，s；

t_1——绿灯亮后，第一辆车启动、通过停车线的时间，可采用 2.3s；

t_i——直行或右行车辆通过停车线的平均时间，s/pcu；

δ——折减系数，可采用 0.9。

直行或右行车辆通过停车线的平均时间与车辆组成、车辆性能、驾驶人条件有关，可参考表 10-6 选取。

混合车流的 t_i　　**表 10-6**

大车：小车	2：8	3：7	4：6	5：5	6：4	7：3	8：2
t_i (s)	2.65	2.95	3.12	3.26	3.30	3.34	3.42

② 直右车道设计通行能力

一条直右车道的设计通行能力与一条直行车道的设计通行能力相等，即：

$$C_{Sr} = C_S \quad (10\text{-}58)$$

式中　C_{Sr}——一条直右车道的设计通行能力，pcu/h。

③ 直左车道设计通行能力

一条直左车道的设计通行能力按下式计算：

$$C_{Sl} = C_S(1 - \beta'_1/2) \quad (10\text{-}59)$$

式中　C_{Sl}——一条直左车道的设计通行能力，pcu/h；

β'_1——直左车道中左转车所占比例。

④ 直左右车道设计通行能力

一条直左右车道的设计通行能力与一条直左车道的设计通行能力相等，即：

$$C_{Slr} = C_{Sl} \quad (10\text{-}60)$$

式中　C_{Slr}——一条直左右车道的设计通行能力，pcu/h。

2）进口道设计通行能力

进口道的设计通行能力等于该进口各车道设计通行能力之和。此外，也可根据该进口车辆左、右转比例计算。

① 进口设有专用左转与专用右转车道

进口设有专用左转与专用右转车道时，进口道设计通行能力按下式计算：

$$C_{elr} = \sum C_s/(1-\beta_l-\beta_r) \tag{10-61}$$

式中 C_{elr}——设有专用左转与专用右转车道时，本面进口道设计通行能力，pcu/h；

$\sum C_s$——本面直行车道设计通行能力之和，pcu/h；

β_l——左转车占本面进口道车辆比例；

β_r——右转车占本面进口道车辆比例。

专用左转车道的设计通行能力为：

$$C_l = C_{elr} \times \beta_l \tag{10-62}$$

专用右转车道的设计通行能力为：

$$C_r = C_{elr} \times \beta_r \tag{10-63}$$

② 进口设有专用左转车道而未设专用右转车道

进口设有专用左转车道而未设专用右转车道时，进口道的设计通行能力按下式计算：

$$C_{el} = (\sum C_s + C_{sr})/(1-\beta_l) \tag{10-64}$$

式中 C_{el}——设有专用左转车道时，本面进口道设计通行能力，pcu/h。

专用左转车道的设计通行能力为：

$$C_l = C_{el} \times \beta_l \tag{10-65}$$

③ 进口道设有专用右转车道而未设专用左转车道

进口道设有专用右转车道而未设专用左转车道时，进口道的设计通行能力按下式计算：

$$C_{er} = (\sum C_s + C_{sl})/(1-\beta_r) \tag{10-66}$$

式中 C_{er}——设有专用右转车道时，本面进口道的设计通行能力，pcu/h。

专用右转车道的设计通行能力为：

$$C_r = C_{er} \times \beta_r \tag{10-67}$$

3）设计通行能力的折减

在一个信号周期内，对面到达的左转车超过 3～4 辆时，左转车通过交叉口将影响本面直行车。因此，应折减本面各直行车道（包括直行、直左、直右、直左右等车道）的设计通行能力。本面进口道折减后的设计通行能力为：

$$C'_e = C_e - n_s(C_{le} - C'_{le}) \tag{10-68}$$

式中 C'_e——折减后本面进口道的设计通行能力，pcu/h；

C_e——本面进口道的设计通行能力，pcu/h；

n_s——本面各种直行车道数，条；

C_{le}——本面进口道左转车道的设计通行能力，pcu/h；

C'_{le}——不折减本面各种直行车道设计通行能力的对面左转车数，pcu/h，交叉口小时为 $3n$，大时为 $4n$，n 为每小时信号周期数。

（2）T 型交叉口的设计通行能力

对于信号控制 T 型交叉口，其设计通行能力为各进口道设计通行能力之和。图 10-11 为其典型图式。通行能力的计算包括以下两种情况：

1）图 10-11（*a*）所示 T 型交叉口的设计通行能力

该交叉口的设计通行能力为 A、B、C 各进口道通行能力之和，还应验算 C 进口道左转车对 B 进口道通行能力的折减。具体按以下程序计算：

① A 进口道为左右混行车道，其设计通行能力用式（10-60）计算；

② B 进口道为直右车道，其设计通行能力用式（10-58）计算；

③ C 进口车道为直左车道，其设计通行能力用式（10-59）计算。

④ 当 C 进口道每个信号周期的左转车超过 3～4 辆时，应用式（10-68）折减 B 进口道的设计通行能力。

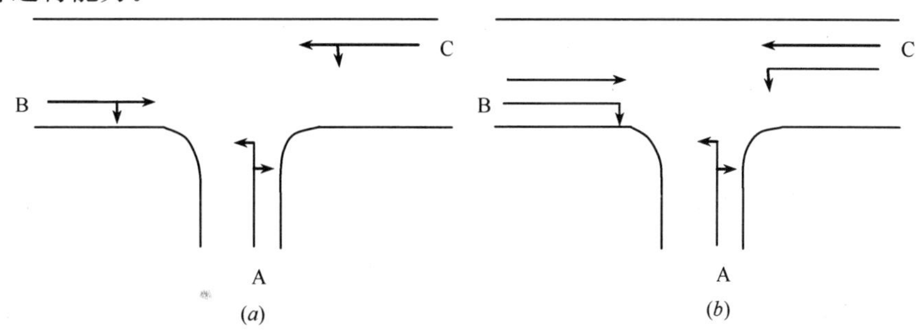

图 10-11　T 形交叉口的设计通行能力

2）图 10-11（b）所示 T 形交叉口的设计通行能力

该交叉口的设计通行能力为 A、B、C 各进口道通行能力之和，还应验算 C 进口道左转车对 B 进口道通行能力的折减。具体按以下步骤计算：

① A 进口道为左右混行车道，其设计通行能力用式（10-60）计算；

② B 进口道设置一条直行车道和一条右转专用车道，其设计通行能力用式（10-57）和式（10-66）、式（10-67）计算；

③ C 进口车道的直行车辆不受红灯信号控制，通行能力等于其饱和流量；专用左转车道的设计通行能力用式（10-64）、式（10-65）计算；当 C 进口道每个信号周期的左转车超过 3～4 辆时，应对 B 进口道的设计通行能力进行折减，用式（10-68）计算。

（3）计算示例

已知某十字信号交叉口设计如下：东西干道一个方向有三条车道，分别为左转专用车道、直行车道与直右混行车道；南北方向一个方向有一条车道，为直左右混行车道；信号周期 $T_C=120s$，绿灯 $g_i=52s$。车种比例大型车：小型车＝2：8（$t_i=2.65s$），各进口左转车比例均为 15%。试求该交叉口的通行能力。（绿灯亮后，第一辆车启动、通过停车线的时间采用 2.3s）

解：先计算东西方向干道直行车道的设计通行能力：

$$C_s=\frac{3600}{T_C}\times\left(\frac{g_i-t_0}{t_i}+1\right)\cdot\varphi=\frac{3600}{120}\times\left(\frac{52-2.3}{2.65}+1\right)\times0.9=533(\mathrm{pcu/h})$$

计算直右车道的设计通行能力：$C_{sr}=C_s=533\mathrm{pcu/h}$

东、西进口属于设有专用左转车道而未设专用右转车道类型，其进口道通行能力为：

$$C_{el}=(\Sigma C_s+C_{sr})/(1-\beta_l)=(533+533)/(1-0.15)=1254(\mathrm{pcu/h})$$

东、西进口专用左转车道的设计通行能力为：

$$C_l=C_{el}\times\beta_l=1254\times0.15=188\ (\mathrm{pcu/h})$$

不影响直行车行驶的左转交通量：$C'_{le}=4n=4\times3600/120=120\ (\mathrm{pcu/h})$

$C_{le}>C'_{le}$，故需进行折减

$$C'_e = C_e - n_s(C_{le} - C'_{le}) = 1254 - 2 \times (188 - 120) = 1118(\text{pcu/h})$$

南、北进口为直左右混行车道，其设计通行能力为：

$$C_{slr} = C_{sl} = C_s(1 - \beta_l/2) = 533 \times (1 - 0.15/2) = 493(\text{pcu/h})$$

南、北进口设计左转交通量为：

C_l=493×0.15=74pcu/h<120pcu/h，故无需折减。

交叉口设计通行能力为：C=（1118+493）×2=3222（pcu/h）。

10.4 信号交叉口服务水平

10.4.1 服务水平评价指标

交叉口是交通延误发生的主要场所，国内外常用平均停车延误时间作为信号交叉口服务水平的评价指标。

美国《道路通行能力手册》（HCM）采用的信号交叉口服务水平评价指标：平均停车延误。

我国《城市道路工程设计规范》（CJJ 37—2012）中采用的信号交叉口服务水平评价指标：平均停车延误、负荷度、排队长度。

10.4.2 服务水平分级

美国《道路通行能力手册》（HCM）将信号交叉口的服务水平分为 A～F 六个等级，如表 10-7 所示。

美国《通行能力手册》规定的信号交叉口服务水平　　表 10-7

服务水平	平均停车延误（s/veh）	服务水平	平均停车延误（s/veh）
A	≤10	D	(35，55]
B	(10，20]	E	(55，80]
C	(20，35]	F	>80

服务水平 A 表示运行延误很小，即小于 10s。当信号绿波带非常适合，大多数在绿灯期间到达时这种情况，大多数车根本不停车，短周期也有助于减少延误。

服务水平 B 表示运行时的延误为 10～20s 范围内，这通常发生在合适的信号绿波带和短周期的时候；与服务水平 A 相比有较多的车辆将停驶，造成较高的平均延误。

服务水平 C 表示运行时的延误在 20～35s 范围内，这时信号绿波带尚好，但周期较长而使延误较大，在这一服务水平可能开始出现个别周期不足。在该服务水平下虽然仍有许多车不停地通过交叉口，但停车数量显著增加。

服务水平 D 表示运行的延误在 35～55s 范围内，在服务水平 D 时阻塞影响值得注意，较大延误是由于不合适的信号绿波带，长的周期或高的饱和度等组合而成，许多车辆必须停车，不停车的车辆比率下降。有些车在一个或几个周期内通过不了交叉口。

服务水平 E 表示运行的延误在 55～80s 范围内，认为这是可以接受的延误极限，这些大的延误值通常表示信号绿波不合适，周期过长和饱和度太高，车辆在几个周期内通不过交叉口的现象经常出现。

服务水平 F 表示运行时的延误在大于 80s 范围以上。大多数司机认为这是不可以接受的。这种状态随着交通过饱和产生的，即此时达到的流量超过交叉口的通行能力。此刻饱和度接近1.00，周期损失严重，这主要是由不合适的信号绿波及过长的周期造成的。

我国《城市道路工程设计规范》（CJJ 37—2012）规定信号交叉口服务水平分为四级，如表10-8所示。

我国《城市道路工程设计规范》规定的信号交叉口服务水平　　表10-8

服务水平	平均停车延误（s/veh）	负荷度	排队长度（m）
一	<30	<0.6	<30
二	30～50	0.6～0.8	30～80
三	50～60	0.8～0.9	80～100
四	>60	>0.9	>100

思考题

1. 信号交叉口的控制方式都有那几种？定时信号设计的参数都包括什么？
2. 简述平面信号交叉口设置信号灯的依据？
3. 试分析影响信号交叉口通行能力的各种影响因素？
4. 简述国内外信号交叉口通行能力计算方法？
5. 概述信号交叉口的服务水平划分依据？

习题

已知某十字信号交叉口设计如下：东西进口各有三条车道，分别为左转专用车道、直行车道与右转专用车道；南北进口各有两条车道，分别为直左混行车道和直右混行车道；信号周期 T_C=110s，绿灯 g_i=52s。各进口左转车、右转车比例分别为15%和25%，南、北进口直行车辆均匀分布于两条车道。试求该交叉口的通行能力。（t_i=2.5s，绿灯亮后，第一辆车启动、通过停车线的时间采用3.0s）

第 11 章　环形交叉口通行能力

环形交叉口通行能力研究的主要目的是估算环形交叉口能适应的最大交通量，但是，环形交叉口在达到或接近其通行能力时一般运行不良，很少将交叉口设计或规划在这种范围内运行。本章主要介绍无信号环形交叉口和信号控制环形交叉口通行能力计算方法，以及无信号环形交叉口的服务水平评价。

11.1　概述

环形交叉口是自行调节的交叉口。这种交叉口是在中央设置中心岛，使进入交叉口的所有车辆均按同一方向绕岛行驶。车辆行驶过程一般为合流、交织、分流，避免了车辆交叉行驶。环形交叉口的优点是车辆连续行驶、安全，一般不需要设置管理设施，避免停车，节省燃料，噪声低，污染小。同时，环形交叉口造型优美，可以起到美化城市的作用。缺点是占地大，绕行距离长。非机动车辆和行人较多及有轨道交通线路时，不宜采用。

自 20 世纪初环形交叉口在英、法等国出现以来，人们一直在探索环形交叉口通行能力的计算模型。一些西方发达国家如美国、日本、英国、法国、俄罗斯、澳大利亚等均已建立了比较完善的适于本国交通特色的环形交叉口通行能力计算模型。这些模型虽然很多，但总的来看，主要基于三种理论基础：一类是交织理论模型，以交织段能通过的最大交织流量反映环形交叉口的通行能力，典型代表是 Wardrop 公式；另一类是根据穿插及间隙接受理论建立的模型，以进口车道能进入环形交叉口的最大流量反映环形交叉口的通行能力；还有一类是反映环行车流量与入口通行能力关系的回归模型。随着汽车性能的提高，环道宽度的加大，环岛半径的减少及生活节奏的加快，使得环形交叉口车辆的交织行为明显减少，交叉口的阻塞主要受最大进环车辆流量的影响，因而 Wardrop 公式的使用有其局限性，而后两个模型在国外得到了广泛的应用。

环形交叉口具有很明显的主、支路特征。当环行车流与进环车流相交时，环行车流可不受干扰自由通行，而进环车流不能自由通行，只有当环行上的车流出现较大间隙时，进环上的车流才能进入交叉口。国内外在研究环形交叉口通行能力时，都以进环车辆能够进入交叉口的最大流量作为交叉口的通行能力。以间隙接受理论为基础，分析在各种道路和交通条件下进环车辆的通行能力是目前普遍采用的方法。

环形交叉口通行能力包含的内容很多，通行能力的大小不仅与道路和交通条件有关，还与交叉口运行质量的评价方法，即服务水平的划分方法有关。在评价交叉口的运行质量时，通常可从以下几个方面进行：

（1）车辆行车速度和运行时间；

（2）车辆行车时的自由度；

（3）车辆受阻或干扰的程度及行车延误等。

（4）车辆行车安全性（事故率和经济损失等）。

（5）车辆行车的舒适性和乘客的满意程度。

（6）经济性

美国道路通行能力手册中，以储备通行能力 C_r（pcu/h）（通行能力与交通流量之差）为评价指标，以储备通行能力的临界值来划分环形交叉口通行能力的服务水平；在德国通行手册中，以进环车流的平均等待时间为评价指标；国内学者则提出以车辆的平均延误作为环形交叉口的评价指标。这些指标在工程中都得到了广泛的应用。

11.2　无信号环形交叉口通行能力与服务水平

11.2.1　环形交叉口类型

环形交叉口按中心岛直径大小分为三类：

1. 常规环形交叉口

中心岛直径大于 25m，交织段比较长，进口引道不拓宽成喇叭形。我国现有的环形交叉口大都属于此类型，见图 11-1（a）。

2. 小型环形交叉口

中心岛直径为小于 25m，引道进口加宽，做成喇叭形，便于车辆进入交叉口。英国多采用此类环交，见图 11-1（b），其优点是可以提高环交的通行能力，占地少。我国有些旧城市也有这类小型环交，如福州的南门兜小环。

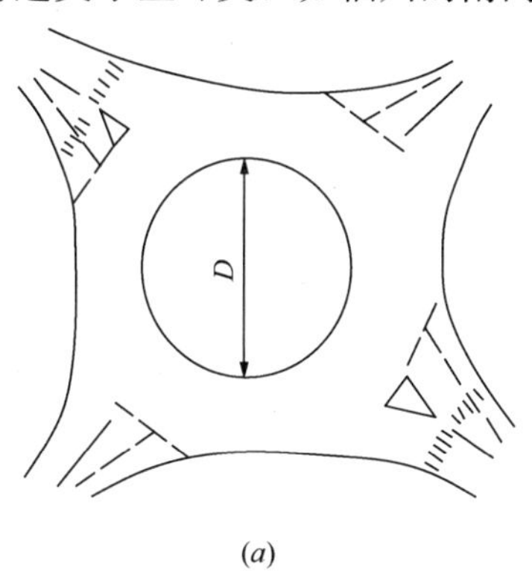

(a)

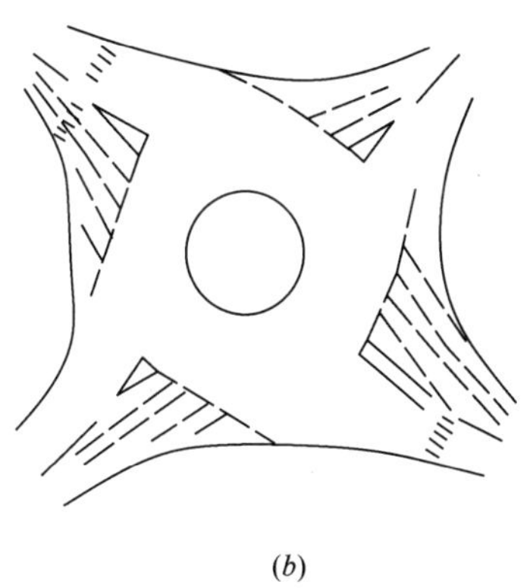

(b)

图 11-1　常规环交与小型环交示意图

（a）常规环交；（b）小型环交

如图 11-2 所示，小型环交的特点有：

（1）在停车线上增加车道数；

（2）环岛直径 d 约为 $\frac{D}{3}$，并小于 8m；

（3）停车线至右侧冲突点距离 x 不小于 25m；

（4）环道宽度 a 小于前一个入口宽 b；

（5）入口渐变段为 1∶6，出口则为 1∶12；

（6）设偏向导车岛，不使进入车辆直穿。

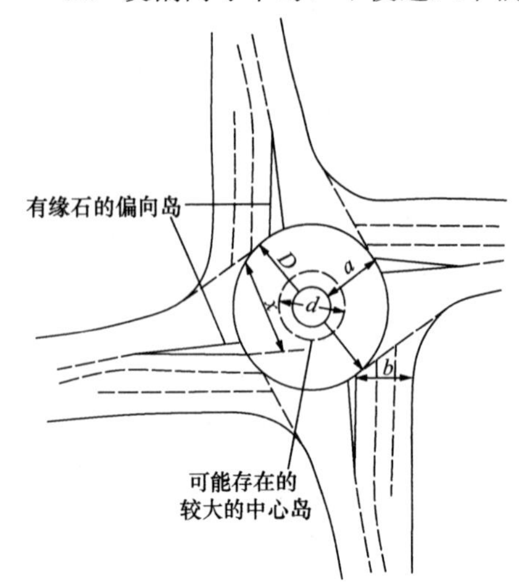

图 11-2　小型环交特点示意图

3. 微型环形交叉口

中心岛直径一般小于 4m，中心岛不一定做成圆形，也不一定做成一个，可以用白漆画成圆圈，不用凸起。这种环交实际上是渠化交叉口。

11.2.2　无信号环形交叉口基本通行能力计算

1. 常规环形交叉口的通行能力

由于我国现有的环形交叉口大都属于常规环形交叉口，故这里主要讨论常规环形交叉口的通行能力。

（1）Wardrop 公式

常规环形交叉口通行能力计算图示如图 11-3 所示，其通行能力按下列公式计算：

$$C=\frac{354w\left(1+\frac{e}{w}\right)\left(1-\frac{p}{3}\right)}{1+\frac{w}{l}} \tag{11-1}$$

式中　C——交织段上的最大通行能力，puc/h；

l——交织段长度，m；

w——交织段宽度，m；

e——环交入口平均宽度，m，$e=e_1+e_2$；

e_1——入口引道宽度，m；

e_2——环道突出部分的宽度，m；

p——交织段内进行交织的车辆与全部车辆之比，%。

Wardrop 方法适用于下列条件：

1）引道上没有因故暂停的车辆；

2）环形交叉口位于平坦地区，其纵坡≤4%；

3）式（11-1）中各参数应满足下列要求：$w=6.1\sim18.0$m；$e/w=0.4\sim1.0$；$w/l=0.12\sim0.4$；$e_1/e_2=0.34\sim1.41$；$p=0.4\sim1.0$；驶入角 α 宜大于 30°；驶出角 δ 应小于 60°；交织段内角 β 不应大于 95°。

如交叉口四周进口处过街行人众多，影响车流进出，其通行能力应适当折减。

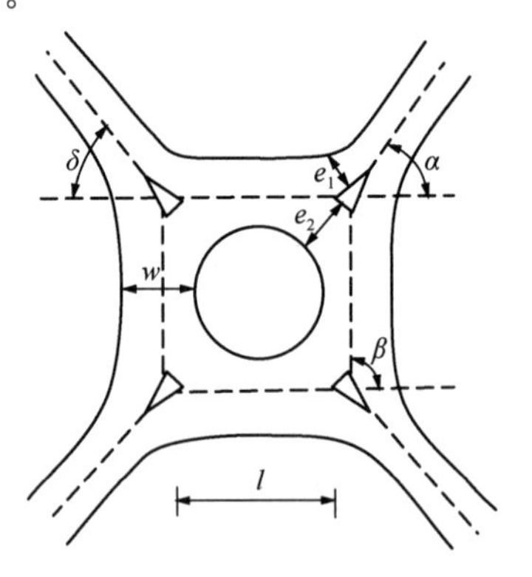

图 11-3　常规环形交叉口通行能力计算示意图

根据使用经验和实际观察资料的检验，一般设计通行能力采用上述公式计算最大值的 80%，故可将上式修改为：

$$C_D=\frac{280w\left(1+\frac{e}{w}\right)\left(1-\frac{p}{3}\right)}{1+\frac{w}{l}} \tag{11-2}$$

 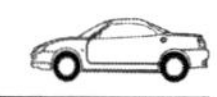

式中　C_D——交织段上的设计通行能力，puc/h。

在混合交通情况下，应将各类车辆换算成小汽车，环交的车辆折算系数可采用小型车为 1，中型车为 1.5，大型车为 3.0，特大型车（拖挂车）为 3.5 进行换算。

【算例】　某常规无信号四路环形交叉口，交织段宽度 $w=12$m，交织段长度 $l=42$m，入口平均宽度 $e=10$m，其现状高峰小时流率见下表（单位：pcu/h）。试应用 Wardrop 公式验算现有车流量是否已超过其设计通行能力。

进口	左转	直行	右转	合计
东进口	100	700	300	1100
南进口	300	600	300	1200
西进口	350	700	300	1350
北进口	250	600	300	1150
合计	1000	2600	1200	4800

解：1）由题意，计算各象限交织段高峰小时流率及交织流量比：

东南象限：$Q=300+600+300+350+700+250=2500(\text{pcu/h})$

$p=(600+300+700+250)/2500=0.74$

东北象限：$Q=300+700+100+600+300+350=2350(\text{pcu/h})$

$p=(700+100+600+350)/2350=0.74$

西北象限：$Q=250+600+300+700+100+300=2250(\text{pcu/h})$

$p=(600+250+700+300)/2250=0.82$

西南象限：$Q=350+700+300+250+600+100=2300(\text{pcu/h})$

$p=(700+350+600+100)/2300=0.76$

2）计算各交织段设计通行能力：

东南象限：

$$C=\frac{280w\left(1+\frac{e}{w}\right)\left(1-\frac{p}{3}\right)}{1+\frac{w}{l}}=\frac{280\times 12\times\left(1+\frac{10}{12}\right)\left(1-\frac{0.74}{3}\right)}{1+\frac{12}{42}}=3609(\text{pcu/h})$$

东北象限：$C=3609$pcu/h

西北象限：$C=3482$pcu/h

西南象限：$C=3577$pcu/h

3）验算：各交织段高峰小时流率均未超过其设计通行能力。

（2）英国环境部暂行公式

英国对环形交叉口素有研究。1966 年对环交实行了左侧优先的法规，即规定行驶在环道上的车辆可以优先通行，进入环道的车辆让路给环道上的车辆，等候间隙驶进环道。这样，公式（11-1）已不适用，应采用下列公式进行计算：

$$C=\frac{160w\left(1+\frac{e}{w}\right)}{1+\frac{w}{l}} \tag{11-3}$$

式中各参数意义同前。其中重型车占全部车辆的比例不应超过 15%，如重型车超过

15%时应对该式进行修正，用于设计通行能力时要乘以85%。

（3）基于间隙接受理论的通行能力分析方法

1）进环车道为一条时的通行能力

当环形交叉口的环形车道为一条时，进环车道多为一条。这种环形交叉口的间隙接受理论模型可从两股交通流相互作用时的排队模型中推导出来。

间隙接受是指当环行车流出现大于某一临界间隙 t_c 时，进环车辆才能进入，否则就必须等待；而环行车辆可以直接经过环形交叉口内的冲突区而不受延误。由于在环形交叉口环形车道上车辆一般无超车行为，可认为环行车辆的车头时距服从M3分布。当环行车道车流量较大时，部分环行车流会以最小行车时距 t_m 结队行驶。设 a 表示车头时距大于 t_m 的自由流的比例，环行车流量为 q，则环行车流的车头时距大于和等于 t_m 的概率分别为 a 和 $1-a$，故环行车流的车头时距有如下的概率密度函数：

$$f(t) = a\mathrm{e}^{-\lambda(t-t_m)} \qquad (t > t_m) \tag{11-4}$$

式中 $\lambda = \dfrac{a \cdot q}{1-t_m q}$。

设 t_f 为进环车流的随车时距，即当环形车道上车流的车头时距较大、允许两辆以上车辆进入时，进口车道上排队进入环形交叉口相邻两车的车头时距。

当 $t_c < h < t_c + t_f$ 时，允许一辆车进入环形交叉口；当 $t_c + (k-1)t_f < h < t_c + kt_f$ 时，允许 k 辆车进入环形交叉口。设环行车流出现 $t_c + (k-1)t_f < h < t_c + kt_f$ 的概率为 p_k，则：

$$p_k = p[h \geqslant t_c + (k-1)t_f] - p(h \geqslant t_c + kt_f) = a\mathrm{e}^{-\lambda[t_c+(k-1)t_f-t_m]} - a\mathrm{e}^{-\lambda(t_c+kt_f-t_m)} \tag{11-5}$$

设每小时能够进入环形车道的车辆数为 C_e，则得到通行能力计算公式如下：

$$C_e = \sum_{k=1}^{\infty} p_k kq = \frac{aq\mathrm{e}^{-\lambda(t_c-t_m)}}{1-\mathrm{e}^{-\lambda t_f}} \tag{11-6}$$

2）进环车道为两条时的通行能力

进口车道和环形车道均为两条，车辆进入交叉口时，左侧车流需与外侧环形车流穿插并与内侧车流合流，而右侧车流只需与外侧环形车流合流。设 C_{e1} 和 C_{e2} 分别为左、右两侧进口车道能够进入交叉口的车辆数，则：

$$C_e = C_{e1} + C_{e2} \tag{11-7}$$

C_{e2} 的计算方法与进环车道为一条时计算方法相同。

左侧车辆进入交叉口时，可把环形车流假设成当量车流。

当量车流车头时距大于 t_m 时，服从M3分布，当量车头时距小于 t_m 时服从均匀分布，$p(t \leqslant t_m) + p(t > t_m) = 1$。

当量交通量等于两车道交通量之和，即：

$$q = q_1 + q_2 \tag{11-8}$$

式中 q_1、q_2——分别为内、外侧环形车流的流量，pcu/s；

当量车流车头时距小于 t_m 时的概率为：

$$p(t \leqslant t_m) = \frac{t_m}{\bar{h}} \tag{11-9}$$

式中　$\bar{h}$——两环形车流平均车头时距的均值，即 $\bar{h}=\frac{1}{2}\left(\frac{1}{q_1}+\frac{1}{q_2}\right)$。

基于以上假设，可以推导出当量车流车头时距具有以下所示的分布形式。

$$f(t)=\begin{cases}\dfrac{2q_1q_2}{q_1+q_2} & (0\leqslant t\leqslant t_\mathrm{m})\\ \lambda\left(1-\dfrac{2q_1q_2}{q_1+q_2}t_\mathrm{m}\right)\mathrm{e}^{-\lambda(t-t_\mathrm{m})} & (t_\mathrm{m}<t)\end{cases} \tag{11-10}$$

式中　$\lambda=\lambda_1+\lambda_2=\frac{\alpha_1q_1}{1-t_\mathrm{m}q_1}+\frac{\alpha_2q_2}{1-t_\mathrm{m}q_2}$。

与公式（11-6）的推导相同，可得出左侧车道的通行能力如下：

$$C_\mathrm{el}=\frac{q\mathrm{e}^{-\lambda(t_\mathrm{c}-t_\mathrm{m})}}{1-\mathrm{e}^{-\lambda t_\mathrm{f}}}\left(1-\frac{2q_1q_2}{q_1+q_2}\right) \tag{11-11}$$

进环车辆总的通行能力如下：

$$C_\mathrm{e}=\frac{qe^{-\lambda(t_\mathrm{c}-t_\mathrm{m})}}{1-\mathrm{e}^{-\lambda t_\mathrm{f}}}\left(1-\frac{2q_1q_2}{q_1+q_2}\right)+\frac{\alpha_2q_2e^{-\lambda(t_\mathrm{c}-t_\mathrm{m})}}{1-\mathrm{e}^{-\lambda_2t_\mathrm{f}}} \tag{11-12}$$

2. 小型环形交叉口的通行能力

（1）英国运输与道路研究所公式

小型环形交叉口的特点是环道较宽，进出口做成喇叭形，对进入环道的车辆提供较多的车道，车流运行已不存在较之现象。在所有引道入口均呈饱和状态情况下进行多次试验，得出了整个环交通行能力 C 的简化计算公式：

$$C=K(\Sigma W+\sqrt{A}) \tag{11-13}$$

式中　W——引道宽度，m；

A——引道拓宽增加的面积，m^2；

K——系数，pcu/(h·m)，与相交道路的条数有关。三路交叉，$K=70$pcu/(h·m)；四路交叉，$K=50$pcu/(h·m)；五路交叉，$K=45$pcu/(h·m)。

（2）纽卡塞（NewCastle）公式

纽卡塞根据英国运输所的公式作进一步简化，将 A、W 两个参数均归纳为内接圆直径 D，然后根据道路条数取用 K_2 来进行调整，即：

$$C=K_2D \tag{11-14}$$

式中　D——环岛直径，m，如交叉口为椭圆中心岛，则取长轴与短轴的平均值；

K_2——系数，pcu/(h·m)，三路交叉口 $K_2=15$pcu/(h·m)，四路交叉口 $K_2=140$pcu/(h·m)。

11.2.3　无信号环形交叉口实际通行能力计算

以上得到的是基本通行能力，实际上，交叉口通行能力会受到许多因素的影响，要结合交叉口的实际情况进行修正，修正后的通行能力，即为实际通行能力。

交叉口的横向干扰、进口车流的转向车流比例和进口车流的流量比都会直接影响交叉口的实际通行能力。

1. 横向干扰系数 F_SF

横向干扰系数的影响可根据观测饱和流量和相应的干扰系数对比得出，如表 11-1 所示。

横向干扰系数 **表 11-1**

横向干扰系数	相应的地理类型	修正系数
低	乡村，路边有很少建筑物和交通量	1
中	居住区	0.96
高	商业区	0.92

2. 左转修正系数 F_{LT}

左转车流的修正系数可以通过下式计算：

$$F_{LT} = 1.14 - 0.92P_{LT} \tag{11-15}$$

式中 P_{LT}——左转车比例。

3. 右转修正系数 F_{RT}

右转车流的修正系数可以通过下式计算：

$$F_{RT} = 0.76 + 1.6 \times P_{RT} \tag{11-16}$$

式中 P_{RT}——右转车比例。

4. 流量比修正系数 F_M

在实际交通中，各进口车道的流量不会完全相等，其中，两条连接道路的流量较大（相当于无信号交叉口的主路），另两条连接道路的流量较小（相当于无信号交叉口的次路）。流量比即大流量与小流量之比，运用前面计算环形交叉口的基本通行能力的方法即可算出不同流量比下总的通行能力，对结果进行回归分析即可得到流量比修正系数 F_M 。

$$F_M = 0.88 + 0.11 \times P_M \tag{11-17}$$

式中 P_M——流量比，连接道路大流量与小流量之比。

5. 实际通行能力

无论是进口道还是车道的通行能力还是交叉口的基本通行能力，都可以用下式对其进行修正，得到相应的实际通行能力：

$$C_p = C_b \times F_{SF} \times F_{LT} \times F_{RT} \times F_M \tag{11-18}$$

6. 算例

某无信号环形交叉口，位于居住区，相交道路车道数均为双向 4 车道，高峰小时交通量分别为 1000pcu/h 和 800pcu/h，左转车比例 25%，右转车比例 15%，试求该交叉口的实际通行能力。

解： 1）由题意，444 型交叉口理论通行能力 C_b=3600pcu/h。

2）交叉口位于居住区，横向干扰系数 F_{SF}=0.96。

3）左转修正系数 F_{LT}=1.14−0.92×0.25=0.91。

4）右转车修正系数 F_{RT}=0.76+1.6×0.15=1.00。

5）流量比修正系数 F_M=0.88+0.11×（1000/800）=1.018。

6）该交叉口的实际通行能力

$$C_p=3600\times0.96\times0.91\times1.00\times1.018=3202\ (pcu/h)。$$

11.2.4 无信号环形交叉口延误分析

在交通流量小且车辆以稳态方式到达的情况下，进环车流与出环车流的车头时距大，车辆通过环形交叉口时，几乎不受冲突车流的影响，自由通过冲突点。随着入环流量与出环流量的增加，当某一方向车流的车头时距小于某一临界间隙 t_c 时，进环车流只能在冲

突点寻找可穿插间隙通过。若冲突车流不存在可穿插间隙，则到达车辆在冲突点前等待，直到出现可穿插间隙才通过冲突点。进口道与环行交叉口车道的车流到达交织段的过程符合泊松分布。若排队通过交叉口的车辆服务时间服从负指数分布，则环交路口的排队系统为标准 $M/M/1$ 系统，车辆运行指标可以用排队论表示。

当车辆进入交叉口时，由于环形车道上车辆无超车行为，可认为外侧环形车辆的车头时距服从 M3 分布。由式（11-6）可知，排队等候的平均车辆数为：

$$L_q = C_e - q(1 - p_0) = \alpha q \frac{e^{-\lambda(t_c - t_m)}}{1 - e^{t_f}} - q\left[1 - \alpha\left[e^{-\lambda(t_c - t_f - t_m)} - e^{-\lambda(t_c - t_m)}\right]\right] \quad (11\text{-}19)$$

式中　p_0——无车辆进入交叉口的概率。

车辆平均排队时间（延误）为：

$$W_q = \frac{L_q}{\lambda} = \frac{q\left[\alpha \frac{e^{-\lambda(t_c - t_m)}}{1 - e^{t_f}} - \left[1 - \alpha\left[e^{-\lambda(t_c - t_f - t_m)} - e^{-\lambda(t_c - t_m)}\right]\right]\right]}{\lambda} \quad (11\text{-}20)$$

11.2.5　无信号环形交叉口服务水平

服务水平是指道路使用者从道路状况、交通条件、道路环境等方面可能得到的服务程度或服务质量，不同服务水平意味着不同的道路、交通条件及经济安全因素。我国道路环形交叉口服务水平评价指标采用平均停车延误，服务水平划分标准如表 11-2 所示。

环形交叉口服务水平的划分标准　　　　**表 11-2**

服务水平	平均停车延误（s）	交通状况描述
一级	≤15.0	车流畅通，略有阻力
二级	(15.0，30.0]	车流运行正常，有一定延误
三级	(30.0，50.0]	车流能正常运行，但延误较大
四级	>50.0	车流处于拥挤状态，延误较大

下面以 422 型环形为例，说明环形交叉口服务交通量的确定方法。422 型环形交叉口的基本通行能力为 2700pcu/h，对应各环形车流量为 660pcu/h，根据式（11-20）即可计算出交通延误与对应饱和度的曲线，见图 11-4。

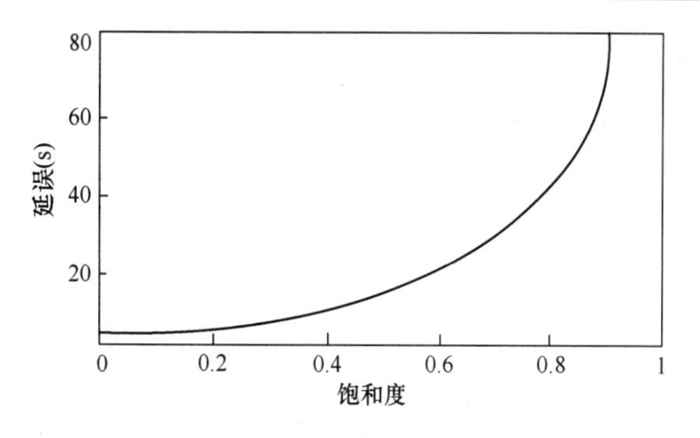

图 11-4　环形交叉口延误与饱和度的关系

由 422 型环形交叉口延误与饱和的关系及上面服务水平划分标准可得到各级服务水平下的饱和度及相应的服务交通量，如表 11-3 所示。

环形交叉口的服务交通量（pcu/h）　　　　**表 11-3**

交叉口类型	服务水平			
	一级	二级	三级	四级
422	900	2000	2300	2700
442	1100	2400	2800	3300
444	1200	2700	3000	3600

11.3 信号控制环形交叉口通行能力

环形交叉口作为道路平面交叉口的一种特殊形式，曾在城市道路的发展历史上起着重要作用。并且，它以其独特的特点，还将继续为城市道路交通的需求而发挥其应有的作用。

近些年来，我国城市道路上的交通量随城市经济的迅猛发展而急剧增长。一些城市主干路上现有的环形交叉口由于通行能力不足，经常出现拥挤、混乱及堵塞的现象，往往是各向车辆争相驶进交叉口，却很难顺畅驶出。面对这种状况，交通管理部门对这些由于种种原因一时不可能改变结构形式的环形交叉口设置信号灯控制，以期缓解交通运行和秩序。本节内容主要分析设置信号灯控制后环形交叉口的设计通行能力，并与不设信号灯时的通行能力相比较，以分析其通行能力的改善效果。

11.3.1 信号控制环形交叉口基本形式

环形交叉口可用于城市道路的Y形、X形、十字形、复合形等交叉口，但最常用的是四路相交的十字形交叉口。且对于流量不大的次干路等级以下相交的十字形交叉口，用常规的环形交叉即能得到较满意的交通，但对于某些位于主干路上或转盘式立交上的环形交叉，因各路进入交叉口的流量太大，常规的环形交叉口已无法满足正常交通，此时加设信号灯控制有望获得通行上的改善。所以，信号控制环形交叉一般用于十字形交叉口，且每个进口道有两条车道以上的情况。

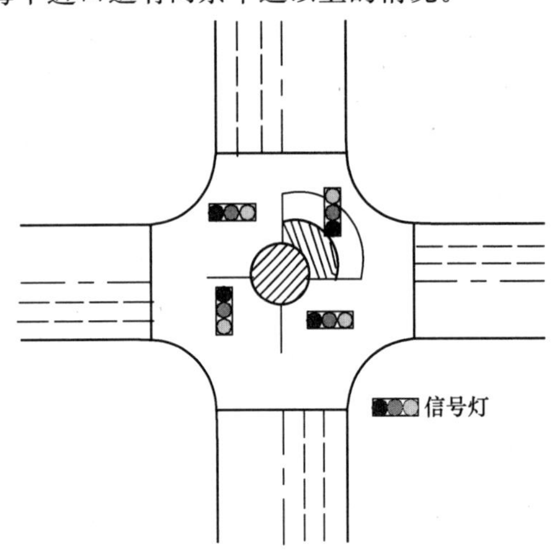

图 11-5 信号灯控制环形交叉示意图

如图 11-5 所示是信号灯控制环形交叉口的基本形式，图中信号灯有入口灯和环道灯之分。入口灯面对进口道停车线前的入环车辆，环道灯则面对环道上绕行的左转车。

交叉口的通行能力是指单位时间内各相交进口道路进入交叉口的最大车辆数，确定信号控制环形交叉口的设计通行能力，只需确定各进口道的通行能力。而进口道的通行能力是由各车道通行能力构成，因此，只需分析进口道各条车道的通行能力即可。

11.3.2 一条右转车道的设计通行能力

在信号控制的环形交叉口上，右转车不受信号灯的影响。在有专用右转车道的条件下，它的最大通行能力（pcu/h）为：

$$C_r = 3600/t_r \tag{11-21}$$

式中 t_r——右转车最小车头安全时距，s；

t_r 值可据右转车流的速度，按最小车头安全时距理论计算得到，也可从调查实际交通流中得到。但如果已知进口道右转车的比例 β_r，则可按下式计算右转车道的通行能力（pcu/h）。即：

$$C_r = C_e \times \beta_r \tag{11-22}$$

式中 C_e——进口道的通行能力，pcu/h。

11.3.3　一条直行车道的设计通行能力

信号控制环形交叉口通行能力的大小与信号相位、周期、红绿灯时间等参数相关。设图 11-5 所示的信号控制环形交叉口为两相信号控制，信号周期为 T，红、绿、黄灯时间分别为 T_R、T_G、T_Y，即 $T = T_R + T_G + T_Y$，则一条直行车道的通行能力为：

$$C_s = 3600\varphi_s[(T_G - T_f)/T_s + 1]/T \tag{11-23}$$

式中　T_f——绿灯亮后，第一辆车起动并通过停车线的时间，s，可据实际车流确定；

T_s——直行车连续通过停车线的最小车头时距，s，可根据直行车流连续通过停车线的速度按最小安全车头时距理论确定，也可通过观测实际直行车流连续通过停车线的平均间隔时间确定；

φ_s——修正系数，根据车辆通行的不均匀性及非机动车、行人等对汽车的干扰程度确定，当环形交叉口处的自行车、行人从空间上与机动车分离时，φ_s 可近似取 1.0。

11.3.4　一条直左车道的设计通行能力

左转车通过信号控制环形交叉口时，既受本向进口道入口信号灯的影响，又受环道上信号灯的影响，即左转车通过交叉口时受两处红绿灯信号的约束，所有的左转车在交叉口都会遇到至少一次红灯的影响而停车。

在直左车道中，因左转车受环道红灯停车的影响，通过进口道停车线时用的时间比直行车要长，这就对其后车辆造成了影响。设影响程度为 α，则：

$$\alpha = T_L/T_S - 1 \tag{11-24}$$

式中　T_L——左转车连续通过停车线的平均间隔时间，s；

T_S——直行车连续通过停车线的平均间隔时间，s。

又设一条直左车道中左转车所占比例为 β_L，则一条直左车道的设计通行能力为：

$$C_{sl} = C_s(1 - \alpha\beta_L) \tag{11-25}$$

用式（11-15）计算 C_{sl} 时，β_L 值受与本向进口道相对应的环道半环处停车线前左转车排队扇区容量的影响。如图 11-5 所示的阴影部分是由两条车道构成的左转车排队扇区。

排队扇区容量 M 是由排队扇区的车道数、每条车道的长度 L 及排队车辆平均占有车道长度 L_{veh} 决定的。即：

$$M = (\Sigma L_i)/L_{veh} \tag{11-26}$$

对照式（11-25）和式（11-26），如果进口道只有一条直左车道，则：

$$C_{sl}\beta_L \leqslant M$$

即：

$$\beta_L \leqslant M/C_{sl} \tag{11-27}$$

如果进口道有 n 条直左车道，且各条直左车道的 β_L 相同，则有：

$$n \cdot C_{sl} \cdot \beta_L \leqslant M$$

即：

$$\beta_L \leqslant M/nC_{sl} \tag{11-28}$$

11.4　两种环形交叉口通行能力的比较

环形交叉口（简称环交）同一般平面交叉口（简称一般平交）相比，具有冲突点少、车流连续、行驶安全、便于管理等优点，因而在许多城市道路交叉口采用。然而，随着城市道路交通需求量的不断增加，原有许多环交的通行能力无法满足这种需求，交通问题日益尖锐。为解决环交的这一问题，常采取拆除其环岛，改建成一般平交加信号控制的办法。但这一办法由于工程量较大，资金投入较多，并不完全可取。也有采用环岛加一般信号控制的方法，这样虽然可以在一定程度上提高交叉口的通行能力，但由于交叉口的冲突点与交织段依然存在，而且信号损失时间较大，其通行能力的提高程度仍然有限。充分有效地利用交叉口的时空资源，最大限度提高交叉口通行能力，是从交通信号控制的角度研究解决环形交叉口交通问题的有效途径。

11.4.1 环形交叉口交通特征及交通问题分析

环形交叉是在交叉口中央设置中心岛组织渠化交通的一种交叉形式。其交通特点是进入交叉口的不同方向交通流，均按照逆时针方向（有些国家或地区按顺时针方向）绕中心岛作单向行驶，并以较低的速度连续进行合流与交织，直至所要去的路口分流驶出，一般无信号控制。环交同一般平交相比，一方面没有冲突点，提高了车辆行驶的安全性，因而在一定程度上提高了交叉口的通行能力；另一方面，进入环道的车辆可以不用信号管制，以一定速度连续通过环道，这样避免了一般交叉口内信号控制产生的周期性交通阻滞，因而提高了交叉口的运行效率。但由于受中心岛环形车道上交织段的影响，不论环交各进口道有多少条车行道，其直行车与左转车都要在环道上交织行驶，当交织段长度小于2倍的最小允许交织段长度时，其通过量实际上只相当于一条车道的通过量，故其通行能力只能达到一条车道的最大理论值；当交织段长度大于2倍的最小交织段长度时，其通行能力通常会有所增加，但增加的幅度不会太大，因而其允许通过量仍不会很高。

11.4.2 两种环形交叉口通行能力计算比较

1. 无信号控制环形交叉口通行能力计算

设十字形环形交叉口环形道上的车道为3条，每个进口的车道都为3条，进口道各车道的分工为一条右转车道，两条直左车道。则按间隙接受理论，在各进口道各向车流为$Q_{右}=Q_{左}=(1/2)Q_{直}$的条件下，环形交叉口总的通行能力为：

$$C_{总}=4C_c=4\times3600/h_c \tag{11-29}$$

式中 C_c——环道的通行能力，pcu/h；

h_c——绕行车道上前后两车间的平均车头时距，以小汽车为标准车计算时可取2.5s。

于是，$C_{总}=4C_c=4\times3600/2.5=5760$（pcu/h）。

2. 有信号控制环形交叉口的通行能力计算

设环形交叉的形式和条件与上面相同，即环道车道数3条，各进口道车道数都为3条车道，分工为一条右转车道，两条直左车道。取信号灯周期的常用时间时长为$T=100$s，灯色组成为$T=T_R+T_G+T_Y=50\text{s}+47\text{s}+3\text{s}$；取$T_f=2.3$s、$T_s=2.44$s。

在每进口道各向车流组成$Q_{右}=Q_{左}=(1/2)Q$的条件下，可算得各进口道右转车和左转车的比例都为25%，即$\beta_{右}=\beta_{左}=25\%$，据此可推算一条直左车道中左转车的比例为$\beta_{左}=1/3$。

在上述条件和各参数取值确定后得：

$$C_s = \frac{3600}{100}\left(\frac{47-2.3}{2.44}+1\right) = 696(\text{pcu/h})$$

α 取平均值为0.28，则：

$$C_{sl} = 695.5(1-0.28\times 1/3) = 630.6(\text{pcu/h})$$

每个进口道的通行能力为：

$$C_e = 2C_{sl} + C_r = 2C_{sl} + C_e\beta_{右}$$

即
$$C_e = \frac{2C_{sl}}{1-\beta_{右}} = \frac{2\times 630.6}{1-0.25} = 1662(\text{pcu/h})$$

交叉口总的通行能力为：$C_{总} = 4C_e = 4\times 1662 = 6648(\text{pcu/h})$，大于无信号控制环形交叉口通行能力值。

此时交叉口每进口道1h内左转车的数量为：

$$C_{总} = C_e \times \beta_{左} = 1662\times 25\% = 416(\text{pcu/h})$$

每信号周期内左转车数为 $n_l = 416\times 100/3600 \approx 12(\text{pcu})$，即左转车在环道上排队扇区的容量 M 应大于等于12pcu。

3. 两种环形交叉口的设计通行能力比较

由以上计算结果可知，在环道车道数、进口道车道数、进口道各车道分工及进口道左、直、右车流比例相同的条件下，设置信号灯后环形交叉口的通行能力比不设信号灯时更大。而且，环形交叉口设置信号灯后，如果交叉口面积较大，还可以通过增加环道与进口道车道数大幅度提高交叉口的通行能力。但不设信号灯的环形交叉口，因受环内车流交织现象的影响，在环道上车道数达到一定的条数（一般为3条）后，再增加车道数，对改善交叉口的通行能力并无多大效果。

综上所述，城市两条主要道路相交的环形交叉口，当各路口进入交叉口的流量达到或超过常规环形交叉口的通行能力时，可通过设置信号灯控制来提高环形交叉口的通行能力。而且，当交叉口的面积越大，这种采用信号灯控制来改善通行能力的效果就越明显。但当环形交叉口环道上的车道小于3条时，则不宜采用信号灯控制。

11.4.3　对环形交叉口实施信号控制的意义

受环形交叉口通行能力的限制，当各进口道的流入量较低时，环形交叉口的通行效率尚可维持较好水平；而当各进口道的流量接近或超过环交的通行能力时，进入环道交织段的车辆过大，就会造成环道上交通拥挤和阻塞，使得车流无法连续通过环道，这种情形的最终结果就是：环道上车辆排放困难，进口道车辆停车延误过长与车流阻塞，交叉口通行效率严重降低，当有非机动车交通流混入时交通问题将更加严重。

对环形交叉口实施信号控制，就是要将可能形成交通拥阻的交通流，从时间上加以分离，实现不同流向的车流，依时间次序连续通过交叉口，保障环道上的车辆顺利驶出环道，尽快腾出交通空间让后面进口道上的交通流进入环道。

思考题

1. 环形交叉口的类型有哪几种？其各自的通行能力怎么计算？
2. 如何计算环形交叉口的延误？并根据延误确定其服务水平？

3. 信号控制环形交叉口和普通环形交叉口在通行能力分析方法上有何异同？

习题

1. 某常规无信号四路环形交叉口，交织段宽度 $w=15$m，交织段长度 $l=45$m，入口平均宽度 $e=12$m，其现状高峰小时流率见下表。试应用 Wardrop 公式验算该交叉口东南象限和西南象限现有车流量是否已超过其设计通行能力。

进口	左转	直行	右转	合计
东进口	200	800	300	1300
南进口	400	700	400	1500
西进口	450	800	350	1600
北进口	350	700	450	1500
合计	1400	3000	1500	5900

2. 某无信号环形交叉口位于商业区，相交道路车道数分别为双向四车道和双向两车道，高峰小时交通量分别为 900pcu/h 和 400pcu/h，左转车比例 20%，右转车比例 25%，试求该交叉口的实际通行能力。

第 12 章　立体交叉口通行能力

12.1　概述

12.1.1　立交的概念及组成

1. 立交的概念

立体交叉是利用跨线构造物使道路与道路（或铁路）在不同标高相互交叉的连接方式，其功能是为不同平面道路之间的交通转换提供通道。

2. 立交的组成

立交是由主体部分和附属部分组成的（见图 12-1）：主体部分包括跨线构造物、主线和匝道，附属部分包括出口与入口、变速车道、集散车道、三角地带及立交范围内的其他一切附属设施。

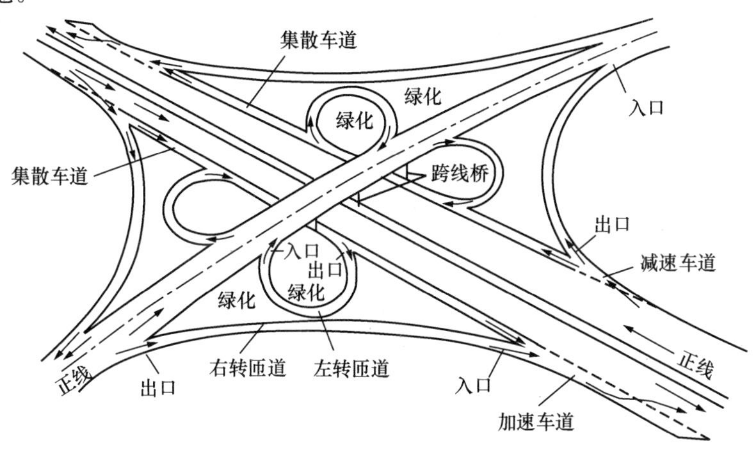

图 12-1　立交的组成

（1）跨线构造物主要有跨线桥和跨线地道两种，是实现交通流线空间分离的设施，是形成立交的基础。

（2）主线是指相交道路的直行车道，有上线和下线之分。

（3）匝道是指供相交道路转弯车辆转向使用的连接道。它使空间分离的两条主线互相连接，形成互通式结构。有匝道连接的立交称为互通式立交，反之，称为分离式立交。

（4）出口与入口

由主线进入匝道的路口称为出口，由匝道进入主线的路口称为入口。

（5）变速车道

由于匝道采用比主线低的设计速度，因此车辆进出主线都要改变车速，在匝道与主线的连接部位，为进出车辆变速及分流、合流而增设的附加车道称为变速车道。入口端为加速车道，出口端为减速车道。

（6）集散车道

位于城市附近交通繁忙的高速公路，为了减少进出高速公路的车流交织和进出口数量，在高速公路一侧或两侧所修建的与高速公路平行而又分离（主线为其他等级公路，也可考虑与主线不分离）供车辆进出的专用道路。

（7）三角地带

匝道与主线间或与匝道间所围成的封闭地区统称为三角地带（或三角区）。三角地带可作为广场、园林绿化、美化环境、照明等用地。

立交的范围一般是指各相交道路端部变速车道渐变段顶点内所包含的主线、跨线构造物、匝道和绿化地带等全部区域。

12.1.2 立交的基本形式及特点

立交的形式很多，它们各具特色，分别适用于不同的场合。对于分离式立交，因其形式固定，结构简单，其通行能力可以借鉴一般路段的分析和计算方法，本章不予讨论。对于互通式立交，随匝道的不同布置，会形成许多不同形式的立交。基本形式主要有定向式立交、全苜蓿叶立交、部分苜蓿叶立交、菱形立交、喇叭形立交、环形立交等。这些立交的通行能力和适用条件见表 12-1。

常见立交的通行能力及适用条件　　表 12-1

立交形式	通行能力	适用条件
定向式	能为转弯车辆提供高速的定向运行，通行能力大	高速公路相互交叉或与市郊快速路相交
全苜蓿叶	通行能力较大，取决于环形匝道之间交织区的通行能力	左转弯交通量不大
部分苜蓿叶	通行能力中等，取决于两个信号交叉口和环形匝道通行能力	部分象限用地受限
菱形	通行能力低，取决于次要道路上的两个平面交叉口通行能力	主线左转弯交通量较小，用地受限
喇叭形	没有冲突点和交织，通行能力较大，取决于环形匝道通行能力	三路交叉及有收费站的立交
环形	存在交织，通行能力受到环道交织能力的限制	转弯交通量不大而速度要求又不高

1. 定向式立交

定向式立交是由定向左转匝道组成的一种高级的全互通式立交，见图 12-2。

2. 全苜蓿叶立交

全苜蓿叶立交分为普通苜蓿叶立交和带有集散车道的苜蓿叶立交。普通苜蓿叶立交是最常用的互通式立交形式之一，见图 12-3。带有集散车道的苜蓿叶立交见图 12-4，其中图（*a*）为主要道路与主要道路相交的情况，图（*b*）为主要道路与一般道路相交的情况。

3. 部分苜蓿叶立交

部分苜蓿叶立交是相对全苜蓿叶立交而言，在部分左转弯方向不设环圈式左转匝道，而在次要道路上以平面交叉的方式实现左转弯运行的立交。部分苜蓿叶立交根据转弯交通量的大小或场地的限制，可以有图 12-5 中任一种形式或其他变形形式。

4. 菱形立交

菱形立交是只设右转和左转公用匝道，使主要道路与次要道路连接，在跨线构造物两侧的次要道路上为平面交叉口的立交。菱形立交常用的形式见图 12-6。

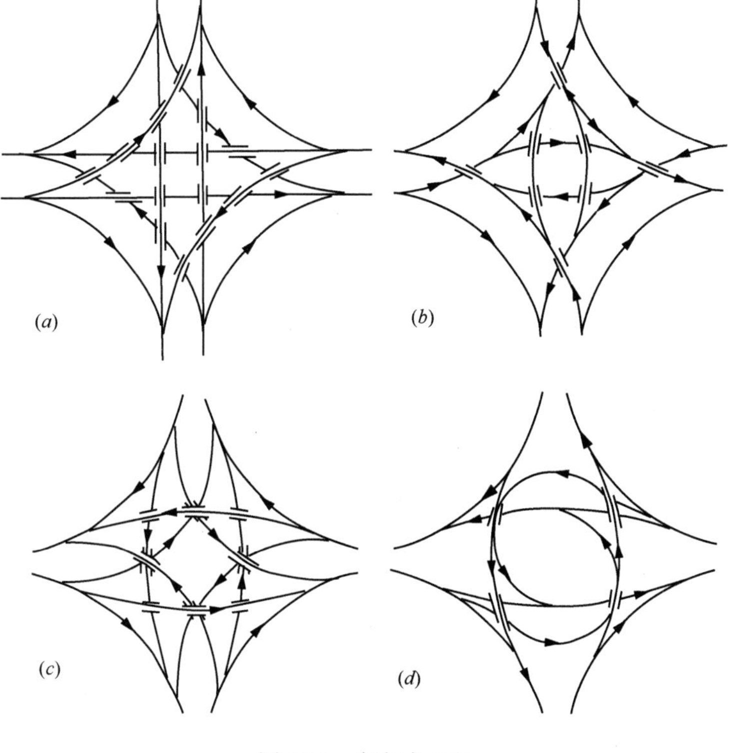

图 12-2　定向式立交

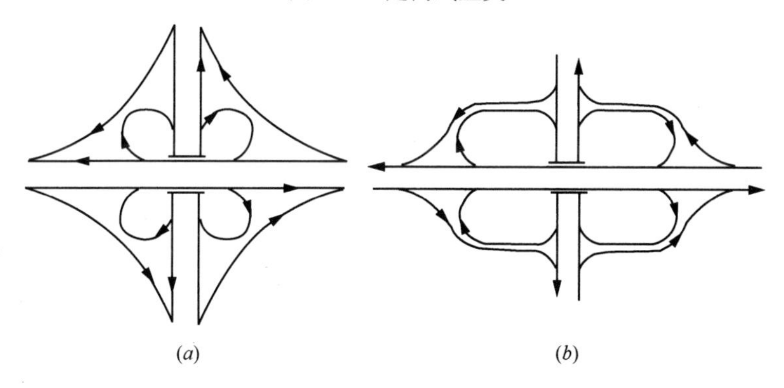

图 12-3　普通苜蓿叶立交

5. 喇叭形立交

喇叭形立交是用一个环圈式匝道（转向约为 270°）和一个半定向匝道来实现车辆左转弯的全互通式立交，见图 12-7。

喇叭形立交可以分为 A 式和 B 式，经环圈式左转匝道驶入主线为 A 式，驶出主线为 B 式。

6. 环形立交

环形立交是由平面环形交叉发展而来的，常用形式见图 12-8。

12.1.3　立交匝道与主线的关系

几种常见形式的立交匝道与主线的关系可以归纳为以下三种情况：

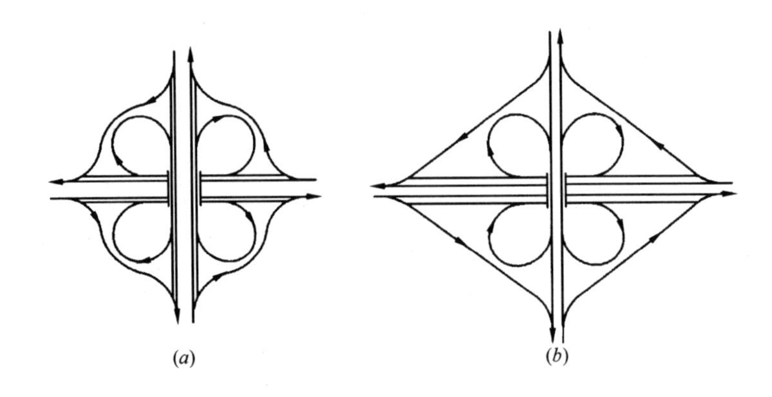

图 12-4　带有集散车道的苜蓿叶立交

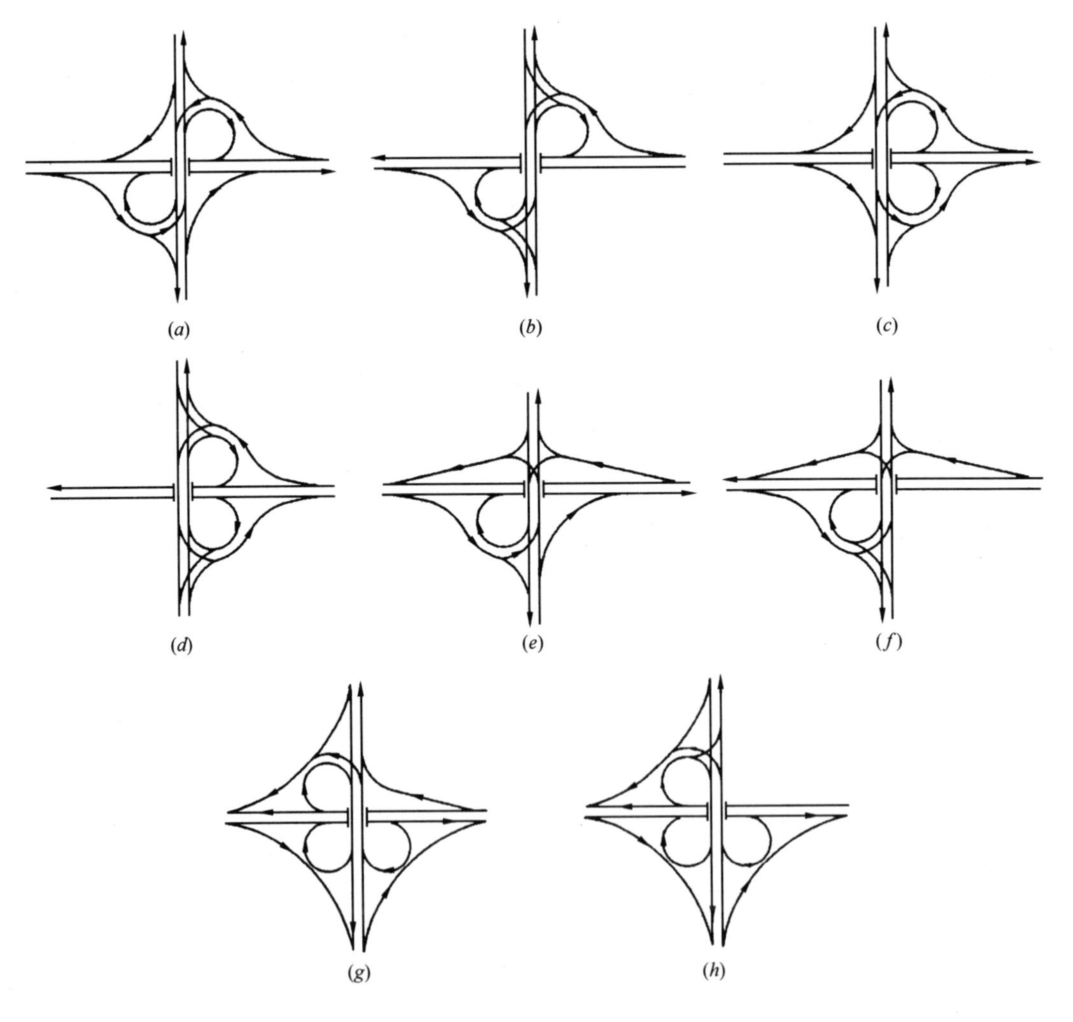

图 12-5　部分苜蓿叶立交

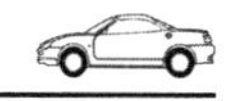

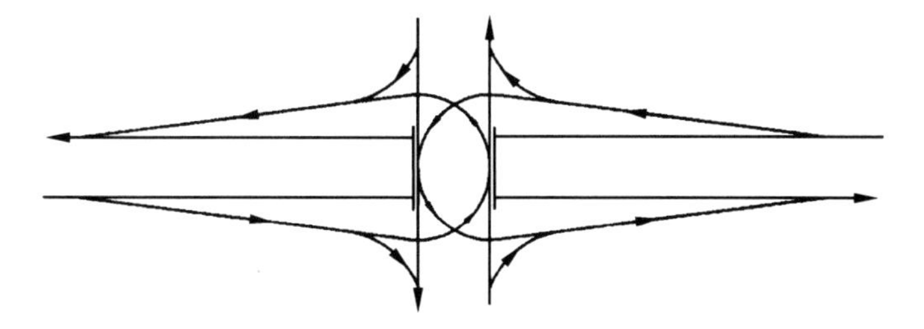

图 12-6　菱形立交

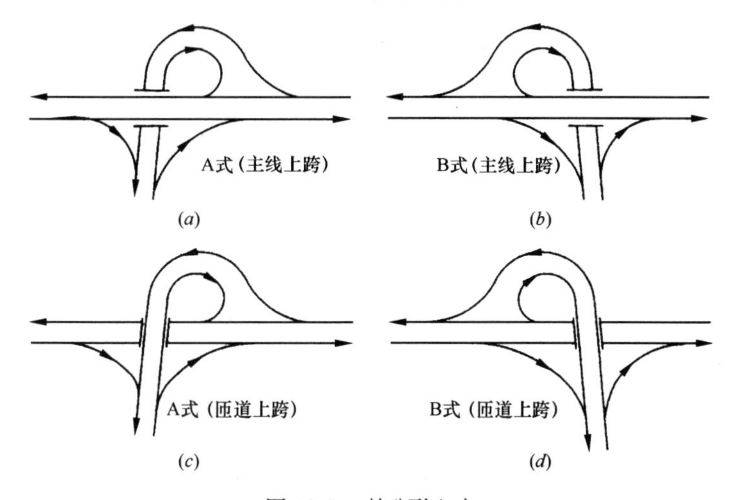

图 12-7　喇叭形立交

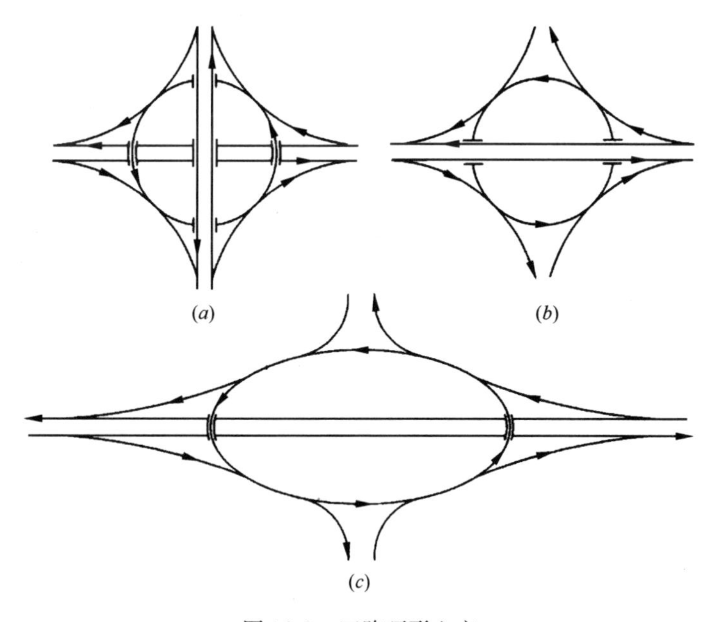

图 12-8　四路环形立交

1. 平行关系

匝道与主线分离前或者汇合后，主线设有附加车道的情况。

2. 交叉关系

匝道与主线分离前或者汇合后，主线车道数没有变化的情况。

3. 环道

在环形立交中，利用环道来组织转向交通（或转向交通与一个方向的直行交通）。

12.1.4 立交通行能力的概念

立交作为由主线与匝道等共同组成的系统，在空间上包含多个点和断面，其通行能力不能简单地定义为“标准时间内通过某一点或断面的最大流量”，而应综合考虑其各个组成部分的通行能力和相互作用予以定义。按照立交的组成，可以从以下几个方面分别加以考虑：

（1）立交主线通行能力；

（2）立交匝道通行能力；

（3）立交进口道通行能力；

（4）立交总通行能力。

上述四个方面的通行能力是相互联系、相互制约、相互协调的。一般情况下，当主线和匝道的通行能力大于预测的流向流量时，总通行能力最多与各进口道通行能力之和相等；当为某流向流量服务的车行道出现饱和时，必然会影响到总通行能力，这时总通行能力小于各进口道通行能力之和。同时，匝道通行能力受到主线与匝道结合部位的合流区、分流区或冲突区车流的影响，例如，当主线车流已经饱和，匝道车辆无法进入主线，这时匝道的通行能力为零。因此，匝道的通行能力与主线车流为转向车流所能提供的“吸收率”或“溢出率”有关。

12.2 立体交叉车辆运行特性

12.2.1 合流区交通运行特性

车辆由匝道进入主线的过程中，两种不同车速、不同行驶角度的车流在有限的空间内实现车速、行驶方向的统一，无论是主线车辆还是匝道车辆都必须调整各自的行驶方向、行驶速度、跟车时距，以免发生交通冲突。按照合流特性，可以将合流区内交通流的运行特性分为三类：自由合流（主路优先）、强制合流、交替通行合流（主路和次路优先等级相同）。

1. 自由合流运行特性

按照交通规则，目前在我国大多数立交合流区中，主线交通流占有较高的通行优先权，次路（入口匝道）车辆必须让行于主线车辆，次路车辆进入主线前必须确保在主线车流中出现了可穿插空隙才能驶入，这就是“间隙接受理论”。“间隙接受理论”的核心是可接受间隙，不同的车辆在不同的交通环境和道路几何条件下对间隙的接受程度不同，在理想的情况下，每辆车将服从一个“临界间隙”，当主线车流中车头时距小于临界间隙时，匝道车辆必须停下来等待，继续寻找主线中的可接受间隙，直到出现大于临界间隙的车头时距时，匝道车辆才能驶入主线。因此，在匝道合流特性中，临界间隙是一个非常关键的参数。

2. 强制合流运行特性

自由合流是匝道车辆运行的一种理想情形，所有车辆完全按照该交通规则，然而，在实际的运行中，并非所有车辆都能完全遵守该规则，尤其是当主线交通量较大，车流中出现临界空隙的概率较小时，匝道车辆往往不能容忍其过长的等待时间，此时，匝道车辆就可能违反该规则，在主线没有出现可接受空隙的情况下实行强行合流，根据调查和已有的研究成果表明，强制合流临界空隙和主线交通量、匝道车辆等待（延误）时间有关。

3. 交替通行合流特性

交替通行是针对城市立交匝道处交通量过大而实行的通行规则，它与主路优先规则的区别是，匝道车辆与主线车辆进入合流区具有相同优先等级。《中华人民共和国道路交通安全法》第45条第2款明确规定："在车道减少的路段、路口，或者在没有交通信号灯、交通标志、交通标线或者交通警察指挥的交叉路口遇到停车排队等候或者缓慢行驶时，机动车应当依次交替通行"。交替通行规则的原理是不同流向交通流在通过冲突点时，各向交通流都没有优先权，在冲突区域内，车辆按照1∶1的比例逐辆通过交汇路段。

12.2.2　交织区交通运行特性

立交中，上下连续匝道（先下后上）相距较近时，上匝道的车辆进入主线和主线车辆驶离主线在较短的距离内由于行驶轨迹相互交叉而形成交织区。交织区的车辆主要具有跟驰特性和车道变换特性。

1. 跟驰特性

跟驰特性描述了车流中车辆之间相互影响、跟驰行驶，形成连续交通流的特性。车辆的跟驰特性受众多因素的影响，比如驾驶人心理、车辆性能及交通流特性和环境特性等。交织区内交织车辆必须在交织区长度限制内完成车道变换，所以，交织车辆运行时往往不是追求最大的直行速度而保持和前车之间的最小车头时距，而是在行进过程中寻找相邻车道车流中合适的可插入空档。交织车辆的这种特性导致当与前车间的车头时距增大时，也不急于加速紧跟，甚至在一定程度上反而会因等候相邻车道中的可插入空档而减速。交织区中的非交织车辆期望尽可能避免与交织车辆相互影响，而追求尽可能大的直行速度。

2. 车道变换特性

交织区内交通流的复杂性主要是由于车辆变换车道引起的。由于各车道交通流中的交织车辆需要转向期望的行进方向，因此必然进行车道变换操作。和基本路段上相比，交织区内车辆的车道变换行为具有不同的特点。交织区内的车辆变换车道时，由于该车道变换操作必须在交织区长度内完成，所以，受交织区长度的限制，交织车辆必须在交织区内行驶过程中找到变换车道的可能性并实现其操作，否则，就只好在交织区内被迫减速等候这种可能性的出现，从而造成交织区拥堵。一定条件下，驾驶人还有可能牺牲一定的安全水平而冒险进行车道变换。一般来说，车辆变换一次车道需要4个步骤：在主线车流中寻找间隙、调整车速、实行变道、调整车头时距。然而，并非所有的变道操作都要经历这4个步骤，这取决于实际的交通状态，当交织区较长、交织区内交通量较小时，速度调整、跟车时距调整这两步往往不是必需的。

12.2.3　匝道交通运行特性

匝道由三个部分组成：匝道与主线连接处、匝道车行道、匝道与被交道路连接处。匝道与主线连接处的设计通行能力是这三个组成部分设计通行能力中最小者，这三个部分具有不同的交通特征。

匝道与被交道路连接处的交通特性与立交形式有关：对设有集散车道的苜蓿叶立交进入匝道的交通存在交织运行状态，即从主道进入被交道路的左转交通，通过集散车道与主车行道合流，而这部分交通与从被交道路通过匝道进入集散车道的左转交通产生交织，交织长度由苜蓿叶的匝道半径决定，而交织长度又影响进入匝道的交通量。

匝道车行道的交通一般是连续的，匝道本身的通行能力是受匝道本身的道路与交通条件制约的。

匝道与主线合流区交通，合流是指在无交通信号或其他通行管制的条件下，2 条分离的车道上的车流合并为一条车道的一种流向，车辆合流必然影响主线上车辆的正常运行，影响合流区交通运行的特性主要反映在合流车与主线车的车速、车道变更和车头间距等方面。

匝道交通运行特性是上述三部分交通运行特性综合作用的结果，任何一部分的交通运行受阻，都会对整个匝道的运行产生不利影响。

12.2.4 高架道路立交车辆运行特征

城市立交与城市高架道路密不可分。高架道路对于改变密集型城市用地模式，疏散、分流大城市市区的地面交通，推动城市多中心开敞式布局的发展起到重要作用。高架路立交车流运行具有以下特征：

（1）高架道路上运行的车辆以小型车为主，大中型车所占比例很小，车流组成较为单一，例如，上海高架道路上运行的车辆 95%以上是小型车，大中型车与小型车的比例为1∶41。

（2）由于车流组成比较单一，车辆运行的横向干扰因素较少。

（3）立交范围内，车辆一般不会出现超车行为。

（4）匝道进入主线车辆与主线车辆主要发生自由合流和强制合流两种运行行为。

（5）立交主线车流接近饱和，即主线车流没有足够的可接受空隙时，匝道进入主线车辆将在匝道上形成排队。

12.3 立体交叉通行能力分析方法

现有的立交通行能力分析方法大多集中在立交各组成部分的分析和计算上，例如，立交匝道端点、交织区、冲突区等分析和计算方法，对于立交总通行能力的研究成果较少。另外，由于立交形式多样，结构复杂，很难用统一的方法进行计算。下面介绍的是同济大学提出的立交通行能力组合计算方法，供大家参考。

12.3.1 主线通行能力

主线的通行能力主要取决于主线本身的道路条件和交通条件，其计算公式为：

$$N_{主} = n_1 \times N_1 + n_2 \times N_2 \tag{12-1}$$

式中 $N_{主}$——主线的通行能力，pcu/h；

n_1、n_2——分别为两条主线的车道数；

N_1、N_2——分别为两条主线一条车道的通行能力，pcu/(h · ln)。

12.3.2 匝道的通行能力

匝道是互通式立交在一定服务水平下完成各向交通量转换的载体。匝道的通行能力，由匝道与主线连接部分的通行能力、匝道本身的通行能能力、匝道与被交道路连接部分的通行能力三者中的最小值决定。对于匝道入口处和出口处都是平行关系的匝道，其通行能力取匝道本身的通行能力；对于其他类型的匝道，其通行能力的主要控制因素为匝道本身的道路条件和交通条件及匝道两端车辆行驶合流区、分流区或冲突区的条件。

匝道的通行能力为：

$$N_{匝}=\begin{cases}N_{本} & \text{入口处与出口处都是平行关系的匝道}\\ \min(N_{本},N_{合},N_{分},N_{冲}) & \text{其他类型匝道}\end{cases} \tag{12-2}$$

式中　$N_{匝}$——立交匝道通行能力，pcu/h；

$N_{本}$——匝道本身的通行能力，pcu/h；

$N_{合}$、$N_{分}$——分别为合流区、分流区的通行能力，pcu/h；

$N_{冲}$——“冲突区”的通行能力，pcu/h。

1. 匝道本身的通行能力

匝道本身的通行能力受车辆宽度、曲率半径、纵断面坡度、行车速度、极限参数使用或组合及大型车混入率等因素的影响，其中尤以行车速度、极限参数使用或组合及大型车混入率的影响较显著。匝道本身的通行能力计算模型为：

$$N_{本}=n_3\times N_3 \tag{12-3}$$

式中　n_3——匝道车道数；

N_3——一条匝道车道的通行能力，pcu/(h·ln)。

对于公路立交或高架道路立交，一般单车道匝道基本通行能力当设计速度小于 50km/h 时为 1200pcu/h；当设计车速大于 50km/h 时为 1500pcu/h；双车道匝道设计通行能力只有在驶入或驶出匝道端部的车辆能以 2 列驶入或驶出主线的情况下，才可采用单车道设计通行能力的 2 倍。否则受端部汇入或驶出通行能力的限制，通行能力需要折减。另外，若有大型车混入也应该进行折减。

对于城市道路立交，其计算速度和实际车速均较低，当设计车速为 30km/h 时，单车道匝道通行能力为 1000pcu/h；当设计车速为 50km/h，单车道匝道通行能力为 1200pcu/h。考虑大型车混入率时，通行能力按表 12-2 进行折减。

有大型车混入的通行能力折减　　表 12-2

大型车混入率（%）	10	20	30	40	50	60	70
折减率（%）	90	83	77	73	70	68	67

2. 合流区与分流区的通行能力

根据我国上海、广州等城市高架道路建设的实际情况，高架道路立交主线的单向车道数一般为 2～3 条，匝道的车道数一般为 1～2 条。按照德国道路通行能力手册所推荐的主线第一车道流量与主线流量及匝道进出量的回归关系模型，经理论推导后得到主线车道和匝道车道数不同组合情况下的分流区与合流区的通行能力计算模型，见表 12-3。

合流区与分流区通行能力计算模型　　表 12-3

匝道车道数		主线单向 2 条车道	主线单向 3 条车道
合流区	1 条车道	$N_{合}=1.130V_c-0.390V_f-154$	$N_{合}=1.000V_c-0.244V_f-120$
	2 条车道	$N_{合}=1.621V_c-0.609V_f-199$	$N_{合}=0.953V_c-0.067V_f-51$

续表

匝道车道数		主线单向2条车道	主线单向3条车道
分流区	1条车道	$N_{分}=1.923V_c-0.663V_f-317$	$N_{分}=2.114V_c-0.488V_f-203$
	2条车道	$N_{分}=1.923V_c-0.663V_f-317$	$N_{分}=1.764V_c-0.062V_f-279$

表12-3中，V_c为主线一条车道的通行能力（pcu/h）；V_f为合流或分流前的主线流量（pcu/h）。

3. 冲突区的通行能力

设转向车流穿越k（$k=1$，2，…）条主线车道后，汇入与穿越车道方向相反的车流中，所穿越车道流量分别为Q_i，根据间隙接受理论可得“冲突区”通行能力计算模型为：

$$N_{冲}=\frac{\left(\sum_{i=1}^{k}Q_i+Q\right)e^{-\left(\sum_{i=1}^{k}Q_i+Q\right)t_c/3600}}{1-e^{-\left(\sum_{i=1}^{k}Q_i+Q\right)t_f/3600}} \tag{12-4}$$

式中 k——转向车流穿越的主线车道条数；

Q_i——所穿越车道的流量，pcu/h/ln；

Q——与穿越车道反向车流流量，pcu/h；

t_c——等候行驶的第一辆转向车辆汇入主线车流中的平均可接受空隙，可取$t_c=(4+k)$ s；

t_f——随车时距，根据观测的结果，$t_f=2$s。

4. 进口道通行能力

不同形式的立交及匝道与主线的关系不同，立交进口道的通行能力是不同的。常见形式的进口道通行能力计算模型如下：

（1）十字形的苜蓿叶、菱形、半定向式、定向式立交

$$N_{进}=N_{主}+mN_{匝}=n_1N_1+n_2N_2+mN_{匝}\quad(m=0,1,2,3,4) \tag{12-5}$$

（2）丁字形的苜蓿叶、半定向式、定向式立交以及喇叭形立交

$$N_{进}=N_{主}+(m+1)N_{匝}=n_1N_1+n_2N_2+(m+1)N_{匝}\quad(m=0,1,2,3,4) \tag{12-6}$$

（3）环形立交

$$N_{进}=N_{主}+N_{环}=\begin{cases}n_1N_1+N_{环} & 一条主线穿越环道\\ n_1N_1+n_2N_2+N_{环} & 两条主线穿越环道\end{cases} \tag{12-7}$$

式中 $N_{进}$——立交进口道通行能力，pcu/h；

m——匝道入口处是平行关系的匝道的数量，条；

$N_{环}$——环形立交中环道的设计通行能力，pcu/h。

5. 立交总通行能力

立交总通行能力并不是各个组成部分通行能力之和，而是折减后的立交进口道的通行能力，即：

$$N_{总}=N_{进}-\sum_{i=1}^{p}\frac{Q_i-N_i}{\beta_i} \tag{12-8}$$

式中 $N_{总}$——立交总通行能力，pcu/h；

p——立交流量中有p个流向流量超过了为其服务的主线或匝道的通行能力；

Q_i——第 i 个超过相应通行能力的流向流量，pcu/h；

N_i——为 Q_i 提供服务的主线或匝道通行能力，pcu/h；

β_i——Q_i 占相应的进口道流量的比例。

6. 算例

某全苜蓿叶形立交现状流向流量如下表所示。两主线的车道数均为单向 2 车道，主线 1 条车道的基本通行能力均为 2100pcu/(h·ln)。所有匝道的车道数为 1 车道，其基本通行能力为 1200pcu/h，四条右转匝道与主线连接时均设有附加车道，试求该立交的总通行能力。

进口	左转	直行	右转	合计
东进口	1100	1950	1250	4300
南进口	980	1870	1130	3980
西进口	850	2020	1050	3920
北进口	760	1920	970	3650
合计	3690	7760	4400	15850

解：主线通行能力为：

$$N_{主}=n_1\times N_1+n_2\times N_2=4\times 2100+4\times 2100=16800\ (\text{pcu/h})$$

匝道入口处平行关系的匝道条数为 4 条，即 $m=4$，则立交进口道通行能力为：

$$N_{进}=N_{主}+mN_{匝}=16800+4\times 1200=21600\ (\text{pcu/h})$$

从立交各组成部分的通行能力与相应的流量比来看，东向北右转流量超过了相应匝道的通行能力，$\beta_{东向北}=1250/4300=29\%$

则该立交总通行能力为：

$$N_{总}=N_{进}-\frac{Q_{东向北}-N_{匝}}{\beta_{东向北}}=21600-\frac{1250-1200}{0.29}=21428(\text{pcu/h})$$

12.4　立体交叉服务水平

12.4.1　立交总体服务水平

立交是由主线、匝道、被交道路、收费站等各部分组成的。从通行能力和服务水平的角度出发，立交的总体服务水平应该是各个组成部分服务水平的最低值，各部分的服务水平则从不同方面体现出其综合的服务性能，建议采用适当的加权平均方法计算立交的总体服务水平。

但是，在实际应用中必须考虑到如果用一个较低指标限制了立交整体的服务水平，那么其他的剩余能力也是白白浪费的，因此立交各部分的服务水平达到一致时是最佳的状态。但在实际中，这一点是很难做到的。

12.4.2　立交各组成部分的服务水平

立交主线、匝道、交织区和收费站的服务水平参照前述章节的服务水平分析方法。

思考题

1. 立交是如何定义的？其主要组成部分有哪些？

2. 立交基本形式有哪些？其通行能力主要特点是什么？

3. 车辆在立交合流区、交织区以及匝道运行有哪些交通特性？

4. 请写出利用组合方法进行立交通行能力计算的要点及计算公式。

5. 立交总体服务水平的含义是什么？立交匝道以及匝道与主线连接部的服务水平是如何衡量的？

习题

某苜蓿叶形立体交叉，其现状流向流量如下表所示。两主线的车道数均为单向 2 车道，主线 1 条车道的基本通行能力为 2000pcu/(h・ln)。所有匝道的车道数均为 1 车道，其基本通行能力为 1200pcu/h，有 2 条匝道与主线连接时设有附加车道，试求该立交的总通行能力。

进口	左转	直行	右转	合计
东进口	850	1760	970	3580
南进口	920	1580	1050	3550
西进口	1220	1920	1310	4450
北进口	760	1840	1120	3720
合计	3750	7100	4450	15300

第13章　交通仿真在道路通行能力分析中的应用

13.1　概述

交通仿真是20世纪60年代以来，随着计算机技术的进步而发展起来的，采用计算机数字模型模拟现实复杂交通现象的交通分析方法，属于计算机数字仿真的范畴，是计算机仿真技术在交通工程领域的一个重要应用。它利用计算机对所研究对象（交通系统）的结构、功能、行为以及参与交通控制者——人的思维过程和行为特征进行较为真实的模仿，揭示交通流状态变量随时间与空间变化的分布规律及其与交通管控变量间的关系。它已成为交通参数分析、道路组织优化、交通管控优化的有力工具，并广泛应用于道路交通系统研究、设计、评价和训练等各个方面。

交通仿真是复现交通流时间和空间变化的技术，仿真模型的建立以及仿真实验系统的开发是交通仿真研究的两个核心内容。根据交通仿真模型描述程度不同可分为：

（1）微观交通仿真模型。微观交通仿真模型对交通流的描述以单个车辆为基本单元，车辆在道路上的跟车、超车及车道变换等微观行为都能得到较真实的反映。微观交通仿真模型对交通系统的要素及行为的细节描述程度最高。

（2）中观交通仿真模型。中观交通仿真模型对交通流的描述往往以若干辆车构成的队列为单元，能够描述队列在路段和结点的流入流出行为，对车辆的车道变换之类的行为也可以用简单的方式近似描述。中观交通仿真模型对交通系统的要素及行为的细节描述程度较高。

（3）宏观交通仿真模型。宏观交通仿真模型对交通流的描述可以通过流量—密度—速度的关系等集聚性宏观模型来完成，车辆的车道变换的细节行为不予描述。宏观交通仿真模型对交通系统的要素及行为的细节描述处于一个较低的程度。

本章主要从高速公路系统、双车道公路、城市道路交通仿真三个方面介绍微观交通仿真在道路通行能力分析中的应用。

13.2　高速公路系统交通仿真

13.2.1　高速公路系统交通仿真分析的方法

高速公路系统交通仿真的核心是高速公路系统的交通仿真模型，利用该模型提供的用户界面，输入所需要的道路、交通和驾驶人、车辆的特征参数，选择描述交通流特征的模型后，交通仿真模型可以自动计算得到该系统的流量、速度和密度等交通流参数。

1. 总体仿真结构

高速公路系统交通仿真模型描述了基本路段、交织区、匝道及匝道与主线连接处等组成部分。该仿真模型的总体结构分为4个模块以及用户界面和知识库等6个部分，它们之

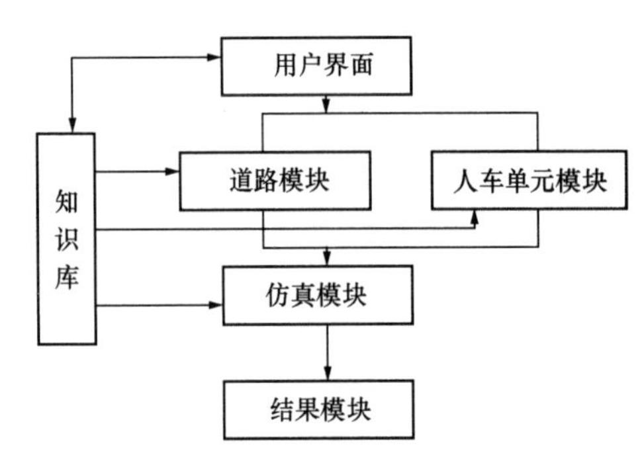

图 13-1　高速公路系统仿真模型结构示意图

间的关系结构如图 13-1 所示。

2. 道路模块

道路模块描述的是高速公路基本路段系统中的静态环境，包括道路的各组成部分和实验设备。其中道路的主要组成部分包括横断面、平曲线、竖曲线、纵坡、紧急停车带、入口匝道、出口匝道以及加减速车道等；实验设备主要是指车辆检测器，用于记录仿真过程中某断面的车辆运行参数。

用户通过菜单及对话框方式，可自由组合道路各组成部分；经过路线设计规范的检验，可以确定仿真道路各组成部分自身的合理性，以及各组成部分之间的协调性；协调的仿真道路各组成部分最终构成了仿真模型的道路环境。道路环境将和人—车单元模块建立的动态外部环境一起构成完整的交通仿真环境。事实上，这些交通仿真环境是由一系列对应着不同车辆、不同路段的自由流速度构成的。具体的道路模块结构图如图 13-2 所示。

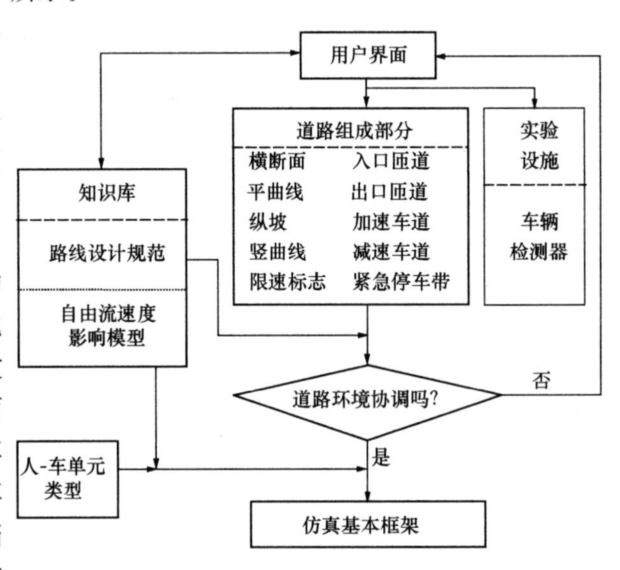

图 13-2　道路模块结构示意图

在道路模块中，交通仿真最核心的模型是自由流速度影响模型。自由流速度影响模型主要包括车道位置影响模型、道路横断面影响模型、平曲线影响模型以及速度修正模型等。

（1）车道位置影响模型

在高速公路中，由于车辆所在的车道位置不同，其自由流速度存在比较明显的差别。特别是在我国大多数地区，大中型车由于在速度性能方面与小客车存在显著的差距，且这些车辆多在外侧车道上行驶，因此由于车道位置引起的自由流速度的影响相当大。各车道中自由流速度影响模型如式(13-1) 所示，影响系数见表 13-1。

$$S_f = S_{fe} \times f_1 \tag{13-1}$$

式中　S_f ——各车道中自由流车辆的中位车速，km/h；

S_{fe} ——理想条件下自由流车辆的期望速度，km/h；

f_1 ——车道位置影响系数。

车道位置影响系数 f_1　　**表 13-1**

车道位置	4 车道高速公路		6 车道高速公路		
	左侧车道	右侧车道	左侧车道	中间车道	右侧车道
f_1 值	1.00	0.83	1.00	0.86	0.71

（2）横断面影响模型

横断面影响模型描述的是横断面尺寸对自由流速度的影响，由于车道所处的位置不同，横断面尺寸的影响因素有所差异，这里分别给出了左侧车道、中间车道和右侧车道的横断面尺寸影响自由流速度的计算公式，参见式（13-2）～式（13-4）；而计算公式中采用的各参数的推荐值见表 13-2。

左侧车道：

$$S_{1左} = [a_1(w_{11} - w_{10}) + b_1(w_{21} - w_{20})] \cdot S_{10} + c_1 \tag{13-2}$$

式中　$S_{1左}$——受横断面影响后，左侧车道自由流车辆的中位车速，km/h；

S_{10}——理想条件下，左侧车道内自由流车辆的中位车速，km/h；

w_{10}、w_{20}——理想条件下，路缘带宽度和左侧车道宽度，m；

w_{11}、w_{21}——实际的路缘带宽度和左侧车道宽度，m；

a_1、b_1、c_1——模型的标定常数。

中间车道：

$$S_{1中} = a_2(w_1 - w_0) \cdot S_{20} + c_2 \tag{13-3}$$

式中　$S_{1中}$——受横断面影响后，中间车道自由流车辆的中位车速，km/h；

S_{20}——理想条件下，中间车道内自由流车辆的中位车速，km/h；

w_0——理想条件下，中间车道宽度，m；

w_1——实际的中间车道宽度，m；

a_2、c_2——模型的标定常数。

右侧道：

$$S_{1右} = [a_3(w_{31} - w_{30}) + b_3(w_{41} - w_{40})] \cdot S_{30} + c_3 \tag{13-4}$$

式中　$S_{1右}$——受横断面影响后，右侧车道自由流车辆的中位车速，km/h；

S_{30}——理想条件下，右侧车道内自由流车辆的中位车速，km/h；

w_{30}、w_{40}——理想条件下，路肩宽度和右侧车道宽度，m；

w_{31}、w_{41}——实际的路肩宽度和右侧车道宽度，m；

a_3、b_3、c_3——模型的标定常数。

横断面影响模型标定参数取值表　　**表 13-2**

车道位置	4 车道高速公路		6 车道高速公路		
	左侧车道	右侧车道	左侧车道	中间车道	右侧车道
a_i 值	−0.017	−0.166	−0.415	1.00	−0.597
b_i 值	−1.154	−0.665	/	/	/
c_i 值	1.007	1.018	1.098	/	1.142

（3）平曲线影响模型

当平曲线半径小于 1000m 时，驾驶人考虑到行车安全，将降低期望速度；而平曲线半径大于 1000m 时，自由流车辆的速度没有明显的下降。受平曲线半径影响的自由流速度计算公式见式（13-5）。

$$\left(\frac{1}{S_2}\right)^2 = \left(\frac{1}{S_1}\right)^2 + b\left(\frac{1}{r} - 0.001\right) \tag{13-5}$$

式中 S_2——平曲线中，自由流车辆的中位车速，km/h；

S_1——平曲线起点处，自由流车辆的中位车速，km/h；

r——平曲线半径值，m；

b——模型的标定常数，通过实测数据的标定，默认值取为 0.021。

（4）速度修正模型

值得注意的是以上两个模型中均是对中位车速进行修正，为了得到任意车速的修正速度，可按式（13-6）计算：

$$S_0^Q - S_2^Q = S_{0i}^Q - S_{2i}^Q \tag{13-6}$$

式中 S_0^Q、S_2^Q——自由流车辆的中位车速，km/h；

S_{0i}^Q、S_{2i}^Q——特定车辆的自由流车速，km/h；

Q——修正系数。通常该修正系数是横断面影响模型和平曲线影响模型的加权修正量，$Q = \frac{q_1 \cdot \Delta_1 + q_2 \cdot \Delta_2}{\Delta_1 + \Delta_2}$。其中，$q_1$ 为横断面影响模型权重，默认值为 0.2；q_2 为平曲线影响模型权重，默认值为 0.4；Δ_1 为横断面影响模型计算的速度变化量，$\Delta_1 = S_0 - S_1$；Δ_2 为平曲线影响模型计算的速度变化量，$\Delta_2 = S_1 - S_2$。

3. 人-车单元模块

人-车单元模块描述的是驾驶人和车辆的总体特征，这些特征改变了不同人-车单元的理想期望速度，该速度在整个仿真过程中是车辆行驶速度的上限。在特征参数中，关于驾驶人的特征参数包括性别、年龄和驾驶倾向性；而关于车辆类型的特征参数则包括中位运行速度和最大加、减速度。这些特征参数对于人-车单元基本期望速度的影响权重默认值见表 13-3。车辆的其他特征参数，如几何尺寸（车长、车宽、迎风面积）、动力性能参数（最大功率、期望运行速度、最小运行速度、运行速度标准差）以及空车重量则不是影响理想期望速度，而是影响车辆行驶过程中速度、加速度的选择。

人-车单元特征参数对理想期望速度的权重 **表 13-3**

车辆特性参数权重		驾驶人特性参数权重		
中位运行速度	最大加、减速度	年龄	性别	驾驶倾向性
0.64	0.22	0.02	0.02	0.10

4. 仿真模块

仿真模块是仿真模型中核心部分，该模块是在已知仿真基本条件（包括流率、分布情况）和仿真基本框架（由道路模块和人-车单元模块决定）的基础上，根据一定的规则（包括发车规则、自由行驶规则、跟驰规则和换车道规则），对分析时段内的各人-车单元的状态进行模拟。仿真模块的计算流程见图 13-3。

5. 发车模型

发车模型是仿真模块知识库的一个重要组成部分，包括两种方式。其一，利用实测数据作为输入数据，产生与实际情况完全相同的交通流，这里不再赘述；其二，根据用户设

定的仿真参数（包括驾驶人类型组成、车辆类型组成、车道分布、仿真流量和时间等），及其分布规律，运用蒙特卡罗方法随机生成符合特定分布的交通流。在发车模型中常用分布形式有均匀分布、爱尔朗分布和正态分布。

均匀分布模型通常用于描述驾驶人类型、车辆类型和车道分布。而爱尔朗分布是较通用的车头时距分布模型，不同的 K 阶取值可以反映畅行车流和拥挤车流之间的各种车流条件。表13-4给出了不同小时流率情况下相应的 K 阶取值。其中，最小车头时距为0.5s（启车时）。正态分布模型则用于描述车辆类型、理想期望速度、运行速度以及功率重量比（P）的分布。

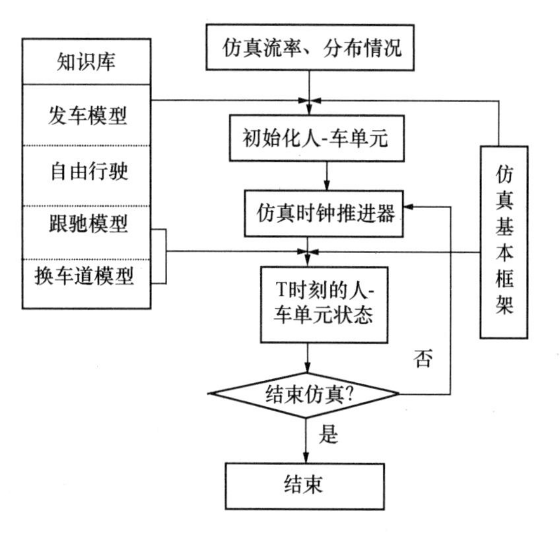

图13-3　仿真模块计算流程示意图

不同流率下爱尔朗分布的 K 阶取值　　**表13-4**

流量区间	K 值	100个车头时距样本	
		均值（s）	标准差（s）
0～500	1	7.640	7.301
500～1000	3	3.301	1.771
1000～1500	15	2.442	0.668
1500～2000	20	1.808	0.378

6. 仿真单体初始化

仿真单体初始化过程，主要包括5个步骤：

（1）按照车头时距、行驶速度、车辆类型理想期望速度、运行速度以及功率重量比（P）的已知参数，利用各种分布模型，生成服从特定分布的随机数。

（2）按照驾驶人的不同年龄，性别，驾驶倾向性，车辆不同运行中位速度，最大加、减速度以及不同车道中各车型的相对折算系数，计算各仿真单体的理想期望速度。

（3）根据自由流速度影响模型和人-车单元以及路段特征的特征参数计算基本期望速度。

（4）为了避免车头时距与初始行驶速度不匹配的情况，利用式（13-7）验证各仿真单体的有效性。如果安全性不足，则按照特定的分布规律，重新计算初始速度。

$$S_0 = \frac{S_l(t+t_r) - L_0 - L_l}{t_r} \tag{13-7}$$

式中　S_0——仿真单体初始速度，m/s；

S_l——前车初始速度，m/s；

t——计算仿真单体的车头时距，s；

t_r ——计算仿真单体的最小反应时间，s，通常取 2s；

L_0 ——停车状态时，最小安全间距，m；

L_l ——前车车长，m。

（5）为保证车辆运行速度与其分配的功率重量比匹配，在分配功率重量比后，总是检验该 P 值能否维持该仿真单体的初始速度，能维持则认为 P 值合适，否则重新分配 P 值。

7. 自由行驶

当车辆处于头车位置或与同车道前导车的距离大于某一阈值时（默认值为 150m），车辆处于自由行驶状态。此刻车辆所采用的加速度由两个因素决定：

（1）道路模块限制该类车辆基本自由流速度时应该采用的加速度 a_{road}。

（2）车辆的当前速度与基本期望速度之间的差距。自由行驶车辆在两个路段衔接处采用的加速度计算公式如式（13-8）所示，而在相同路段当中采用的加速度计算公式如式（13-9）所示。

$$a_{\mathrm{free}}=\begin{cases}\max\left(a_{\mathrm{road}},a_{\max}^{+}\left[1-\left(\dfrac{S}{S_{\exp}}\right)^{2}\right]\right),S_{\exp}>S;\\ \min\left(a_{\mathrm{road}},a_{\max}^{-}\left[1-\left(\dfrac{S_{\exp}}{S}\right)^{2}\right]\right),S_{\exp}\leqslant S_{0}\end{cases}\tag{13-8}$$

$$a_{\mathrm{free}}=\begin{cases}a_{\max}^{+}\left[1-\left(\dfrac{S}{S_{\exp}}\right)^{2}\right],S_{\exp}>S;\\ a_{\max}^{-}\left[1-\left(\dfrac{S_{\exp}}{S}\right)^{2}\right],S_{\exp}\leqslant S_{0}\end{cases}\tag{13-9}$$

式中 a_{free} ——自由行驶状态下的加速度，m/s^2；

a_{road} ——自由流状态下，采用基本期望速度时对应的加速度，m/s^2；

$a_{\max}^{+}$ ——最大减速度，m/s^2；

$a_{\max}^{-}$ ——最大减速度，m/s^2；

S ——当前速度，m/s；

$S_{\exp}$ ——理想期望速度，m/s。

8. 跟驰模型

跟驰模型中，驾驶人通过对自身状态的判断，包括车头间距、速度、加速度，以及前车状态，确定车辆的行驶状态（包括跟驰行驶和紧急跟驰行驶两种状态），确定下一时刻所采用的加速度。加速度计算流程见图 13-4。

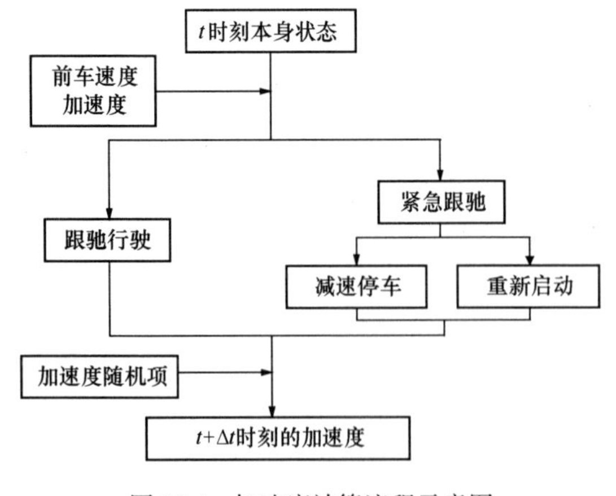

图 13-4 加速度计算流程示意图

当车头间距处于［40，150］m，或车头时距处于［2，8］s 时，车辆跟随前导车行驶，其计算公式见式（13-10）。而此刻，车辆还存在变换车道的可能性。

$$a_{\mathrm{follow}}^{\pm}=a^{\pm}\frac{S_{\mathrm{f}}^{\beta^{\pm}}}{(x_{l}-x_{\mathrm{f}})^{\gamma^{\pm}}}(S_{l}-S_{\mathrm{f}})\tag{13-10}$$

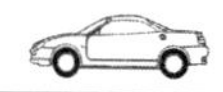

式中　$a_{\text{follow}}^{\pm}$——跟驰车辆在加、减速过程中采用的加、减速度，$\mathrm{m/s^2}$；

x_l——前车位置，m；

x_{f}——后车位置，m；

S_l——前车速度，m/s；

S_{f}——后车速度，m/s；

$a^{\pm}$、$\beta^{\pm}$、$\gamma^{\pm}$——加、减速度过程的标定参数，参见表 13-5。

跟驰行驶状态下的加减速模型参数　　**表 13-5**

状态	α	β	γ
加速过程	2.15	−1.67	−0.89
减速过程	1.55	1.08	1.65

这里的加、减速度在仿真过程中会受到不同车辆类型的最大加、减速度和期望速度的限制，避免出现纯粹与实际情况不符的极端状况。

当车头间距小于紧急跟驰的界限时（默认值为 2s），车辆状态处于紧急跟驰状态，驾驶人将采取减速措施，直到车辆恢复到一般的跟驰状态。紧急跟驰状态中驾驶人采用的减速度可用公式（13-11）计算。

$$a_{\text{urgent}}=\max\left(\frac{2(x_l+S_l t_{\mathrm{r}}+0.5a_l t_{\mathrm{r}}^2-x_{\mathrm{f}}-S_{\mathrm{f}}t_{\mathrm{r}}-L_{\text{urgent}})}{t_{\mathrm{r}}^2},-a_{\max}^{-}\right)\qquad(13\text{-}11)$$

式中　L_{urgent}——紧急跟车间距，m；其他符号的含义同式（13-7）和式（13-11）。

当交通需求大于通行能力时，车辆保持一般的跟驰状态，会不断减速。当速度减小至车辆的最小运行速度时，车辆进入减速停车状态。此状态中的车辆，其减速度都采用该类车辆的最大减速度，直到车辆速度为 0 时，减速度也为 0。

当车队疏散时，停止车辆与前车的距离逐渐增大，当车头间距大于重新启动的界限（默认值为 15m）时，车辆则以该类车型最大加速度的一半开始启动，直到其速度大于该类车型的最小运行速度。

9. 基本路段的车道变换模型

在高速公路基本路段中，由于车道功能明确划分为超车道和行车道，所以超车行为已经转变成为换车道行为。在车道变换模型中，以利益驱使为基础，只有为了获得更有利的驾驶状态，驾驶人才会换车道，否则不会换车道。驾驶人在车道变换过程中的判断流程如图 13-5 所示。

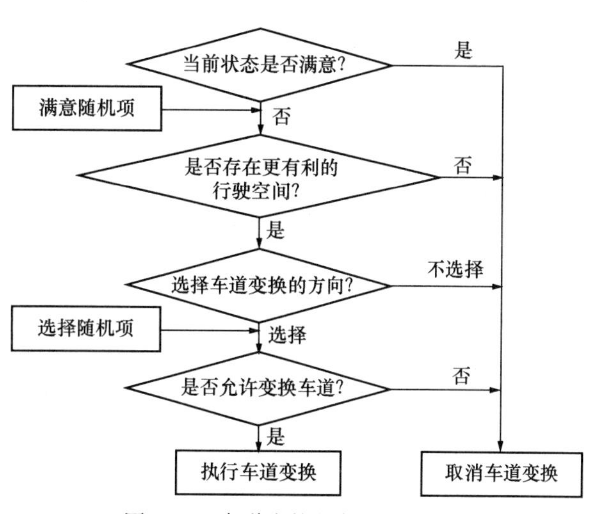

图 13-5　车道变换判断过程示意图

如图 13-5 所示，车道变换判断过程分为 4 个阶段：

10. 入口匝道的车道变换模型

入口匝道的合流车辆要进入高速公路，其车道变换行为可分为直接式、调节式和挤入式三种。

直接式车道变换发生在没有加速车道的入口匝道处，汇入车辆只能在入口处等待主线交通流中出现可插入间隙，然后进入主线。

调节式车道变换发生在具有加速车道的入口匝道。汇入车辆进入加速车道后，寻找高速公路最外侧车流中最安全的可插入间隙，调整加速度大小，实施合流操作。具体判断过程见图 13-6。

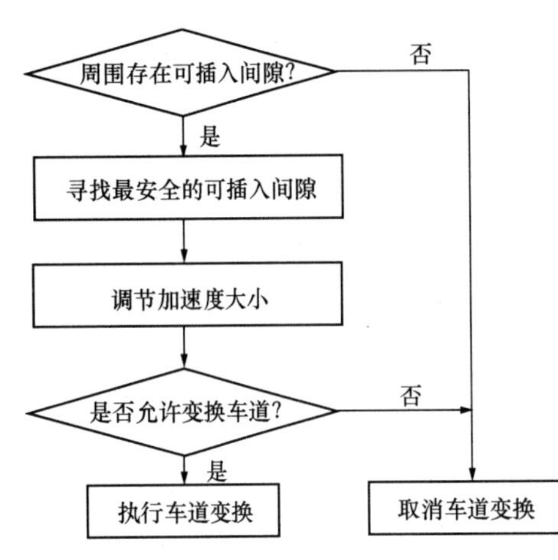

图 13-6　调节式合流换车道判断过程示意图

挤入式车道变换发生在加速车道结束区间，由于汇入车辆在加速车道中没有找到合适的可插入间隙进行换车道，在加速车道的最后 1/4 路段中，汇入车辆仅判断目标车道中是否存在足够的空间用于换车道。如果汇入车辆与目标车道中的前车之间的车头时距 h_A 大于最小的临界可插间隙 1.0s，且汇入车辆与后车之间的车头时距 h_B 大于最小的临界可插间隙 2.0s 时，则实施车道变换行为；否则执行减速停车行为。

11. 出口匝道的车道变换模型

出口匝道的分流车辆要离开高速公路，由于驶出车辆与出口匝道的距离不同，其车道变换模式也存在较大的差别。在图 13-7 所示的三个关键断面处，断面 1 的车道变换行为为直接式，断面 1 与断面 2 之间的车道变换模式为调节式，断面 2 与断面 3 之间的车道变换模式为挤入式。

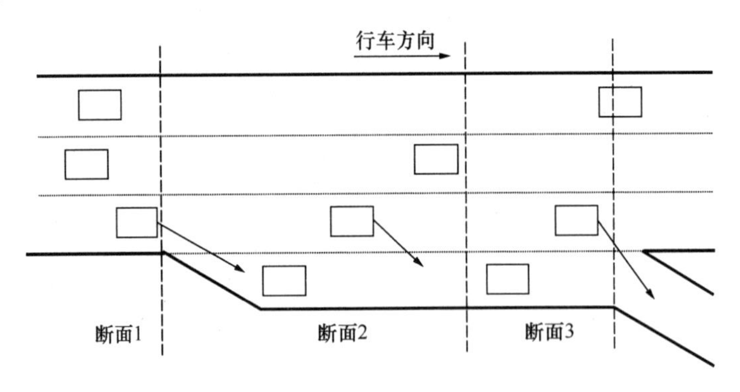

图 13-7　出口匝道车道变换模式示意图

12. 交织区的车道变换模型

交织区中直行车辆的车道变换行为与基本路段中的基本类似，只是由于交织区存在交织车辆的影响，为了避开交织车辆，车辆的车道变换道频率会高于基本路段的车道变换行为。因此，在车道变换判断过程中，驾驶人往往选择更敏感的参数来决定是否变换车道。

交织区中的交织车辆由于其车道变换行为必须发生，且目标车道已经确定，因此，其

行为与入口匝道和出口匝道中的换车道行为非常类似。同样，根据交织车辆车道变换位置不同，可以分为调节式和挤入式。

13.2.2　高速公路系统交通仿真分析步骤

高速公路系统交通仿真分析是通过仿真模型实验，对高速公路基本路段、交织区、出入口匝道以及高速公路系统的通行能力进行分析，从而得到高速公路各组成部分及其系统的速度、密度和流量随时间的变化规律，以及道路条件、交通条件变化对高速公路系统产生的影响，还可以借助仿真模型研究通行能力分析的一些基本问题。

1. 分析数据需求

交通仿真分析所需要的分析数据主要包括道路和交通条件的相关参数。其中，道路条件主要包括横断面形式及其尺寸、道路平纵线形参数、出入口位置和形式、交织区位置和形式等；交通条件主要包括车辆外形尺寸、车辆动力参数、驾驶人类型及其特征参数。

2. 分析步骤

利用仿真模型分析高速公路各组成部分及其系统的通行能力，通常按照如图13-8所示的分析流程来进行。

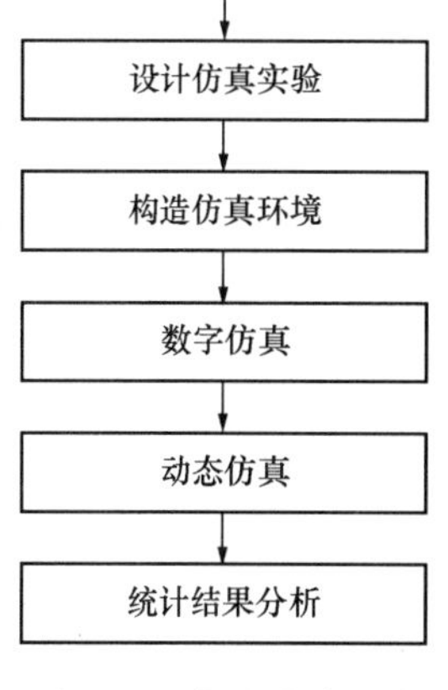

图13-8　高速公路系统交通仿真分析流程图

(1) 首先确定已知的道路、交通条件，以及需要解决的问题；

(2) 根据已知条件，结合考虑仿真实验可能得到的结果，设计相应的交通仿真实验，增设仿真环境中的“实验设备”，通过多次实验以得到相应的结果；

(3) 按照已知条件，从仿真实验的需要出发，构造仿真所需要的道路、交通环境；

(4) 利用“仿真环境”建立的道路、交通条件，进行“数字仿真”；

(5) 利用“仿真环境”建立的道路、交通条件和“数字仿真”的结果，进行“动态仿真”，以得到速度、密度和流量的统计结果；

(6) 按照仿真实验计划，分析仿真数据，以得出结论。

3. 算例

利用仿真模型求解各自由流速度下的高速公路基本路段通行能力值。

解： 按照图13-8的分析流程，本算例分析如下：

(1) 按照《公路工程技术标准》的规定，高速公路基本路段自由流速度可分为120km/h、100km/h、80km/h和60km/h 4种，各速度下的理想道路条件见表13-6，其交通条件为交通组成是100%小客车，其他特征参数均采用模型提供的默认值。

各设计速度下的理想仿真道路条件　　表13-6

设计速度（km/h）	120	100	80	60
行车道宽度（m）	2×3.75	2×3.75	2×3.75	2×3.75
左侧路缘带宽度（m）	0.75	0.50	0.50	0.50
硬路肩宽度（m）	2.50	2.50	2.25	2.00

（2）为得到各速度下高速公路基本路段的通行能力值，拟对相应的基本路段提供不同的交通需求，单向交通量（单位：veh/h）分别为 500、1000、1500、2000、2500、3000、3500、4000、5000，在 1km 长的仿真路段末端（950m 处）设置“车辆检测器”，检测各种交通需求下的交通通过量，通过分析交通需求量和交通通过量的关系分析通行能力值，仿真时间为 1h。

（3）按照图 13-8 中所示的步骤（3）、（4）和（5），分别构造各种自由流速度条件下的道路环境，并构造理想条件下的交通条件，之后进行各种交通需求条件下的数字仿真，并进行相应的动态交通仿真。

（4）利用仿真路段末端检测器统计得到的流量值作为交通通过量，建立如图 13-9～图 13-12 的交通需求量和仿真通过量关系图。

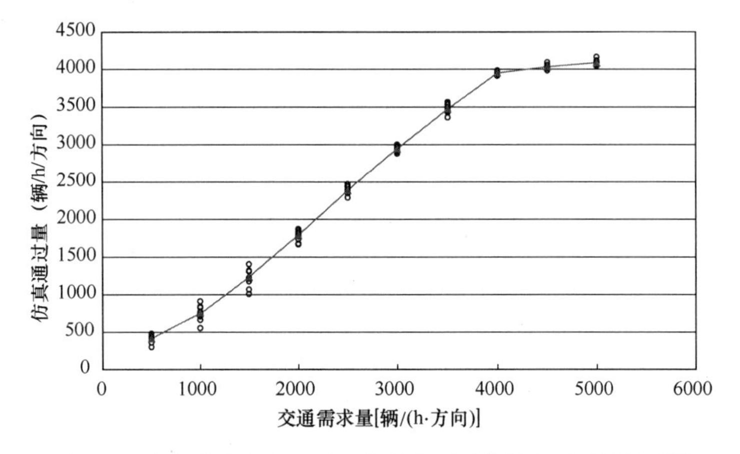

图 13-9　自由流速度为 120km/h 的交通需求量与通过量关系图

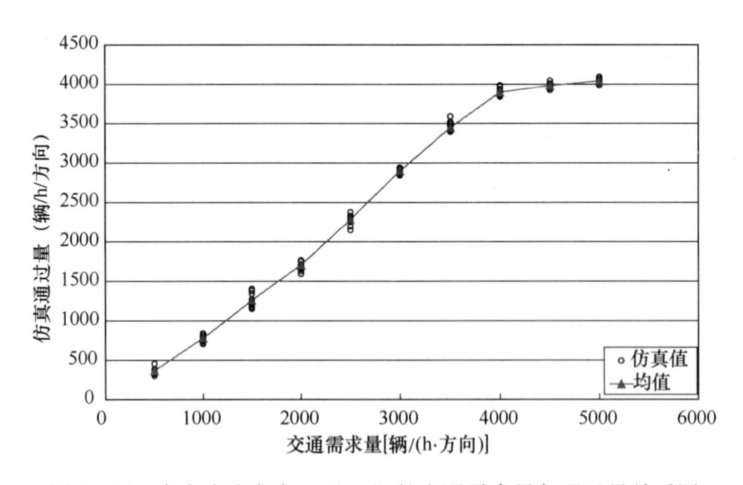

图 13-10　自由流速度为 100km/h 的交通需求量与通过量关系图

（5）通过以上分析，可以得到理想条件下高速公路基本路段的通行能力值如表 13-7 所示。值得注意的是，如果要想得到其他道路条件，或交通组成条件下的通行能力，利用同样的仿真实验方法，只需要修改道路、交通条件的特征参数，就可以得到相应的分析结果。

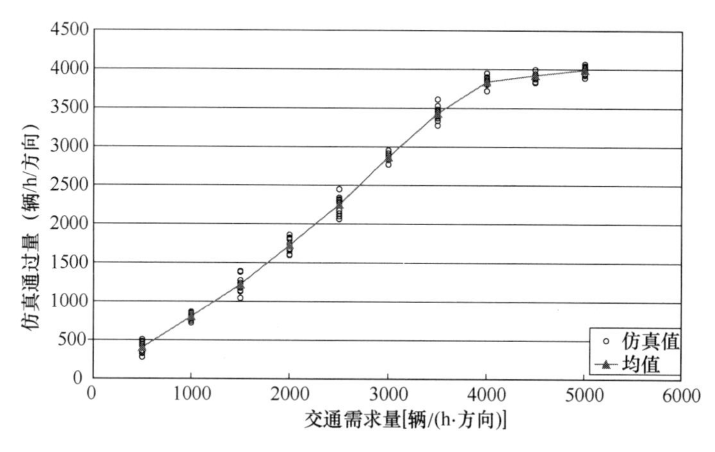

图 13-11　自由流速度为 80km/h 的交通需求量与通过量关系图

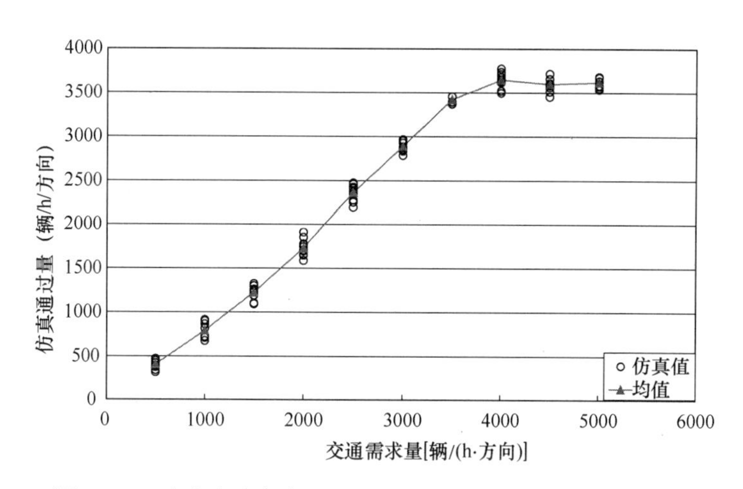

图 13-12　自由流速度为 60km/h 的交通需求量与通过量关系图

理想条件下不同设计速度的通行能力仿真值　　**表 13-7**

自由流速度（km/h）	最大通过量（pcu/h）	最大交通量［pcu/(h・ln)］	推荐通行能力［pcu/(h・ln)］
120	4086	2220	2200
100	4041	2199	2200
80	3992	2086	2000
60	3650	1840	1800

13.3　双车道公路交通仿真

双车道公路的通行能力存在相当复杂的影响因素，如前面提到的影响自由流速度的路面宽度、地形条件、横向干扰以及影响通行能力的方向分布和交通组成等，这些错综复杂的因素共同作用于双车道公路，使得双车道公路的通行能力分析存在相当的不确定性。因此，基于高速公路系统交通仿真模型同样的想法，为双车道公路通行能力分析提供了辅助的交通仿真模型。需要注意的是，本章和第 2 章的分析虽然都适用于双车道公路通行能力分析，但是由于两者侧重不一样，解决问题的思路也完全不一样，因此，如果用于分析同样的问题，两者的结果肯定是存在差异的，随着研究的不断深入，这种差异会逐渐缩小。

13.3.1 双车道公路仿真模型的总体结构

总体介绍双车道公路仿真模型的总体结构，至少应该包括道路描述子模型、车辆描述子模型和仿真子模型。

1. 道路影响模型

在双车道公路仿真模型中，所有的道路条件对仿真模型的影响都通过具体条件对仿真路段自由流速度的影响来反映。具体的道路影响模型见图 13-13。

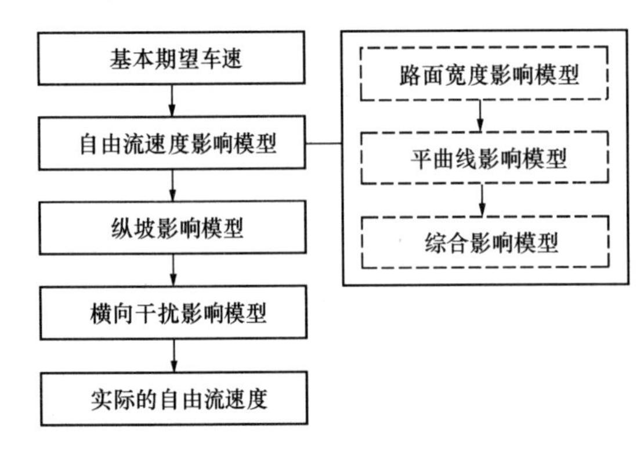

图 13-13 双车道公路道路影响模型

2. 车辆描述子模型

对于由复杂车型组成的双车道公路而言，如何描述车辆的影响是仿真模型好坏的关键。本节介绍的仿真模型中，主要考虑不同车型在基本期望速度、使用的功率重量比以及车队中车头时距 3 方面的特性差异。

3. 仿真子模型

仿真子模型中主要是描述车辆在行进过程中遵循的规则，主要包括自由行车模型、跟车模型、超车模型和慢车模型。

自由行车模型是车辆在路段上不受限制，以驾驶人的期望速度自由行驶，其行车状态满足一般的动力学关系。

跟车模型是描述在无超车的单一车道上车辆列队行驶时后车跟随前车的行驶状态。

在双车道公路上，超车是在对向车道上进行的。能否超车，需根据对向交通流中是否满足超车的最小间距，同时视道路条件是否允许超车而定。超车可以在各种不同的情况和条件下进行，因而超车的行为方式多种多样。所以相应的超车模型也是多样的，根据具体的建模目标及约束条件等确定。

13.3.2 双车道公路仿真分析步骤

双车道公路仿真分析是通过仿真模型实验，对双车道公路路段的通行能力进行分析，从而得到其交通流的速度、密度和流量随时间的变化规律，以及道路条件、交通条件变化对双车道公路交通流的影响。由此，可以分析双车道公路的服务水平等级，粗略分析设计、规划条件下交通运行状况。

1. 数据需求

交通仿真分析所需要的分析数据主要包括道路条件和交通条件的相关参数。其中，道路条件主要包括路面宽度、路肩宽度、道路平纵线形参数等；交通条件主要包括车辆类型和横向干扰等级等。

2. 分析步骤

利用仿真模型分析双车道公路的通行能力，通常按照以下分析流程进行。

（1）首先确定已知的道路、交通条件，以及需要解决的问题；

（2）根据已知条件，结合考虑仿真实验可能得到的结果，设计相应的交通仿真实验；

（3）按照已知条件，从仿真实验的需要出发，构造仿真所需要的道路、交通环境；

（4）利用仿真模型对特定道路、交通条件下的交通流进行仿真；

（5）统计仿真模型得到的速度、密度和流量。需要重复实验时，则统计多次的仿真模型计算结果；

（6）按照仿真实验计划，分析仿真数据，以得出结论。

13.4　城市道路交通仿真

车辆平均延误和停车次数是城市道路通行能力量化的重要指标。交通量的急剧增加和交通流组成的日益复杂，时常引起交叉口处的交通拥堵，成为城市交通的主要瓶颈。这也促使人们不断探索新的解决途径。本节主要以交叉口通行能力的仿真分析为例简单介绍城市道路的交通仿真。

交叉口通行能力分析的计算机模拟，就是利用一定的模型让计算机自动产生与实际交通流具有相同分布特征的伪随机数。并且通过对伪随机数的排序、检验形成随机变量，经过数值计算及逻辑推演、检验，来模仿车辆通过交叉口时的各种行驶行为及其产生的排队和延误，由此形成通行能力与其影响因素的数值关系或动态再现。对于给定的交叉口，可以根据其几何特征和车流特征，计算其通过的车辆数、运行情况。交叉口通行能力的仿真分析包括数字仿真和图像仿真两种。

13.4.1　无信号交叉口通行能力仿真

1. 十字交叉口通行能力仿真

十字交叉口上的车流运行系统分析的重点是对系统的主要因素及其相互作用过程问题进行描述，这一过程称为系统分析或问题描述，它是进行计算机仿真的基础。描述十字交叉口车流的运行系统需三类数据：

（1）固定交通单元数据

描述交叉口的控制方式、几何形状、车道数目、车道宽度、所连接道路的等级等。

（2）活动交通单元数据。

对交通流数据进行描述，如车流的到达分布规律、车头时距规律、车型组成、转向比例、行驶速度等。

（3）模拟控制数据。

主要指模拟时间的设置、车辆折算系数等。

以上三类数据构成十字交叉口数字模拟通行能力的输入数据；其输出数据为各流向的通行能力及整个交叉口的通行能力，其数据处理框图见图 13-14。其中 t_c 为次要道路上车辆的临界间隙，也是次要道路上车辆完

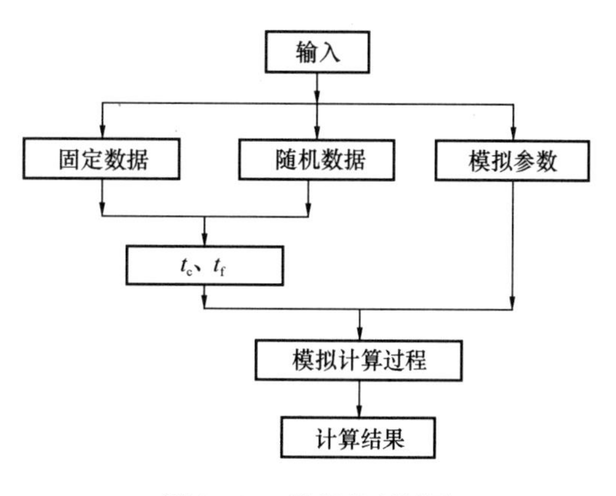

图 13-14　数据处理框图

成穿越任务时所需要最小时间间隙；t_f为次路车辆连续通过时的随车时距，它主要与车辆的加减速性能有关。

这样，对于给定交叉口，随机产生一定分布的交通流后，便可计算其实际通过车辆数，当车流特征如车型比例、转向比例发生变化时，便可计算其对应通行能力，进而考虑它们的影响程度。

2. T形交叉口通行能力仿真

T形交叉口的通行能力为3个道路入口流向通行能力之和。每一入口通行能力的影响因素同十字交叉口的分析一样，既与交叉口几何状况有关，又与交通流情况有关。

T形交叉口的车流运行规则，是指车辆在不同规模T形交叉口下的一般运行轨迹、避让冲突的方式。它是开发通行能力仿真软件的基础。虽然它比十字交叉口的简单，但由于它是设计程序的依据和基础，还需再具体说明一下。

在2×2路T形交叉口中，F_2，F_3，F_5为优先车流，它们自由经过交叉口，通行能力按路段计算。支路右转车流F_9与F_2有合流冲突，因此它能否通过主要视F_2的间隙。主路左转车流F_4，它与F_2有交叉冲突，F_3有合流冲突。因此它能否通过主要看F_2或F_3所提供的间隙，也就是说F_9只计算F_2的间隙，而F_4要计算F_2、F_3两类车流的间隙，即主路的"真正"间隙。支路左转车流F_7，与其冲突的车流为除F_3外的一切车流，因此F_7能否通过3个冲突点，要看F_2、F_4或F_5所提供的公共间隙。

在4×2路交叉口中，4车道道路一般视为主路，主路车道多，支路车道少。这种路口一般是主路的左、右转车流不多，直行车流多的路口。在这样的交叉口上，主路两个方向的快速直行车辆一般行驶在无干扰车道。转向车辆多集中在靠近支路口的两个车道上。支路上两个方向的转向车流也都驶入两方向靠近支路的车道上。图13-16中F_{21}、F_{52}为快速直行车，F_{22}与F_{51}为慢速直行车，则支路右转车流F_9的冲突车流为F_{22}，主路左转车流F_4的冲突车流为F_{21}、F_{22}、F_3，因此F_4的能力主要受F_{21}与F_{22}或F_3所提供公共间隙的影响。支路左转车流F_7，由于转向进入交叉口后由靠近交叉口的车道驶出交叉口，因此其冲突车流为F_{21}、F_{22}、F_{51}或F_4，故F_7的可利用间隙为F_{21}、F_{22}、F_4或F_{51}所提供的公共间隙。

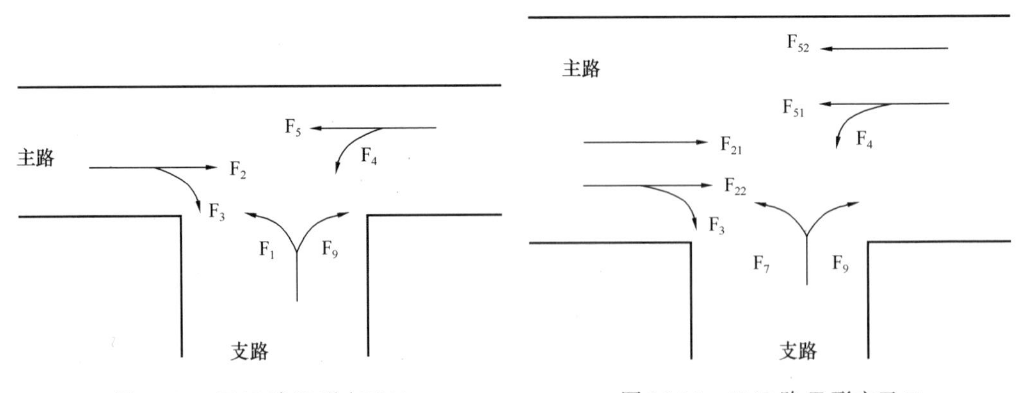

图13-15　2×2路T形交叉口　　　图13-16　4×2路T形交叉口

在4×4路交叉口中，由于支路车道数的增加，使得支路的两个转向车流也分道行驶，这时支路右转车流F_9仅与F_{22}冲突。主路左转车流F_4与F_{22}，F_{21}冲突，其通过能力主要受

 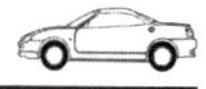

F_{21}与F_{22}所提供的公共间隙影响。支路左转车流F_7的影响车流为F_{21}，F_{22}，F_4或F_{51}，其他情况同 4×2 路。

3. 环形交叉口通行能力仿真

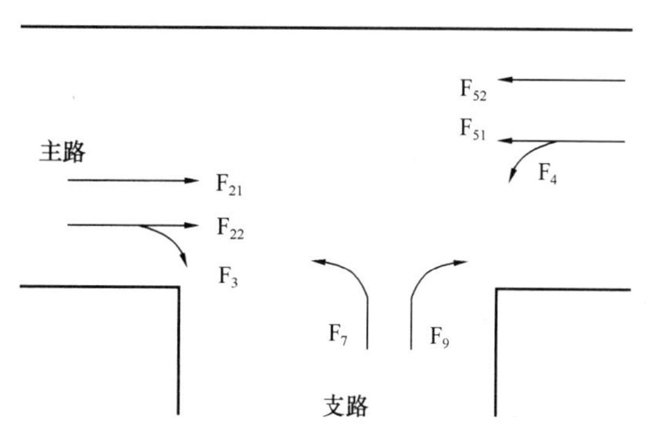

图 13-17　4×4 路 T 形交叉口

我国现阶段环形交叉口上车流运行通常有三种运行方式，首先是当环形交叉口上车流量相当小的时候，车辆基本上是自由通过交叉口，很少发生车辆间的冲突，我们称之为自由行驶。其次是当环形交叉口上车流量很大时，由于入环车辆希望快速进入环交路口，环绕车辆希望尽快绕行出环。因此，在入环车辆的排队中，若排队头车入环后，尾随车辆紧跟前面的车辆驶入环交，强迫环绕车流停车或减速，我们称之为强行行驶。除上述两种情况外，大部分环交运行方式是以绕环或出环车流优先，进环车流为次的优先顺序运行。这类似于主路优先的十字形或 T 形交叉口，但与它们还不完全一样。主要是因为环交路口相当于若干个 T 形交叉口的复合。在其相对于支路（入口道路）较短的环路上，车辆要进行交织或交汇。使其既有“交织路段”的特征，又有 T 形交叉口的特征，其运行方式随“交织路段”的长短有很大区别。而这一所谓“交织路段”取决于环形交叉口环岛半径的大小。当交织段长度足够时，车流在环形交叉口上发生交织现象。所谓交织运行是指两股车流以较小的角度汇入，以相同的方向行驶一段距离后再分流，进出环车辆在通过交织断面时改变车道。当交织段不太长时，车流在环形交叉口上通常按穿插方式运行。即进环车辆可直接从环行车流或出环车流的空档穿越而过，无须改变方向以较大的角度进入环行车流。介于交织与穿插运行现象之间还有另一种运行方式，即交汇，它指进环车流插入出环或环行车流后，并与之同向运行。它们的运行模式见图 13-18 所示。

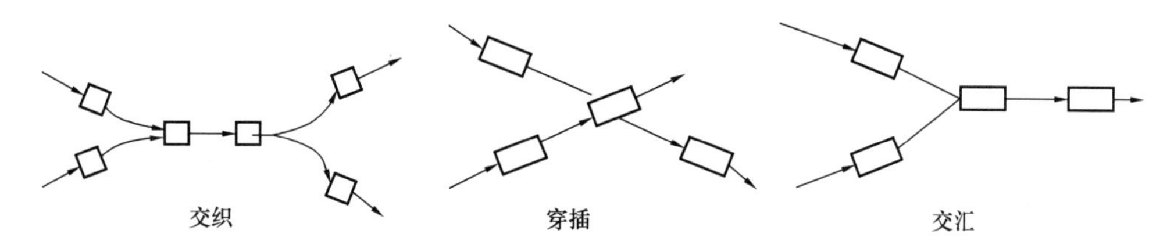

图 13-18　环交路口上车流运行模式

穿插运行可以看成是进环车辆接受出环车流的间隙而通过；交汇运行可以看成是进环车辆接受出环车流或环行车流的间隙而汇入；交织是进环车辆接受出环车流的间隙先汇入，运行一段时间后，再分流。由于常见交叉口在一般情况下的交织、穿插、交汇运行方式都可以用间隙接受理论统一分析，这种运行情况称为间隙运行。研究通行能力大多不讨论交通量小的情况。因此，自由运行方式不在讨论之列。强制通过运行方式多发生在交通拥挤之时，这时交通量超过通行能力，其对研究通行能力失去意义，因此主要讨论间隙通过方式。由于我国公路交叉口直径大多数在 20～60m 内，其交织段长度在 15～45m 之间，这样的长度无法提供车辆交织运行所须空间。因此就所讨论的间隙通过方式着重以穿

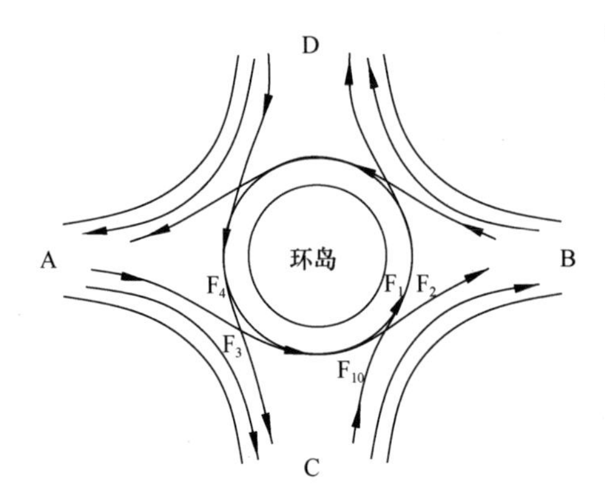

图 13-19 环形交叉口车流运行图

插和交汇形式为主。在运行过程中以出环和绕环运行车流为主要车流（具有优先行驶权），进环车流为等待车流（不具优先行驶权）。这样以 2 环道 4 路交叉环交路口为例其上车流运行状况见图 13-19 所示。A 入口右转车流 F_3 不受影响，左转车流 F_1 及直行车流 F_2 进环时与出环车流 F_{11} 及 F_4 穿插或交织，与 F_{10} 交织或交汇。其中 $F_{11}+F_4+F_{10}$ 为优先车流，F_1+F_2 为等待车流。

由于环形交叉口多为 4 路环交。其交通流的数据产生同十字交叉口。对于个别特殊的环形交叉口，可采用相似的方法进行处理。例如 3 路环交，可用类似 T 形交叉口的方法；5 路环交，每一路的可能流向扩展为 4 个，其余不变。

影响环形交叉口通行能力大小的因素主要有环岛半径、环道车道宽度、车道数、进口道路宽度、车道数等几何方面因素和交通量方面的交通因素。其中几何因素中环岛半径影响较大，它不仅影响通行能力的大小，而且还影响到通行车辆的运行方式，通行能力的计算方式等。另外，环道宽度、环道车道数及其宽度对通行能力的影响也比较大。其余诸如交通因素、进口宽度等方面的影响与十字或 T 形等平面交叉口的影响情况类似。

仿真软件的结构模块同十字形交叉口，由用户界面、交叉口模块、交通流模块、仿真模块、显示结果模块 5 部分组成。交叉口模块与十字交叉口不同，它不但有道路引道情况，还要有环岛半径、环行道车道数等参数。在交叉口模块中不再有交叉口控制类型内容。仿真实现模块也是由主控函数控制输入函数、模拟计算函数和结果显示函数。与实现十字交叉口通行能力仿真模型的编程方法相比，环形交叉口的对应输入函数中不再有交叉口控制函数。仿真计算函数则按环交系统的运行规则重新编制，结果显示函数与十字交叉口、T 形交叉口等的结果显示函数基本一样。

13.4.2 信号交叉口通行能力仿真

信号交叉口交通仿真系统主要由以下几部分构成：

（1）数据输入模块。要求输入的原始数据包括绘图比例尺、车道宽度、转角缘石半径、车辆到达分布、车速、信号灯参数、入口车道数、中央分隔带宽度、停车线距离、入口车流量、车型比例、转向比例、车道功能划分等。数据的输入可采用多种方式，一般情况下，大多数软件具有交互式输入与数据库输入两种方式。

（2）数据预处理模块。在用户输入的数据中，有些数据可能存在着明显的错误，如现实中不可能存在的信号交叉口形式，或违反交通惯例的信号交叉口形式。所以数据输入以后，仿真系统一般应对数据进行一次检验，对有问题的数据，系统对用户进行提示并提出改善建议。当用户确实要仿真有问题的交叉口时，系统便执行仿真程序，否则为用户提出修改意见，提示用户再次输入。

（3）仿真过程模块。仿真过程模块是信号交叉口仿真系统的主模块，是整个系统的核心。它的基本思想是：首先确定各种车辆和信号系统的变化规律，然后在仿真时段内，每隔一定时间推进一个仿真时钟，在一个仿真时钟内，首先根据上一个仿真时钟内的计算结果控制此仿真时钟车辆和信号的状态，并在计算机屏幕上输出，再根据车辆的静、动态模

型，信号的变化规律等，确定仿真系统下一时刻的车辆和信号的各种状态，保存在后台数据里，以备下一时刻调用。在计算下一时刻的车辆状态时，应考虑各种约束对车辆的影响，包括信号灯、正前方车辆、冲突点车辆、相邻车道车辆、交通标志、标线和某些情况下出现的特定事件等。根据这些情况，确定下一仿真时钟内的车辆位置、速度、加速度、转角等。如果信号是定周期的，则每个仿真时钟内只需判断是否已经到更换灯色的时间。如果信号是感应控制的，则应根据检测器检测到的信息，确定下一个仿真时钟内信号灯输出的灯色。在扫描时钟内，车辆进口道处和在信号交叉口内的流程分别如图 13-20 和图 13-21 所示。在车辆通过进口道标志点后，即对车辆的转向进行判断，再依据车辆转向判断目标车道，然后根据目标车道、距停车线距离和相邻车道车辆疏密程度等确定车辆的移动方案。在距离停车线一定距离时，判断信号灯灯色，并根据灯色做出减速停车或跟驰行驶等决定。如果信号灯为红，则进入减速停车子程序。如果信号灯为黄，则判断是否可以安全停车。如可以则停车，如不能够安全停车，则转入跟驰阶段，驶入交叉口。如果灯色为绿，则车辆驶入交叉口，并判断在相应的行驶方向上是否有冲突车流。如果有，则确定相应的优先权，从而决定车辆的运动状态。当车辆驶离交叉口后，交叉口子程序结束，车辆进入基本路段。

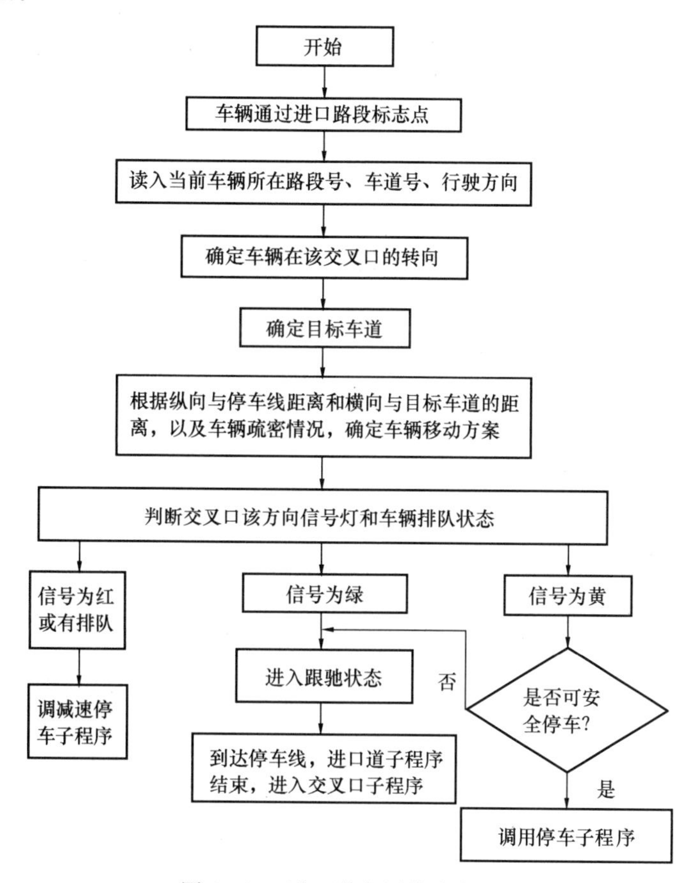

图 13-20　进口道车辆移动流程图

（4）仿真数据处理模块。在仿真过程中，每一个仿真时钟内的车辆和信号灯等的各种状态都被记录下来。在仿真结束后，系统便根据记录的数据，依据一定的规则进行处理，最后计算出延误、油耗等各种评价指标。

(5) 仿真数据输出模块。用于输出仿真得到的各种原始数据和计算出的各种指标。

信号交叉口交通仿真系统的主程序流程如图 13-22 所示。

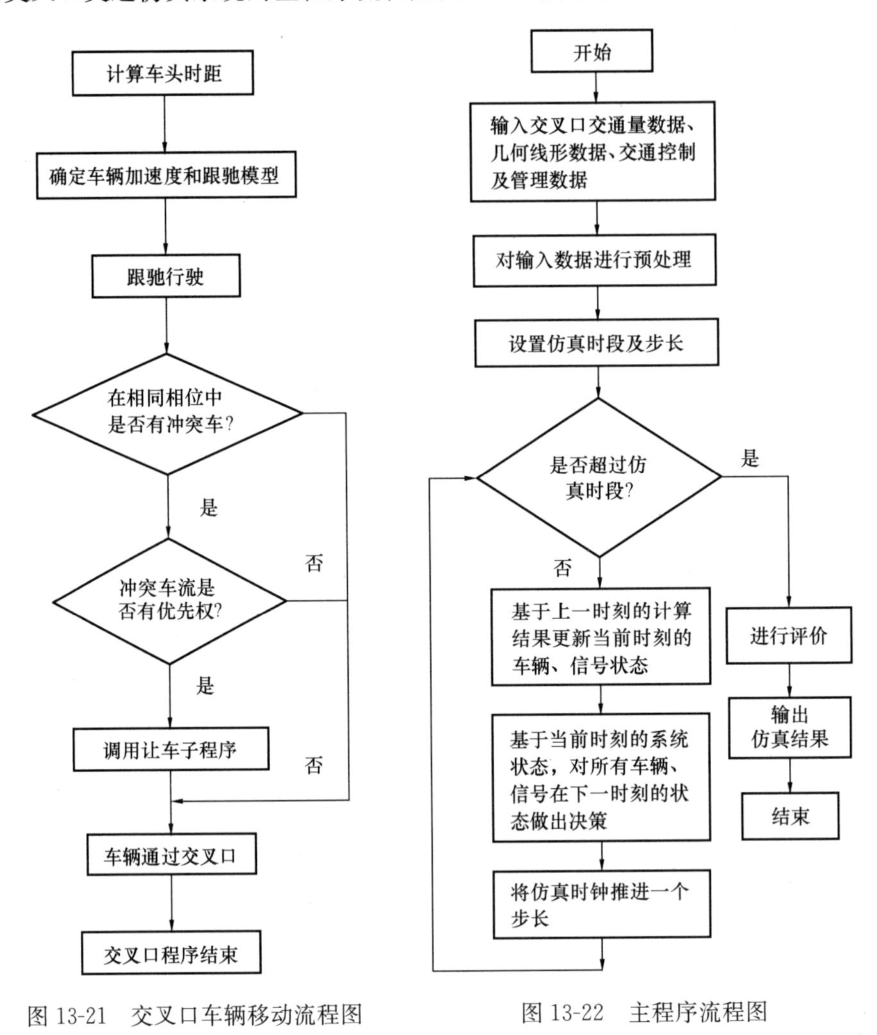

图 13-21　交叉口车辆移动流程图　　　图 13-22　主程序流程图

13.5　有关交通仿真软件介绍

早在 20 世纪 60 年代，国外就对高速公路交通交通流进行了模拟研究，并根据不同的需要，构造了多种模拟模型。至 20 世纪 80 年代初已经形成了 CORQ、FREQ、INTRAS、MACK 和 CSOT 等 5 大类高速公路模拟模型，其中 CORQ、FREQ、MACK 和 CSOT 为宏观模拟模型，INTRAS 为微观模拟模型。这些模型最初都用于高速公路匝道控制和事故研究。

1980 年美国联邦公路局使用 FORTRAN 语言编制成 TRAF 交通模拟软件，TRAF 对道路网、高速公路等各类交通设施进行宏观和微观模拟，它采用时间扫描法，模拟车辆运行位置、速度和运行状况，得到给定条件下的道路通行能力。1987 年瑞典公路交通研

 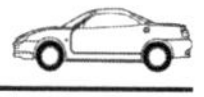

究院开发了 VTI 模拟软件，通过微观模拟研究双车道公路的交通流特性。澳大利亚、荷兰等国对交通模拟也做过一些研究，用计算机模拟道路通行能力，生成需要的交通流，重复分析某种交通流的特性。1992 年德国 Wiedeman 博士开发了 MISSION 高速公路微观仿真模型，模拟了驾驶人根据周围交通状况的理解、判断而进行的驾驶操作过程。随后，FRESIM［FHWA（1994）］、NETSIM［FHWA（1985）］、CORSIM［FHWA（1996）］等较为知名的交通仿真软件也相继推出。以下列出了各国较为典型的仿真软件，供大家在学习使用时参考。

美国：CORSIM、INTEGRATION、MITSIM、PHAROS、SHIVA、TRANSIM、THORAU；

英国：DRACULA、PADSIM、PARAMICS、SIGSIM；

德国：PTV-VISSIM、AUTOBAHN、MINCROSIM、PLANSIM-T、SIMNET；

法国：NEMIS、SIMDAC、SIDRA-B+、ANATOLL；

日本：MELROSE、MICTSTRAN。

国内相关部门也在积极开展这方面的研究工作，积累了一些交通流模拟经验，如东南大学、北京工业大学等高校的交通工程学者在各自的领域进行路段和交叉口的交通流模拟与仿真技术的研究和应用开发。以下着重介绍几款常用的交通仿真软件。

13.5.1　CROSIM 软件

由美国联邦公路署（FHWA）开发，综合了两个微观仿真模型，即用于城市的 NETSIM 和用于高速公路的 FRESIM。因此 CROSIM 能够仿真城市道路和公路的交通流。CROSIM 软件的目标是交通系统管理的开发和评价。

CROSIM 采用能够真实再现动态交通的随机交通仿真模型，有先进的跟车模型，以 1s 为间隔模拟车辆的运动。CROSIM 提供了多项指标用于量化交通网的性能。为了便于用户观察仿真结果，还可动画显示仿真过程。

1997 年，FHWA 发行了修订版，大大增强了面向 ITS 的仿真功能，提高了对高速公路、干线、交叉口、各种车型（小汽车、公交车、货车）的控制策略的模拟性能。

CROSIM 软件的主要缺点是缺少交通分配算法，使得评价匝道控制、事故、出行者信息发生变化引起的交通量转移难以实现。

13.5.2　MITSIM 软件

由 MIT 的杨齐博士等开发，MITSIM 软件是 SIMLAB 的核心组成部分，SIMLAB 用于评价动态交通管理系统，MITSIM 用于交通管理策略的评价和检验，用于研究动态交通控制、事故管理方案、实时路径诱导、自适应交叉口信号控制、匝道和主线控制、车道控制（例如车道使用标示、可变信息标示、ETC、高占有率车道等），也可以对设计参数作敏感性分析和评价，如车道数、匝道长度、道路曲率和坡度、车道变化规则等。目前，MITSIM 还未被商业化。

13.5.3　PTV 系列软件

PTV VISION 是一组用于交通规划和交通工程的软件，由德国 PTV 公司开发，在德国及欧洲广泛使用。PTV VISION（VISION＝交互式网络优化的图形信息系统）的软件适用于从区域交通需求模型到交叉口的详细分析和仿真。

VISUM：综合性的交通规划工具——私人交通和公共交通的交通分配与交通需求

计算。

VISEM：在人的活动链的基础上计算关于所有交通工具的和所有出行目的的交通需求。

VISSIM：建立在微观驾驶行为模型基础上的交通流的仿真。非常复杂的交通流的过程可以鲜明地、形象地得到显示，便于分析。

CROSIG：一个交通工程师的工作台、用来进行有关信号灯控制的工程项目工作，包括计算绿间隔时间，设计定时信号控制、信号配时方案和用于协调控制的时间——距离图（绿波），它得到多个数据库部分的支持，适用于 Client/Server 环境。

VISSIM：德国 PTV 公司的微观仿真软件 VISSIM 5.40 版建立了多种仿真模型，其中在交叉口包括道路结构模型、机动车模型、交通规则模型以及信号控制模型。如图 13-23所示。该软件是一个离散的、随机的、以 10^{-1}s 为时间步长的微观模型。车辆的纵向运动采用了基于规则的算法。不同驾驶员行为的模拟分为保守型和冒险型。VISSIM 提供了图形化的界面，用 2D 和 3D 动画向用户直观显示车辆运动，运用动态交通分配进行路径选择。VISSIM 能够模拟许多城市内和非城市内的交通状况，特别适合模拟各种城市交通控制系统。

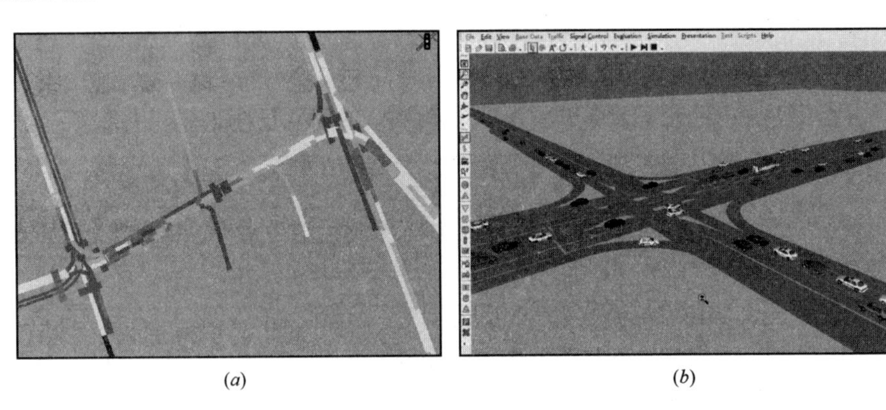

(*a*) (*b*)

图 13-23 VISSIM 软件仿真分析界面

（*a*）基于运行速度的路段状态评价；（*b*）交叉口微观仿真

由于仿真的随机因素，一次仿真的结果具有不稳定性。所以，对模拟采用不同的随机因子进行多次独立的仿真，保证仿真结果的统计稳定性。

13.5.4 PARAMICS 软件

Paramics 是苏格兰 Quadstone Limited 公司于 1992 年开始开发的产品。PARAMICS 具有如下的功能和特点：清晰地表现路网的几何形状，包括交通设施，如信号灯、检测器等；实现驾驶人的行为模拟；车辆间的相互作用模拟，如跟车、车道变换时的相互作用；实现交通信号控制策略（定周期、自适应、匝道控制等）；能够模拟先进的交通管理策略，如采用 VMS 提供的路径重定向、速度控制和车道控制等；提供与外部实时应用程序交互的接口；模拟动态车辆诱导，再现被诱导车辆和交通中心的信息交换；能够应用于普通的路网，包括城市道路的城市间的高速公路；仿真路网交通流的状况，例如交通需求的变化，模仿交通设施的功能；模拟公共交通；提供各类用于交通分析的数据；提供结果分析工具。

目前 Paramics 软件分为 Q-Paramics 和 S-Paramics 两个版本，分别由 Quadstone Limited 公司和 SIAS Limited 公司开发销售。

思考题

1. 在计算机交通仿真中按其描述程度可以分为哪几种类别?
2. 高速公路、双车道公路及城市道路仿真分析有各是由哪几部分组成的?
3. 试简要说明各种通行能力仿真软件都有哪些特点?

参 考 文 献

[1] 交通运输部. 2014年交通运输行业发展统计公报. 2015, 4
[2] 住房和城乡建设部. 2014年城乡建设统计公报. 2015, 7
[3] 交通运输部. 公路工程技术标准(JTG B01—2014). 北京: 人民交通出版社, 2014
[4] 交通运输部. 公路路线设计规范(征求意见稿). 2014
[5] 住房和城乡建设部. 城市道路工程设计规范(CJJ 37—2012). 北京: 中国建筑工业出版社, 2012
[6] 张亚平. 道路通行能力理论. 黑龙江: 哈尔滨工业大学出版社, 2007
[7] 美国交通研究委员会. 道路通行能力手册, 任福田, 刘小明, 荣建等译. 北京: 人民交通出版社, 2007
[8] Transportation Research Board. Highway Copocity Manual 5th Edition. 2010
[9] 美国交通运输研究委员会. 公共交通通行能力和服务质量手册. 杨晓光, 滕靖等译. 北京: 中国建筑工业出版社, 2010
[10] 张起森, 张亚平. 道路通行能力分析. 北京: 人民交通出版社, 2002
[11] 李江. 交通工程学. 北京: 人民交通出版社, 2002
[12] 王建军, 严宝杰. 交通调查与分析. 北京: 人民交通出版社, 2004
[13] 程国柱. 道路勘测设计. 北京: 中国建筑工业出版社, 2015
[14] 徐吉谦, 任福田. 交通工程总论. 北京: 人民交通出版社, 2004
[15] 王殿海, 严宝杰. 交通流理论. 北京: 人民交通出版社, 2002
[16] 陈宽民, 严宝杰. 道路通行能力分析. 北京: 人民交通出版社, 2003
[17] 中国公路学会交通工程手册编委会. 交通工程手册. 北京: 人民交通出版社, 1998
[18] 王炜, 高海龙、李文权. 公路交叉口通行能力分析方法. 北京: 人民交通出版社, 2000
[19] 杨佩昆, 张树生. 交通管理与控制. 北京: 人民交通出版社, 1999
[20] 李峻利, 过秀成. 交通工程设施设计. 北京: 人民交通出版社, 2004
[21] 东南大学交通运输研究所通行能力研究组译. 德国道路通行能力手册, 1994
[22] 乔翔, 蔺惠茹. 公路立交规划与设计实务. 北京: 人民交通出版社, 2001
[23] 吴国雄, 李方. 互通式立体交叉设计范例. 北京: 人民交通出版社, 2002
[24] 杨少伟. 道路立体交叉规划与设计. 北京: 人民交通出版社, 2002